Coastal, Harbor and
Ocean Engineering

해안·항만·해양공학

사단
법인 **한국해양공학회**
KSOE The Korean Society of Ocean Engineers

청문각

해양(ocean)은 지구 표면적의 약 70.8%로 총 면적은 361백만 km^2이고, 평균수심은 3,800 m이며, 태평양, 대서양 및 인도양이 해양 총 면적의 약 89%를 차지하고 있다. 또한 바다는 인간의 삶에 필수적인 지구 상 물의 95% 이상을 차지하고 있고, 생물, 광물, 에너지 등의 무한한 물질적인 자원을 제공하는 자원의 보고이며, 바다에서의 레크리에이션 활동을 통한 정신적인 혜택을 주고 있다. 그러나 날로 증가하는 바다에서의 인간의 활동과 무분별한 연안개발은 바다의 생태계를 파괴하고 연안환경을 오염시키고 있어 바다에 의존하여 살아가고 있는 인간의 삶에 커다란 위협으로 작용하고 있는 실정이다. 우리가 이러한 문제를 해결하기 위해서는 우선 바다의 고마움과 중요성을 인식해야 하고 인간과 바다가 서로 조화롭게 공존할 수 있는 사회적, 공학적 방안을 모색해야 할 것이다.

우리나라는 1970년대 이후 고도의 경제성장과 함께 국제무역항의 개발이 광범위하게 이루어져 왔다. 2000년대에 들어서는 부산 신항, 광양항 등 부족한 항만시설을 크게 확충하고 연안개발 및 환경보전에 있어서도 중·장기적인 체계적인 계획 아래 많은 과업을 수행하고 있다. 또한 현재의 에너지 부족을 해결하고 미래의 에너지 수요에 대비해 해양에서 해상풍력, 조력, 조류, 파력 등을 이용하여 무한한 에너지를 개발하고 있다. 최근 지구온난화에 의한 해수면 상승, 기상이변에 따른 태풍의 대형화, 연안의 무분별한 개발에 따른 연안침식 등에 의해 전 세계적으로 자연재해가 증가하고 있으며, 이에 대한 적절한 대비책을 마련해야 하고 이에 대해 해안, 해양공학자들의 부단한 노력과 역할이 필요로 할 것이다.

이 책은 처음으로 해안, 해양, 항만공학을 접하는 대학생들이 기본적으로 숙지해야 하는 내용을 바탕으로 하여 보다 쉽게 학문을 이해할 수 있도록 구성하였다. 또한 해안공학에 대해 많은 학생들이 토로하는 학문의 어려움을 해소하고 흥미를 유발시키기 위해 수학과 물리 등이 사용되는 해안공학에 필요한 수식의 유도과정을 생략하고, 최종적으로 도출된 수식에 대한 물리적인 의미를 충분히 설명하여 학생들의 이해를 도울 수 있게 노력하였다.

마지막으로 이 책의 편찬을 위해 지원을 아끼지 않은 한국해양공학회에 감사를 드리며, 바쁜 시간에도 불구하고 보다 알찬 교재 내용을 위해 많은 노력을 기울여 주신 교재편찬위원들께도 고마움을 전하는 바이다.

한국해양공학회 교재편찬위원장
조원철

PART **1**
공통
부문

Contents
차례

Chapter 08 해빈의 형태와 변형   137

PART **3**
항만공학

Contents
차례

Chapter 11　항만 리모델링과 워터프론트　219

Contents
차례

Contents
차례

Chapter 15   해양구조물의 유지 및 관리   297

Supplement   부록   307

Contents
차례

PART 1

공통부문

Chapter 01

서론

조원철

중앙대학교 공과대학 사회기반시스템공학부 교수

해안공학에서의 해안선은 파랑(波浪, wave)이나 조석(潮汐, tide)의 작용이 미치는 한계선을 뜻하고, 해빈(海濱, beach)은 해안선 앞바다 쪽에 퇴적되어 있는 모래 또는 자갈 부분이 파랑작용으로 인해 이동하기 시작하는 범위를 뜻하며, 해수면과 해빈과의 경계선을 정선(汀線, shoreline)이라고 한다.

해안은 원빈, 근빈과 해빈 세 부분으로 구분된다. 원빈(遠濱, offshore)은 해양 쪽의 해저경사가 비교적 완만한 영역으로, 일반적으로 여기에서는 쇄파(碎波, wave breaking)가 발생하지 않는다. 근빈[近濱, inshore, shoreface, 또는 외빈(外濱)]은 원빈의 육지 쪽 끝에서부터 간조 시 정선까지의 영역으로 쇄파가 발생하며, 연안사주(沿岸砂洲, longshore bar ; 쇄파대 부근에 정선과 거의 평행하게 형성되는 사퇴나 계단상의 사주)가 발생한다. 해빈은 전빈(前濱, foreshore)과 후빈(後濱, backshore)으로 나뉘며, 전빈은 간조 시의 정선에서부터 파랑이 거슬러 올라가는 곳까지의 범위이고, 후빈은 전빈의 육지 쪽 끝에서부터 해안선까지의 범위이다.

근해는 일반적으로 원빈의 육단에서부터 파랑의 처오름(wave run-up)이 도달하는 범위이다. 여기서, 쇄파가 발생하는 범위를 쇄파대(碎波帶, breaker zone)라 하고, 쇄파 후 파랑이 단파(段波)상으로 되어 변형하면서 진행하는 범위를 기파대(磯波帶, surf zone)라 하며, 해빈에서 파랑의 처오름과 처내림(wave run-down)이 발생하는 부분을 포말대(泡沫帶, swash zone)라고 한다.

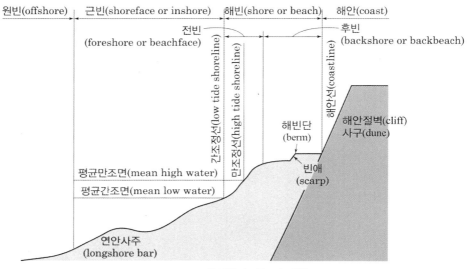

그림 1.1 해안종단 각부의 명칭

해수의 흐름은 해안 및 항만구조물의 계획, 표사이동 등과 관계가 있으며, 해류(海流, ocean current), 조류(潮流, tidal current), 해빈류(海濱流, nearshore current), 밀도류(密度流, density current) 등이 있다.

해류는 해양에서 거의 일정한 방향과 유속으로 흐르는 흐름이다. 해류에는 해수면에 작용하는 바람에 의해 발생하는 취송류(吹送流, wind-driven current), 해수면 경사에 의해 발생하는 경사류(傾斜流, gradient current), 온도, 염도 등의 밀도 차이에 의해 발생하는 밀도류, 해수면 차이를 보완하기 위해 흐르는 보류(補流, compensation current)가 있다. 그리고 온도가 높고 고염분을

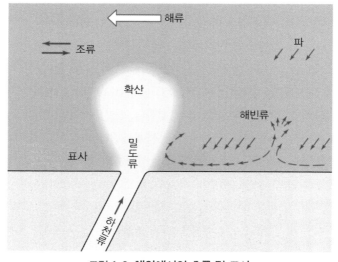

그림 1.2 해안에서의 흐름 및 표사

가지고 있는 난류(暖流, warm current)와 낮은 온도로 저염분인 한류(寒流, cold current)가 있다.

　해양에는 수평, 수직으로 대규모 순환이 발생하며, 해양 표층에서 바람에 의해 발생하는 풍성순환(wind-driven circulation), 저층에서 밀도에 의해 발생하는 열염분순환(熱鹽分循環, thermohaline circulation)이 있다. 그리고 저층의 해수가 표층으로 올라오는 용승류(湧昇流, upwelling)와 표층의 해수가 저층으로 가라앉는 침강류(沈降流, downwelling)가 있다.

　조류는 조석에 의해 발생하는 흐름으로, 그 속도나 시간적 변화를 거의 예측할 수가 있으며, 조석에 따라 주기적으로 유동한다.

　해안 부근에서는 파랑에 의하여 발생하는 해빈류가 있으며, 연안류(沿岸流, longshore current)는 쇄파대 내에서 발생하는 해안선에 평행한 흐름으로 표사이동(漂砂移動, littoral drift) 및 해안변형(海岸變形, coastal process)을 지배한다. 이안류(離岸流, rip current)는 쇄파대 내에서 외해로 향하는 해수의 흐름이다.

　하구밀도류(河口密度流, estuary density current)는 하천수가 바다로 유입되는 곳에서 하천수와 해수의 밀도차이에 의해 발생하는 흐름이다.

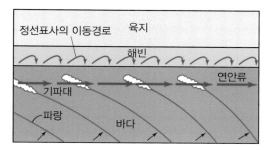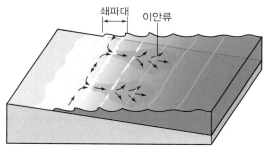

그림 1.3 **연안류와 이안류**

Chapter 02

2차원 파동방정식과 파랑의 특성

조원철
중앙대학교 공과대학 사회기반시스템공학부 교수

2.1 파랑의 분류

파랑(wave, 또는 파)의 발생원은 여러 가지가 있으며, 바람에 의한 풍파, 폭풍에 의한 고조, 지진 활동에 의한 쓰나미, 지구, 달, 태양 사이의 인력에 의한 조석 등이 있다. 파랑은 대기와 접하는 자유수면을 가지며 시간과 공간적으로 변화하고, 표면장력파에서부터 조석에 이르기까지 다양한 주기에 대해 분포해 있다. 그림 2.1은 해양과 해안에서의 파랑의 발생원과 주기에 따른 상대적인 파랑에너지를 나타내고 있다.

파랑의 종류로는 표면장력파(capillary wave), 중력파(gravity wave), 장주기파(long wave), 조석(파)(tide) 등이 있다.

표면장력파는 자유수면(free water surface)에서의 수면 변동의 복원력이 표면장력인 경우의 파랑으로, 약 1 m/sec 이상의 미풍이 불 때 발생한다. 주기는 약 0.1초 이하이고 파장은 약 3 cm 이하이며, 파고는 최대 1~2 mm 정도로 바람에 의해 파랑이 발생하는 초기 단계에 나타난다.

중력파는 수면 변동의 복원력이 중력인 경우의 파랑으로, 바람에 의해 발생하고 주기는 수 초에서 30초 정도이며, 표면파(surface wave)라고도 한다. 일반적으로 해안공학자가 가장 많이 다루는 파랑은 주기 약 1~10초 정도의 풍역권(wind field) 내에서 발생되는 풍파(wind wave)와

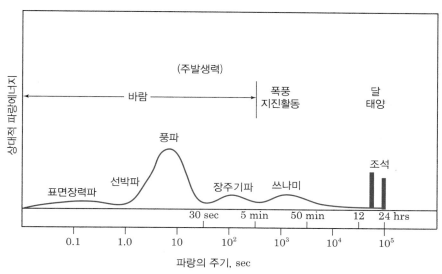

그림 2.1 **파랑의 발생원과 상대적인 파랑에너지 추정치(Munk, 1950)**

주기 약 10~25초 정도로 풍파가 풍역권을 벗어나 수면을 전파해 갈 때 발생하는 파형경사가 작은 너울(swell wave)이 있다.

장주기파는 주기 30초 이상의 파랑으로, 파장이 수심에 비해 매우 긴 파동이다. 장주기파로는 파형경사가 작은 너울, 폭풍 등에 의해 발생되는 고조(storm surge), 지각 변동 등에 의해 발생되는 주기가 수 분에서 수 시간에 이르는 쓰나미(tsunami) 등이 있다.

조석(파)은 태양, 태음의 기조력에 의해 발생하는 파랑으로, 주기가 12시간 또는 24시간이다.

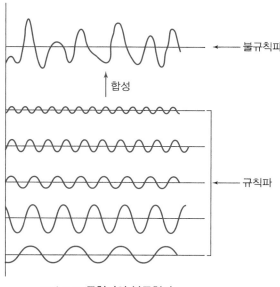

그림 2.2 **규칙파와 불규칙파**

파열(wave train)의 형상과 주기의 일정한 반복성에 따라 규칙파(regular wave)와 불규칙파(irregular wave)로 분류하며, 파고와 주기가 일정한 파랑을 규칙파라 하고, 여러 가지 파랑이 중첩되어 파고와 주기가 일정하지 않은 파랑을 불규칙파라고 한다.

또한 장애물이 없는 해역에서 파형이 한 방향으로 진행하는 진행파(progressive wave)와 방파제나 섬과 같은 장애물에 충돌한 후 진행방향의 반대방향으로 전파되는 반사파(reflected wave), 그리고 반사된 파가 다른 진행파와 겹쳐지면서 수면이 상하로 변동하고 파형이 진행하지 않는 중복파(standing wave)가 있다.

2.2 미소진폭파 이론

미소진폭파(small amplitude wave) 이론은 1845년에 Airy가 처음으로 제안한 것으로 Airy 이론, 선형파이론(linear wave theory)이라고도 한다. 미소진폭파는 파형경사(wave steepness; 파고와 파장 비)가 매우 작은 파랑으로 수면 변동의 진폭이 수심에 비해 매우 작아 파동방정식 해석이 용이한 근사 이론이다.

그림 2.3은 2차원 $x - z$ 좌표계에서 수심(water depth) h에서 파속(wave celerity) C로 이동하는 단일파(monochromatic wave)의 파형(wave profile)을 보여준다. 파속 C는 수면 파동이 전파하는 속도로 파장(wave length) L과 파주기 T(wave period)와 관계가 있으며 $C = L/T$이 된다. 그림 2.3에서 H는 파봉과 파곡 사이의 수직 높이로 파고(wave height)이고, L은 파봉과 파봉 또는 파곡과 파곡 사이의 수평 거리인 파장이며, T는 일정한 시간마다 같은 현상이 이루어

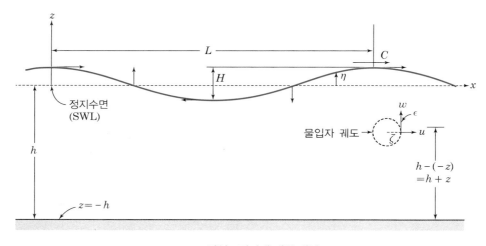

그림 2.3 단일표면파에 대한 개념도

지는 데 소요되는 시간인 파주기이다. 파형경사(wave steepness) H/L는 무차원 양으로 파고와 파장의 비로 나타낸다. 파봉(wave crest)은 수면 파형에서 가장 높은 점이고, 파곡(wave trough) 은 가장 낮은 점이다.

파봉, 파곡, 정지수면(still water level) 상의 화살표는 파랑이 왼쪽에서 오른쪽으로 진행할 때 수면에서의 물입자의 운동방향을 나타낸다. u와 w는 파랑의 진행에 따른 수평 x 및 수직 z 방향의 물입자의 속도 성분이다. 파랑이 진행함에 따라 파봉이 통과할 때에는 그림에서와 같이 x 방향 물입자의 속도가 최대가 되고, 파곡이 통과할 때에는 반대방향으로 최대가 되며, 파봉과 파곡에서의 z 방향 속도는 0이 된다. 파봉과 파곡의 중간 지점을 통과할 때에는 z 방향 물입자 의 속도가 위, 아래방향으로 최대가 되고, x 방향으로의 물입자의 속도는 0이 된다.

ζ와 ε은 진행하는 파랑 아래 임의의 수심에서 물입자가 이동하는 궤도의 수평 및 수직좌표를 나타낸다. z 좌표는 정지수면을 기준으로 위방향을 $+$, 아래방향을 $-$로 정의한다. 그러므로 해 저면에서는 $z=-h$가 된다.

η는 x축 어느 점에서의 정지수면 상 수면높이(surface wave elevation)를 나타내며, 수면형상 은 위치 x와 시간 t의 함수로 식 (2.1)과 같다고 가정한다.

$$\eta = \frac{H}{2}\cos 2\pi\left(\frac{x}{L} - \frac{t}{T}\right) \quad \text{또는}$$

$$\eta = a\cos(kx - \sigma t)$$

(2.1)

여기서, $a = H/2$로 파랑의 진폭(wave amplitude)이고, $k = 2\pi/L$로 파수(wave number)이며, $\sigma = 2\pi/T$로 파랑의 각진동수(angular wave frequency)이다.

파속, 물입자의 속도 및 가속도, 파랑에 의한 압력 등 파랑의 여러 가지 특성에 대한 방정식을 유도하는 데 사용되는 속도포텐셜(velocity potential) ϕ는 식 (2.2)와 같다.

$$\phi = \frac{H}{2}\frac{g}{\sigma}\frac{\cosh k(z+h)}{\cosh kh}\sin(kx - \sigma t)$$

(2.2)

파랑이 진행하는 데 있어 파속과 파장은 식 (2.3), 식 (2.4)와 같고, 파속과 파장은 파고와는 관계가 없고 파랑의 주기와 수심에 관계가 있다는 것을 알 수 있다.

$$C = \frac{gT}{2\pi}\tanh\frac{2\pi h}{L} = \sqrt{\frac{gL}{2\pi}\tanh\frac{2\pi h}{L}}$$

(2.3)

$$L = \frac{gT^2}{2\pi}\tanh\frac{2\pi h}{L}$$

(2.4)

2.3 상대수심에 의한 파랑의 분류

상대수심(relative depth)은 파장에 대한 수심의 비 h/L로 나타내며, 상대수심에 의해 심해 (deep water)와 천해(shallow water) 그리고 심해와 천해의 중간 수역인 천이수역(transitional depth)으로 분류한다.

심해는 상대수심이 1/2 보다 클 때로 정의되며, 심해에서는 $\tanh kh \cong 1$이 되고, 식 (2.3)과 식 (2.4)에 대입하면 식 (2.5), 식 (2.6)과 같은 심해에서의 파속과 파장이 구해진다. 그리고 심해에서의 파속과 파장 등은 아래 첨자 0을 붙여 C_0, L_0으로 표시한다.

$$C_0 = \sqrt{\frac{gL_0}{2\pi}} = \frac{gT}{2\pi} \tag{2.5}$$

$$L_0 = \frac{gT^2}{2\pi} \tag{2.6}$$

식 (2.5)와 식 (2.6)에서와 같이 심해에서의 파속과 파장은 파랑의 주기에 따라 변하고 수심과는 상관이 없음을 알 수 있다.

천해는 상대수심이 1/20 보다 작을 때로 정의되며, 천해에서는 $\tanh kh \cong kh$가 되고, 식 (2.3)과 식 (2.4)에 대입하면 식 (2.7), 식 (2.8)과 같은 천해에서의 파속과 파장이 구해진다.

$$C = \sqrt{gh} \tag{2.7}$$

$$L = \sqrt{gh}\,T \tag{2.8}$$

식 (2.7)과 식 (2.8)에서와 같이 천해에서의 파속과 파장은 심해와는 다르게 수심과 관계가 있음을 알 수 있다. 천해파의 파속은 파랑의 주기와는 상관이 없어 파장이 긴 파랑 또는 짧은 파랑 모두 같은 속도로 분산되지 않고 진행하며, 이는 파랑이 천해에서 굴절을 하게 되는 원인이 된다. 파랑의 분산은 파속 또는 파장이 파랑의 주기에 따라 변하는 심해에서 볼 수 있다.

상대수심이 $1/20 < h/L < 1/2$인 심해와 천해 사이에는 천이수역이 존재하고, 이 수역에서의 파속과 파장은 식 (2.3)과 식 (2.4)에서 L 또는 k를 반복 적용하여 구할 수 있다.

식 (2.3) 또는 식 (2.4)를 식 (2.5) 또는 식 (2.6)으로 나누면 식 (2.9)와 같은 관계식을 구할 수 있다.

$$\frac{C}{C_0} = \frac{L}{L_0} = \tanh kh \tag{2.9}$$

식 (2.9)는 파랑이 해안으로 진입할 때 수심의 감소에 따라 파속과 파장이 감소하는 것을 의미한다. 또한 식 (2.9)는 식 (2.10)과 같이 나타낼 수 있고, 식 (2.10)은 심해파의 파장이 주어졌을 때 임의의 수심에서의 파장을 구할 수 있게 해 주며, 그림 2.4에 h/L_0의 값이 h/L의 함수로 나타나 있다.

$$\frac{h}{L_0} = \frac{h}{L} \tanh kh \qquad\qquad (2.10)$$

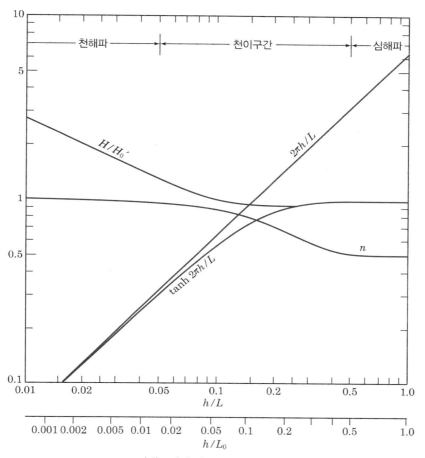

그림 2.4 상대수심의 함수로 표시된 각종 매개변수

표 2.1 수심, 주기에 대한 파장 및 파속

주기 (s) 수심 (m)	6.0 파장 (m)	파속 (m/s)	7.0 파장 (m)	파속 (m/s)	8.0 파장 (m)	파속 (m/s)	9.0 파장 (m)	파속 (m/s)	10.0 파장 (m)	파속 (m/s)	11.0 파장 (m)	파속 (m/s)	12.0 파장 (m)	파속 (m/s)	13.0 파장 (m)	파속 (m/s)
0.5	13.16	2.19	15.39	2.20	17.62	2.20	19.84	2.20	22.06	2.21						
1.0	18.43	3.07	21.61	3.09	24.78	3.10	27.94	3.10	31.09	3.11	34.2	3.11	37.4	3.12	40.5	3.12
1.5	22.36	3.73	26.29	3.76	30.19	3.77	34.08	3.79	37.95	3.80						
2.0	25.57	4.26	30.14	4.31	34.67	4.33	39.18	4.35	43.68	4.37	58.6	4.38	52.6	4.39	57.1	4.39
2.5	28.31	4.72	33.46	4.78	38.56	4.82	43.62	4.85	48.67	4.87						
3.0	30.71	5.12	36.39	5.20	42.01	5.25	47.58	5.29	53.13	5.31	58.6	5.33	64.2	5.35	69.6	5.36
3.5	32.84	5.47	39.02	5.57	45.13	5.64	51.18	5.69	57.19	5.72						
4.0	34.71	5.79	41.42	5.92	47.98	6.00	54.48	6.05	60.92	6.09	67.3	6.12	73.7	6.14	80.1	6.16
4.5	36.49	6.08	43.61	6.23	50.61	6.33	57.53	6.39	64.40	6.44						
5.0	38.07	6.34	45.63	6.52	53.05	6.63	60.38	6.71	67.64	6.76	74.9	6.81	82.0	6.84	89.2	6.86
6.0	40.84	6.81	49.24	7.03	57.47	7.18	65.57	7.29	73.58	7.36	81.5	7.41	89.4	7.45	97.3	7.48
7.0	43.19	7.20	52.39	7.48	61.37	7.67	70.20	7.80	78.92	7.89	87.6	7.96	96.1	8.01	104.7	8.05
8.0	45.19	7.53	55.16	7.88	64.86	8.11	74.38	8.26	83.77	8.38	93.1	8.46	102.3	8.52	111.4	8.57
9.0	46.91	7.82	57.61	8.23	68.01	8.50	78.19	8.69	88.22	8.82	98.1	8.92	108.0	9.00	117.7	9.05
10.0	48.37	8.06	59.78	8.54	70.85	8.86	81.68	9.08	92.32	9.23	102.8	9.35	113.2	9.44	123.6	9.50
11.0	49.62	8.27	61.72	8.82	73.44	9.18	84.89	9.43	96.12	9.61	107.2	9.75	118.2	9.85	129.1	9.93
12.0	50.69	8.45	63.44	9.06	75.80	9.48	87.85	9.76	99.67	9.97	111.3	10.12	122.8	10.24	134.2	10.33
13.0	51.60	8.60	64.98	9.28	77.96	9.74	90.59	10.07	102.98	10.30	115.2	10.47	127.2	10.60	139.1	10.70
14.0	52.38	8.73	66.35	9.48	79.93	9.99	93.14	10.35	106.07	10.61	118.8	10.80	131.3	10.95	143.8	11.06
15.0	53.03	8.84	67.58	9.65	81.73	10.22	95.51	10.61	108.98	10.90	122.2	11.11	135.3	11.27	148.2	11.40
16.0	53.58	8.93	68.66	9.81	83.39	10.42	97.71	10.86	111.71	11.17	125.5	11.41	139.0	11.58	152.4	11.72
17.0	54.04	9.01	69.63	9.95	84.90	10.61	99.77	11.09	114.29	11.43	128.5	11.68	142.6	11.88	156.4	12.03
18.0	54.42	9.07	70.49	10.07	86.29	10.79	101.68	11.30	116.71	11.67	131.4	11.95	145.9	12.16	160.3	12.33
19.0	54.74	9.12	71.25	10.18	87.56	10.95	103.47	11.50	119.00	11.90	134.2	12.20	149.2	12.43	163.9	12.61
20.0	55.00	9.17	71.92	10.27	88.72	11.09	105.14	11.68	121.16	12.12	136.8	12.44	152.3	12.69	167.5	12.88
22.0	55.39	9.23	73.03	10.43	90.76	11.35	108.14	12.02	125.12	12.51	141.7	12.89	158.1	13.17	174.1	13.39
24.0	55.65	9.28	73.89	10.56	92.46	11.56	110.76	12.31	128.66	12.87	146.2	13.29	163.4	13.61	180.3	13.87
26.0	55.83	9.30	74.54	10.65	93.86	11.73	113.04	12.56	131.83	13.18	150.2	13.66	168.3	14.02	186.0	14.31
28.0	55.94	9.32	75.03	10.72	95.02	11.88	115.01	12.78	134.66	13.47	153.9	13.99	172.8	14.40	191.3	14.72
30.0	56.02	9.34	75.40	10.77	95.97	12.00	116.72	12.97	137.19	13.72	157.3	14.30	176.9	14.74	196.2	15.10
35.0	56.11	9.35	75.96	10.85	97.64	12.20	120.03	13.34	142.38	14.24	164.4	14.95	186.0	15.50	207.2	15.94
40.0	56.14	9.36	76.22	10.89	98.61	12.33	122.26	13.58	146.25	14.63	170.1	15.46	193.5	16.12	216.5	16.65
45.0	56.15	9.36	76.33	10.90	99.16	12.39	123.75	13.75	149.10	14.91	174.5	15.86	199.6	16.64	224.4	17.26
50.0	56.15	9.36	76.39	10.91	99.46	12.43	124.71	13.86	151.16	15.12	178.0	16.18	204.7	17.06	231.0	17.77
55.0	56.15	9.36	76.41	10.92	99.63	12.45	125.32	13.92	152.64	15.26	180.7	16.42	208.8	17.40	236.6	18.20
60.0	56.15	9.36	76.42	10.92	99.72	12.46	125.71	13.97	153.68	15.37	182.7	16.61	212.1	17.68	241.4	18.57
65.0	56.15	9.36	76.42	10.92	99.779	12.47	125.95	13.99	154.41	15.44						
70.0	56.15	9.36	76.42	10.92	99.79	12.47	126.10	14.01	154.91	15.49	185.5	16.86	216.9	18.08	248.7	19.13
75.0	56.15	9.36	76.43	10.92	99.81	12.48	126.19	14.02	155.25	15.53						
80.0	56.15	9.36	76.43	10.92	99.81	12.48	126.25	14.03	155.49	15.55	187.0	17.00	220.0	18.33	253.7	19.52
90.0											187.8	17.07	221.9	18.49	257.2	19.78
100.0											188.3	17.11	223.0	18.58	259.5	19.96
120.0											188.6	17.15	224.1	18.67	261.9	20.15
140.0											188.7	17.15	224.4	18.70	262.9	20.23
160.0											188.7	17.16	224.5	18.71	263.3	20.26
180.0											188.7	17.16	224.6	18.72	263.5	20.27
200.0											188.7	17.16	224.6	18.72	263.6	20.27
심해파	56.15	9.36	76.43	10.92	99.82	12.48	126.34	14.04	155.97	15.60	188.7	17.16	224.6	18.72	263.6	20.28

(계속)

주기(s) 수심(m)	14.0		15.0		16.0		17.0		18.0		19.0		20.0	
	파장(m)	파속(m/s)	파장(m)	파속(m/s)	파장(m)	파속(m/s)	파장(m)	파속(m/s)	파장(m)	파속(m/s)	파장(m)	파속(m/s)	파장(m)	파속(m/s)
1.0	43.7	3.12	46.8	3.12	50.0	3.12	53.1	3.12	56.2	3.12	59.4	3.12	62.5	3.13
2.0	61.6	4.40	66.0	4.40	70.5	4.40	74.9	4.41	79.4	4.41	83.8	4.41	88.2	4.41
3.0	75.1	5.37	80.6	5.37	86.1	5.38	91.5	5.38	97.0	5.39	102.4	5.39	107.9	5.39
4.0	86.5	6.18	92.8	6.19	99.1	6.20	105.4	6.20	111.8	6.21	118.1	6.21	124.4	6.22
5.0	96.3	6.88	103.4	6.90	110.5	6.91	117.6	6.92	124.7	6.93	131.8	6.93	138.8	6.94
6.0	105.1	7.51	113.0	7.53	120.8	7.55	128.5	7.56	136.3	7.57	144.1	7.58	151.8	7.59
7.0	113.2	8.08	121.6	8.11	130.1	8.13	138.5	8.15	146.9	8.16	155.3	8.17	163.7	8.19
8.0	120.6	8.61	129.6	8.64	138.7	8.67	147.7	8.69	156.7	8.71	165.7	8.72	174.7	8.74
9.0	127.4	9.10	137.1	9.14	146.7	9.17	156.3	9.19	165.9	9.22	175.4	9.23	185.0	9.25
10.0	133.8	9.56	144.1	9.60	154.2	9.64	164.4	9.67	174.5	9.69	184.6	9.72	194.7	9.73
11.0	139.9	9.99	150.6	10.04	161.3	10.08	172.0	10.12	182.6	10.15	193.2	10.17	203.8	10.19
12.0	145.6	10.40	156.8	10.45	168.0	10.50	179.2	10.54	190.3	10.57	201.4	10.60	212.5	10.63
13.0	151.0	10.78	162.7	10.85	174.4	10.90	186.1	10.95	197.7	10.98	209.3	11.01	220.8	11.04
14.0	156.1	11.15	168.3	11.22	180.5	11.28	192.6	11.33	204.7	11.37	216.7	11.41	228.7	11.44
15.0	161.0	11.50	173.7	11.58	186.3	11.65	198.9	11.70	211.4	11.75	223.9	11.79	236.4	11.82
16.0	165.7	11.83	178.8	11.92	191.9	11.99	204.9	12.06	217.9	12.11	230.8	12.15	243.7	12.18
17.0	170.1	12.15	183.8	12.25	197.3	12.33	210.7	12.40	224.1	12.45	237.5	12.50	250.8	12.54
18.0	174.4	12.46	188.5	12.57	202.4	12.65	216.3	12.72	230.1	12.78	243.9	12.84	257.6	12.88
19.0	178.6	12.75	193.0	12.87	207.4	12.96	221.7	13.04	235.9	13.11	250.1	13.16	264.2	13.21
20.0	182.5	13.04	197.4	13.16	212.2	13.26	226.9	13.35	241.5	13.42	256.1	13.48	270.6	13.53
22.0	190.0	13.57	205.7	13.72	221.3	13.83	236.8	13.93	252.2	14.01	267.5	14.08	282.8	14.14
24.0	197.0	14.07	213.5	14.23	229.9	14.37	246.1	14.48	262.3	14.57	278.3	14.65	294.3	14.72
26.0	203.5	14.53	220.8	14.72	237.9	14.87	254.9	14.99	271.8	15.10	288.6	15.19	305.3	15.26
28.0	209.6	14.97	227.6	15.17	245.5	15.34	263.2	15.48	280.8	15.60	298.3	15.70	315.7	15.78
30.0	215.3	15.38	234.1	15.60	252.7	15.79	271.1	15.95	289.4	16.08	307.5	16.19	325.6	16.28
35.0	228.1	16.29	248.7	16.58	269.0	16.81	289.1	17.01	309.1	17.17	328.9	17.31	348.6	17.43
40.0	239.1	17.08	261.4	17.43	283.4	17.71	305.2	17.95	326.7	18.15	348.1	18.32	369.3	18.46
45.0	248.7	17.76	272.6	18.17	296.2	18.51	319.5	18.80	342.6	19.03	365.5	19.23	388.1	19.41
50.0	256.9	18.35	282.5	18.83	307.6	19.23	332.4	19.56	357.0	19.83	381.3	20.07	405.4	20.27
55.0	264.1	18.86	291.1	19.41	317.8	19.86	344.1	20.24	370.1	20.56	395.8	20.83	421.3	21.06
60.0	270.3	19.31	298.8	19.92	326.9	20.43	354.7	20.86	382.0	21.22	409.1	21.53	435.9	21.80
70.0	280.3	20.02	311.6	20.77	342.4	21.40	372.9	21.94	403.0	22.39	432.7	22.77	462.1	23.10
80.0	287.7	20.55	321.5	21.43	354.9	22.18	387.9	22.82	420.5	23.36	452.8	23.83	484.6	24.23
90.0	293.1	20.93	329.1	21.94	364.9	22.80	400.3	23.55	435.3	24.19	470.0	24.73	504.2	25.21
100.0	297.0	21.21	334.9	22.32	372.8	23.30	410.4	24.14	447.8	24.88	484.7	25.51	521.2	26.06
120.0	301.6	21.54	342.5	22.83	383.9	23.99	425.4	25.03	466.9	25.94	508.0	26.74	548.8	27.44
140.0	303.8	21.70	346.6	23.11	390.6	24.41	435.2	25.60	480.1	26.67	524.9	27.63	569.5	28.48
160.0	304.9	21.78	348.7	23.25	394.4	24.65	441.4	25.96	489.1	27.17	537.0	28.26	585.0	29.25
180.0	305.3	21.81	349.8	23.32	396.6	24.79	445.2	26.19	495.0	27.50	545.5	28.71	596.4	29.82
200.0	305.5	21.82	350.4	23.36	397.8	24.87	447.5	26.32	498.8	27.71	551.4	29.02	604.6	30.23
심해파	305.7	21.84	350.9	23.40	399.3	24.96	450.8	26.52	505.3	28.07	563.1	29.63	623.9	31.19

2.3
상대수심에 의한 파랑의 분류

주기 10초인 파랑이 해안으로 진입해 올 때, 수심 20 m와 2 m에서의 파속과 파장을 구하고, 상대수심에서 부터 해역의 조건을 구하시오.

풀이 표 2.1에서부터 주기 10초, 수심 20 m인 경우, 파속 $C=12.12$ m/sec이고, 파장 $L=121.16$ m이며, 상대수심 $h/L=20/121.16=0.165$이므로 천이수역에 해당한다. 주기 10초, 수심 2 m인 경우, 파속 $C=$ 4.37 m/sec이고, 파장 $L=43.68$ m이며, 상대수심 $h/L=2/43.68=0.046$이므로 천해에 해당한다.

그림 2.4를 이용하면, 주기 10초, 수심 20 m인 경우, 심해에서의 파장 $L_0=156.14$ m이므로 $h/L_0=$ $20/156.14=0.128$이 되고, 이에 대한 상대수심 $h/L=0.16$이 되므로 천이수역에 해당한다. 그리고 파장 $L=125$ m가 되고, 파속 $C=L/T=12.5$ m/sec가 된다. 주기 10초, 수심 2 m인 경우, 심해에서의 파장 $L_0=156.14$ m이므로 $h/L_0=2/156.148=0.013$이 되고, 이에 대한 상대수심 $h/L=0.045$가 되므로 천해에 해당한다. 그리고 파장 $L=44.4$ m가 되고, 파속 $C=L/T=4.44$ m/sec가 된다.

2.4 파랑에 의한 물입자의 운동

파랑에 의한 물입자의 수평 및 수직속도(horizontal and vertical water particle velocity)는 $u=\partial\phi/\partial x$와 $w=\partial\phi/\partial z$에서부터 식 (2.11), 식 (2.12)와 같이 구할 수 있다.

$$u=\frac{\pi H}{T}\frac{\cosh k(z+h)}{\sinh kh}\cos(kx-\sigma t) \tag{2.11}$$

$$w=\frac{\pi H}{T}\frac{\sinh k(z+h)}{\sinh kh}\sin(kx-\sigma t) \tag{2.12}$$

또한 식 (2.11)과 식 (2.12)를 시간 t에 대해 미분하면 식 (2.13), 식 (2.14)와 같은 수평 및 수직방향 물입자의 가속도(horizontal and vertical water particle acceleration) a_x와 a_z가 구해진다.

$$a_x\cong\frac{\partial u}{\partial t}=\frac{2\pi^2 H}{T^2}\frac{\cosh k(z+h)}{\sinh kh}\sin(kx-\sigma t) \tag{2.13}$$

$$a_z\cong\frac{\partial w}{\partial t}=-\frac{2\pi^2 H}{T^2}\frac{\sinh k(z+h)}{\sinh kh}\cos(kx-\sigma t) \tag{2.14}$$

식 (2.11)과 식 (2.12)를 시간 t에 대하여 적분하면 식 (2.15), 식 (2.16)과 같은 물입자의 수평 및 수직 이동거리(horizontal and vertical water particle displacement) ζ와 ε이 구해진다.

$$\zeta=\int u dt=\frac{H}{2}\frac{\cosh k(z+h)}{\sinh kh}\sin(kx-\sigma t) \tag{2.15}$$

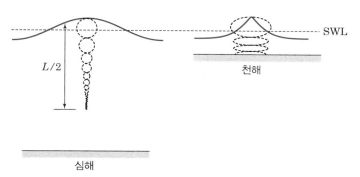

그림 2.5 파동에 의한 물입자의 운동

$$\varepsilon = \int w dt = \frac{H}{2} \frac{\sinh k(z+h)}{\sinh kh} \cos(kx - \sigma t) \qquad (2.16)$$

천이수역에서의 물입자의 운동 궤도는 심해와 천해에서의 조건이 적용되지 않으므로 심해와 천해에서의 중간 형태인 타원형이 된다.

예제 2.2

수심 20 m인 해역에 부표를 설치하고자 한다. 주기가 11초, 파고가 6 m인 파랑이 이 부표에 작용할 때, 부표의 최대 수평 및 수직운동을 계산하시오. 여기서, 부표의 계류선은 충분히 길다고 가정한다.

풀이 표 2.1에서 주기 11초, 수심 20 m에서의 파장은 $L = 136.8$ m이고, 파속은 $C = 12.44$ m/sec이다. 그리고 상대수심 $h/L = 0.146$이므로 천이수역에 해당한다. 최대 수평 및 수직운동에 대해서는 $\cos(kx - \sigma t) = \sin(kx - \sigma t) = 1$이 되고, 해수면에서의 $z = 0$이다. 그리고 $k = 2\pi/L = 0.046$이고, $\sigma = 2\pi/T = 0.571$이므로 최대 수평 및 수직운동은 다음과 같이 된다.

$$u = \frac{\pi H}{T} \frac{\cosh k(z+h)}{\sinh kh} = \frac{(3.1415)(6)}{11} \frac{\cosh[(0.046)(0+20)]}{\sinh(0.046 \times 20)} = 2.41 \text{m/sec})$$

$$w = \frac{\pi H}{T} \frac{\sinh k(z+h)}{\sinh kh} = \frac{(3.1415)(6)}{11} \frac{\sinh[(0.046)(0+20)]}{\sinh(0.046 \times 20)} = 1.69 (\text{m/sec})$$

$$\zeta = \frac{H}{2} \frac{\cosh k(z+h)}{\sinh kh} = \frac{6}{2} \frac{\cosh[(0.046)(0+20)]}{\sinh(0.046 \times 20)} = 4.21 (\text{m})$$

$$\epsilon = \frac{H}{2} \frac{\sinh k(z+h)}{\sinh kh} = \frac{6}{2} \frac{\sinh[(0.046)(0+20)]}{\sinh(0.046 \times 20)} = 2.96 (\text{m})$$

2.5 군파

일반적으로 해상에서는 일정한 주기와 파고를 가진 규칙적인 파랑의 집단이 발생하는 것이 아니라 여러 가지 주기와 파고를 가진 불규칙적인 파랑의 집단인 군파(group wave)가 발생한다.

이러한 군파에서 주기가 길고 파속이 빠른 파랑은 주기가 짧고 파속이 느린 파랑보다 빠르게 진행하여 군파가 진행하는 선단부에 먼저 도달하게 되며, 뒤에서 오는 파랑으로부터 에너지를 공급받지 못하면 점차 파고가 감소하여 소멸하게 되고, 새로운 파열이 형성된다. 파랑의 에너지는 군파속(group wave celerity)으로 전파하고, 어느 지점에 대한 파랑의 도착시각은 군파속(group wave celerity)에 근거해 예측한다.

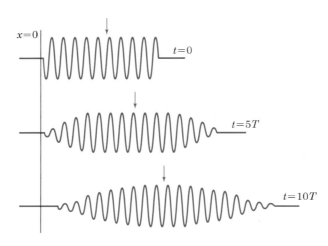

그림 2.6 심해에서의 파열의 분산

군파속에 대한 식을 도출하기 위해 조금 다른 주기 또는 위상을 가진 두 개의 규칙적인 파열이 같은 방향으로 진행하고 있다고 생각하자. 이 두 개의 파열이 중첩될 때, 어느 점에서는 위상이 일치하여 파고가 증폭되고, 어느 점에서는 위상이 일치하지 않아 파고가 서로 상쇄되어 감소하거나 소멸되며, 이렇게 중첩된 파열은 군파속으로 진행하게 된다.

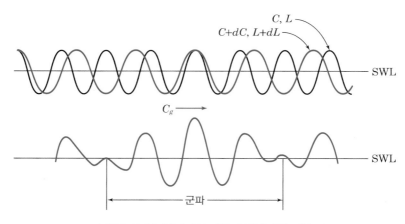

그림 2.7 분리된 2개의 파열과 중첩시킨 파열

한 파랑의 집단(wave envelop), 즉 군파 안에 있는 각각의 파랑은 각각의 파속으로 진행하나, 이 파랑들은 서로 중첩되어 조정되면서 결국 파랑의 집단이 진행하는 군파속에 의해 진행하게 되며, 군파속은 식 (2.17)과 같다.

$$C_g = \frac{C}{2}\left(1 + \frac{2kh}{\sinh 2kh}\right) = nC \tag{2.17}$$

여기서, $n = \frac{1}{2}\left(1 + \frac{2kh}{\sinh 2kh}\right) = \frac{C_g}{C}$ 이다.

심해에서는 $kh \gg 1$이므로 $\sinh 2kh \to \infty$ 가 되어 군파속은 $C_g = C/2$가 되고 $n = 0.5$가 되며, 이는 심해에서의 파랑은 분산되므로 군파의 이동속도는 심해파속의 1/2이 됨을 의미한다. 천해에서는 $kh \ll 1$이므로 $\sinh 2kh \to 2kh$가 되어 군파속은 $C_g = C$가 되고 $n = 1.0$이 되며, 천해에서의 파랑은 분산되지 않고 군파의 이동속도는 천해파속과 같음을 의미한다. n은 심해일 때 0.5에서부터 천해일 때 1.0의 값으로 변하며, 심해와 천이수역에서 파랑의 분산에 따른 에너지손실 정도를 의미한다. n과 상대수심 사이의 함수관계는 그림 2.4에 나타나 있다.

2.6 파랑의 압력

파랑에 의한 수면의 상하운동은 수면 아래쪽에 동일 주기의 압력의 변동을 초래하며, 압력 p는 식 (2.18)과 같다.

$$p = -\rho gz + \frac{\rho gH}{2}\frac{\cosh k(z+h)}{\cosh kh}\cos(kx - \sigma t) \tag{2.18}$$

여기서, ρ는 해수의 밀도이며, 식 (2.18)의 첫째 항은 정수압(hydrostatic pressure)이고, 둘째 항은 물입자의 가속도에 의한 동압력(dynamic pressure)이며, 일반적으로 정수압은 동압력보다 크다. 이러한 원리를 이용한 수압식 파고계는 파랑에 의한 수면 변동이 압력 변동으로 수중에 전달되는 것을 이용하여 파고를 산출한다.

그림 2.8은 파봉과 파곡에서의 수직방향 압력분포를 나타낸다. 파봉 아래에서는 하향으로 가속되는 물입자들에 의해 하향 동압력이 발생하여 압력이 증가하는 반면, 파곡 아래에서는 상향으로 가속되는 물입자들에 의해 상향 동압력이 발생하여 압력이 감소한다. 파봉과 파곡 중간에서는 가속도가 수평방향으로 작용하므로 동압력은 없고 정수압만 존재한다.

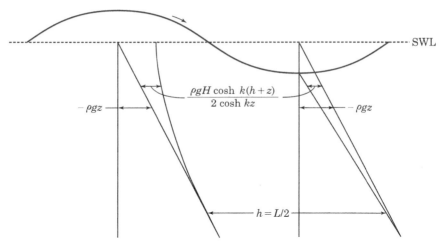

그림 2.8 파랑에 의한 수직방향 압력분포

2.7 파랑의 에너지 및 동력

파랑의 총 에너지(wave energy)는 해수가 수면을 기준으로 상하운동함에 따라 발생하는 위치에너지(potential energy)와 물입자의 운동에 의해 발생하는 운동에너지(kinetic energy)로 이루어져 있다. 파랑을 고려하지 않았을 때와 고려하였을 때의 단위폭당 한 파장에 대한 위치에너지 E_p는 식 (2.19), 식 (2.20)과 같다.

$$\left(E_p\right)_{\text{without wave}} = \frac{\rho g h^2 L}{2} \tag{2.19}$$

$$\left(E_p\right)_{\text{with wave}} = \frac{\rho g h^2 L}{2} + \frac{\rho g a^2 L}{4} \tag{2.20}$$

그러므로 파랑만에 의한 위치에너지는 $\left(E_p\right)_{\text{with wave}} - \left(E_p\right)_{\text{without wave}}$ 가 되며, 식 (2.21)과 같이 된다.

$$E_p = \frac{\rho g a^2 L}{4} = \frac{\rho g H^2 L}{16} \tag{2.21}$$

단위폭당 한 파장과 수심에 대한 운동에너지 E_k는 식 (2.22)와 같다.

$$E_k = \frac{\rho g H^2 L}{16} \tag{2.22}$$

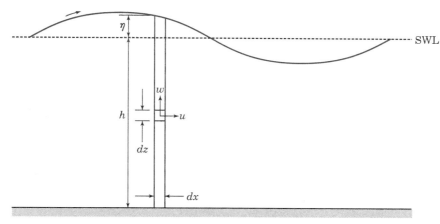

그림 2.9 파랑에너지 유도를 위한 개념도

그러므로 단위폭당 파랑의 총 에너지 E는 식 (2.23)과 같이 되며, 수심에 관계없이 심해파, 천해파 모든 파랑에 대해 적용할 수 있다.

$$E = E_p + E_k = \frac{\rho g H^2 L}{8} \tag{2.23}$$

한 파장에 대한 각 점에서의 파랑에너지는 다르지만 단위표면적당 평균에너지 $\overline{E}$로 나타내면 식 (2.24)와 같고, 이를 에너지밀도(energy density) 또는 비에너지(specific energy)라고 한다.

$$\overline{E} = \frac{E}{L} = \frac{\rho g H^2}{8} \tag{2.24}$$

파랑의 동력(wave power)은 파랑이 진행하는 방향으로 전파되는 단위시간당 파랑에너지로, 파랑의 동력 P는 식 (2.25)와 같다.

$$P = \frac{\rho g H^2 L}{16\,T}\left(1 + \frac{2\,kh}{\sinh 2kh}\right) = \frac{E}{T}\left[\frac{1}{2}\left(1 + \frac{2kh}{\sinh 2kh}\right)\right] = \frac{nE}{T} = C_g \overline{E} \tag{2.25}$$

파열이 진행할 때 이동경로 상 어느 한 지점을 통과하는 단위시간당 에너지는 인접한 지점을 통과하는 단위시간당 에너지에 두 지점 사이에서 반사되는 에너지와 소모되는 에너지를 합한 것과 같다. 만일 두 지점 사이에서 반사되고 소모되는 에너지를 무시한다면 식 (2.26)과 같이 된다.

$$P = \left(\frac{nE}{T}\right)_1 = \left(\frac{nE}{T}\right)_2 = \text{constant} \tag{2.26}$$

파랑의 이동경로 상 어느 한 지점에서 인접한 지점으로 파랑이 진입할 때 주기는 일정하므로 식 (2.26)은 식 (2.27)과 같이 된다.

$$(nE)_1 = (nE)_2 = \text{constant} \tag{2.27}$$

식 (2.27)은 만일 파랑이 심해에서 천해로 진입한다면 천해에서의 n의 증가에 따라 파랑에너지의 감소를 의미한다.

직교선(orthogonal line) 사이의 간격을 B라 하고 직교선 사이의 파봉선(wave crest)을 따른 에너지의 전파가 없다고 가정하면 식 (2.27)은 식 (2.28)과 같이 된다.

$$(BnE)_1 = (BnE)_2 = \text{constant} \tag{2.28}$$

식 (2.28)에 파랑에너지를 대입하고 정리하면 식 (2.29)와 같이 된다.

$$\frac{H_1}{H_2} = \sqrt{\frac{n_2 L_2}{n_1 L_1}} \sqrt{\frac{B_2}{B_1}} = K_S K_R \tag{2.29}$$

여기서, H_1/H_2는 파랑의 이동경로 상 어느 한 지점과 인접한 지점 사이에서의 파고의 비, K_S는 천수계수(shoaling coefficient), K_R은 굴절계수(refraction coefficient)이다. 파랑의 굴절이 없는 경우에는 $K_R = 1$이 된다. 식 (2.29)의 첫째 항은 수심의 변화에 따른 천수화(shoaling)의 영향을 나타내고, 둘째 항은 파랑의 굴절로 인한 직교선의 수렴 또는 발산에 따른 영향을 나타낸다.

파랑의 굴절이 없고 심해에서 발생한 파랑이 천이수역으로 진입해 올 때 식 (2.29)는 식 (2.30)과 같이 된다.

$$\frac{H}{H_0'} = \sqrt{\frac{n_0 L_0}{nL}} = \sqrt{\frac{0.5 L_0}{nL}} \tag{2.30}$$

여기서, H_0'은 환산심해파고이며, 식 (2.30)은 그림 2.4에 상대수심에 대한 함수로 나타나 있다.

파랑이 얕은 수심으로 진행할 때, 파장 L의 감소율은 n의 증가율 보다 작아 약간의 파고 감소가 발생한다.

▨▨ 예제 2.3

주기 6초, 파고 1 m인 파랑이 해안으로 진입해 오고 있다. 수심 5 m에서의 군파속, 파랑에너지 및 동력을 구하고, 파봉이 지나갈 때 정수면 아래 2 m인 지점에서의 압력을 구하시오.

[풀이] 주기 6초, 수심 5 m에서의 파속은 $C = 6.34$ m/sec이고, 파장 $L = 38.07$ m이며, 상대수심 $h/L = 0.131$이므로 천이수역에 해당한다. 그리고 $k = 2\pi/L = 0.165$이고, $\sigma = 2\pi/T = 1.047$이므로 군파속, 파랑에너지, 동력, 압력은 아래와 같이 된다.

군파속 $C_g = \dfrac{C}{2}\left(1 + \dfrac{2kh}{\sinh 2kh}\right) = \dfrac{6.34}{2}\left[1 + \dfrac{2(0.165)(5)}{\sinh(2)(0.165)(5)}\right] = 5.256 \,(\text{m/sec})$

(계속)

파랑에너지 $E = \dfrac{\rho g H^2 L}{8} = \dfrac{(1026)(9.81)(1^2)(38.07)}{8} = 47,897 (\mathrm{Joules/m})$

동력 $P = C_g \overline{E} = (5.256)\dfrac{47897}{38.07} = 6.612 (\mathrm{Watts/m})$

압력 $p = -\rho g z + \dfrac{\rho g H}{2} \dfrac{\cosh k(z+h)}{\cosh kh} \cos(kx - \sigma t)$

$\quad = -(1026)(9.81)(-2) + \dfrac{(1026)(9.81)(1)}{2} \dfrac{\cosh(0.165)(-2+5)}{\cosh(0.165)(5)}(1) = 24,293 (\mathrm{Pa})$

2.8 질량수송과 파랑에 의한 수면상승

미소진폭파 이론에서는 파동에 의해 물입자가 폐궤도를 따라 운동하는 것으로 나타나고 있으나, 실제 물입자는 나선상의 궤도를 따라 조금씩 앞으로 이동하여 작은 질량수송(mass transport)을 발생시킨다.

질량수송은 해빈에서 수면상승을 일으키는 원인이 되고, 또한 해빈류(nearshore current)를 발생시켜 부유상태에 있는 표사를 이동시킨다. 질량수송속도는 물입자의 운동속도보다 훨씬 작고, 파형경사와 파속이 커질수록 그리고 수심이 작아질수록 증가한다.

질량수송속도 U_m 은 식 (2.31)과 같다.

$$U_m = \frac{\sigma k H^2}{8} \frac{\cosh 2k(z+h)}{\sinh^2 kh} \tag{2.31}$$

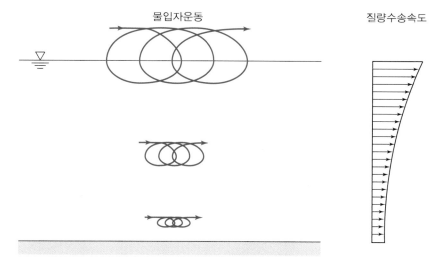

그림 2.10 **물입자의 운동과 질량수송속도**

해빈에서의 수면상승(wave set-up)은 질량수송과 천수효과 등에 의해 발생하며, 미국 육군해안공학연구센터(U.S. Army Coastal Engineering Research Center)는 해빈에서의 수면상승량 S_{ww}를 구할 수 있는 식 (2.32)를 제안했다.

$$S_{ww} = 0.19 \left[1 - 2.82 \sqrt{\frac{H_b}{g\,T^2}} \right] H_b \tag{2.32}$$

여기서, H_b는 파랑이 부서질 때의 파고, 즉 쇄파고(breaking wave height)이다.

Chapter 03

파랑의 변형 : 쇄파, 처오름, 굴절, 회절 및 반사

조원철

중앙대학교 공과대학 사회기반시스템공학부 교수

심해에서부터 해안선으로 진입하는 파랑은 수심의 변화, 해안구조물과의 상호작용 등에 의해 쇄파, 굴절, 회절, 반사되고 이에 따라 변형된다. 이러한 현상들은 해안에서 파랑의 특성을 예측하는 데 있어 중요하며, 연안에서의 표사이동예측, 해안구조물에 작용하는 파력 산정, 항만의 입지 선정 등에 영향을 미친다.

3.1 쇄파

일반적으로 파봉에서의 물입자 속도는 파속보다 상당히 작아 파랑은 안정하게 진행한다. 쇄파 (wave breaking)는 파봉에서의 물입자 속도가 파속보다 클 때 발생한다. 심해에서는 파봉에서의 물입자 속도가 파고에 비례하며, 파고가 증가할수록 물입자 속도는 증가하여 파속에 이르게 되고, 결국 파랑은 불안정하게 되어 쇄파가 발생한다. 천해에서는 파랑이 해안선 쪽으로 진입함에 따라 수심의 감소로 인해 파장은 짧아지고 파고는 증가하게 된다. 이에 따라 파봉에서의 물입자 속도가 증가하여 파속에 이르게 되고, 결국 파랑은 불안정하게 되어 쇄파가 발생한다. 쇄파가 발생하는 시점을 쇄파점(breaking wave point)이라 하고, 쇄파가 발생하는 영역을 쇄파대(surf zone)라고 한다. 쇄파대는 심해에서부터 이송되어 온 파랑에너지가 급격하게 소산되는 영역으로, 쇄파점에서부터 파랑에너지가 완전히 소산되는 파랑의 처오름 지점까지이다. 파랑의 처오름은 해안으로 진입한 파랑이 해안구조물 또는 해빈의 경사면을 타고 올라가는 현상이다.

쇄파가 발생하면 대량의 파랑에너지가 손실되고 파고가 감소한다. 급한 해저경사에서 쇄파가 발생하면 쇄파 후 즉시 해저경사면에서부터 파랑에너지가 반사된다. 쇄파의 발생은 해수를 해안가 쪽으로 이동시키므로 해안 수위상승의 원인이 된다.

Miche(1944)는 임의의 수심에서 쇄파가 발생하기 위한 한계조건을 식 (3.1)과 같이 제안하였다.

$$\left(\frac{H}{L}\right)_{\max} = \frac{1}{7}\tanh\left(\frac{2\pi h}{L}\right) \tag{3.1}$$

심해에서 식 (3.1)은 식 (3.2)와 같이 되고, 심해에서는 파고가 파장의 1/7보다 크게 될 때 쇄파가 발생함을 의미한다.

$$\left(\frac{H_0}{L_0}\right)_{\max} = \frac{1}{7} \tag{3.2}$$

천해에서 식 (3.1)은 식 (3.3)과 같이 되고, 수심에 대한 파고의 비로 나타내면 식 (3.4)와 같이 된다.

$$\left(\frac{H}{L}\right)_{\max} = \frac{1}{7}\frac{2\pi h}{L} \tag{3.3}$$

$$\left(\frac{H}{h}\right)_{\max} = 0.9 \tag{3.4}$$

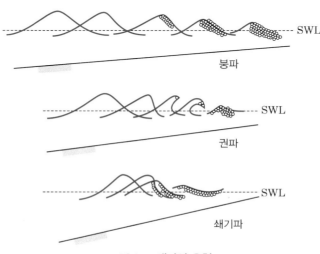

그림 3.1 **쇄파의 유형**

천해에서 해저경사에 따른 쇄파의 유형은 일반적으로 붕파(spilling), 권파(plunging), 쇄기파(surging)로 분류된다. 붕파는 완만한 해저경사와 비교적 작은 파형경사에서 발생하고, 파랑의 전면에서 거품이 발생하며 부서진다. 권파는 해저경사와 파형경사가 붕파의 경우보다 클 때 발생하고, 쇄파 시 파봉이 뾰족해지고 앞으로 말리면서 수면 위로 떨어진다. 쇄기파는 해저경사가 상당히 급하고 파형경사가 상당히 클 때 발생하며, 권파와 같이 파봉은 뾰족해지지만 파봉이 전방으로 떨어지기 전에 파랑의 아래 부분이 해빈면을 따라 쇄도해 올라간다. 이러한 쇄파의 유형은 해안선의 변형과 구조물에 작용하는 파력에 관계 된다.

천해에서 발생하는 쇄파고, 쇄파수심 및 쇄파의 유형은 Goda(1970)의 실험에 의해 제안된 그림 3.2와 3.3을 이용하여 예측할 수 있다. 환산심해파고, 주기 및 해저경사가 주어지면 그림 3.2에서부터 쇄파고(breaking wave height)와 쇄파의 유형을 알 수 있으며, 그림 3.3에서 쇄파수심(breaking wave water depth)을 구할 수 있다. 환산심해파고는 식 (3.5)를 이용하여 구할 수 있다.

$$H_0{}' = K_R H_0 \tag{3.5}$$

Wiegel과 Beebe(1956)는 실험관측으로부터 쇄파 시 파고에 대한 정지수면 상의 파봉고의 비율은 약 0.78 정도로 일정하다는 것을 제안하였다.

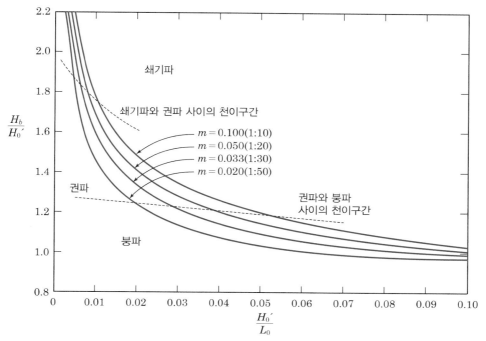

그림 3.2 해저경사, 심해파고 및 파형경사의 함수인 쇄파고와 쇄파 유형(m : 해저경사)
(U. S Army Coastal Engineering Research Center, 1973)

39

3.1
쇄파

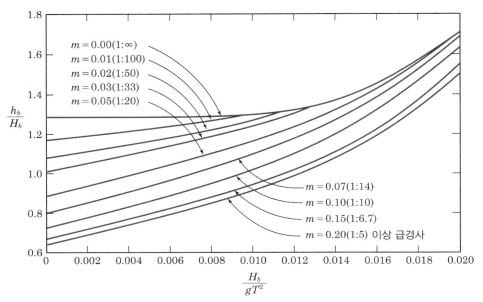

그림 3.3 해저경사, 쇄파고 및 파형경사의 함수인 쇄파수심
(U. S Army Coastal Engineering Research Center, 1973)

■ **예제 3.1**

주기 10초, 환산심해파고 2 m인 파랑이 1 : 10의 해저경사를 따라 굴절없이 진행해 가고 있을 때, 쇄파고와 쇄파수심을 구하시오. 그리고 어떤 형태의 쇄파가 예상되는가?

풀이 주기 10초, 환산심해파고 2 m인 경우, 그림 3.2에서 $H_0^{'}/L_0 = 0.0128$이고, 해저경사 1 : 10에 대해 $H_b/H_0^{'} = 1.64$가 된다. 그러므로 쇄파고 $H_b = 3.28$ m가 되고, 쇄파의 형태는 권파가 된다. 그리고 그림 3.3 에서 $H_b/gT^2 = 0.0033$이고, 해저경사 1 : 10에 대해 $h_b/H_b = 0.80$이므로, 쇄파수심 $h_b = 2.62$ m가 된다.

3.2 파랑의 처오름

파랑의 처오름(wave run-up)은 파랑이 해빈 또는 해안구조물에 부딪쳐 튀어 오르거나 해빈 또는 해안구조물의 경사면을 타고 올라가는 현상이다.

Saville(1957)은 평면 경사면과 복합 경사면에서의 파랑의 처오름에 대한 연구 결과를 종합하여 파랑의 처오름높이를 추정할 수 있는 그림 3.4와 같은 도표를 제안하였다. 이 도표는 일정한 주기와 진폭을 갖는 진행파에 대한 것으로, 해안구조물 경사면의 코탄젠트와 환산심해파고 및 주기가 주어지면 처오름높이 R을 구할 수 있다.

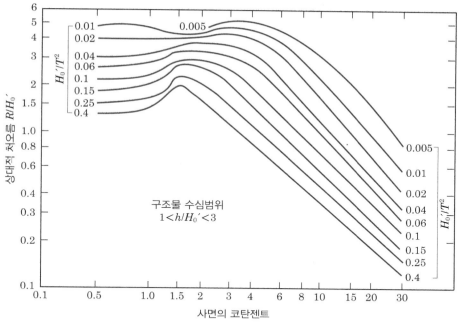

그림 3.4 파랑의 특성과 구조물 경사의 함수인 파랑의 처오름높이

그림 3.4에서는 해빈 또는 해안구조물의 경사가 일정한 경우에는 파형경사 H_0'/T^2가 증가할수록 무차원 파랑의 처오름높이 R/H_0'이 작아지는 것을 알 수 있고, 해빈 또는 해안구조물의 경사가 1 : 2보다 작은 경우에는 경사면의 코탄젠트가 작을수록 처오름높이가 커지는 것을 알 수 있다.

■■■ 예제 3.2

주기가 10초이고 환산심해파고가 2 m인 파랑이 진입해 들어오고 있을 때, 경사가 1 : 5인 해빈에서의 파랑의 처오름높이를 계산하시오.

풀이 주기 10초, 환산심해파고가 2 m인 경우, 그림 3.3에서 $H_0'/T^2=0.02$이고, 해빈의 경사 1 : 5에 대한 사면의 코탄젠트는 5이므로, 이로부터 $R/H_0'=3.8$이므로, 파랑의 처오름높이 $R=7.6$ m가 된다.

Battjes(1970)는 파랑의 처오름높이에 영향을 미치는 경사표면의 조건을 표 3.1과 같이 제시하였다. 여기서 s는 매끄러운 불투수성 표면에서의 처오름높이에 대한 주어진 표면에서의 처오름높이의 비율을 나타낸다.

41

3.2
파랑의 차오름

표 3.1 파랑의 처오름높이에 영향을 미치는 경사면의 조건, Battjes (1970)

사면피복상태	s
콘크리트 슬라브	0.9
현무암블록 설치	0.85~0.9
목초	0.85~0.9
불투수기저 위에 사석층 1층	0.8
돌(stone) 설치	0.75~0.65
둥근돌	0.6~0.65
돌투하설치	0.5~0.6
사석층 2층 이상	0.5
테트라포드 등	0.5

3.3 파랑의 굴절

파랑의 굴절(wave refraction)은 파랑의 진행방향과 파봉선의 형상이 해저지형의 영향을 받아 변화하는 현상으로, 파랑의 진행속도 차이에 의해 발생한다. 파랑이 심해에서부터 천이수역 또는 천해로 진입하게 되면 주기는 일정하나, 수심의 감소에 따라 파속과 파장이 감소하고 파고는 증가하며, 파랑의 파봉선(crest line)과 파향선(orthogonal line)이 휘어진다. 이때 파봉선의 방향은 등수심선의 방향에 접근하게 되고, 파향선은 수렴(convergence) 또는 발산(divergence)하여 파랑에너지가 증가 또는 감소한다. 파향선이 수렴할 경우에는 파고가 증가하여 해안선에서부터 먼 지점에서 쇄파가 발생하며, 파향선이 발산할 경우에는 파고가 감소하여 해안선에서부터 가까운 지점에서 쇄파가 발생한다.

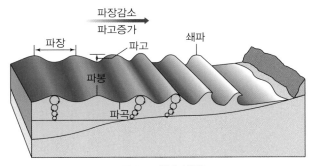

그림 3.5 천수 변형

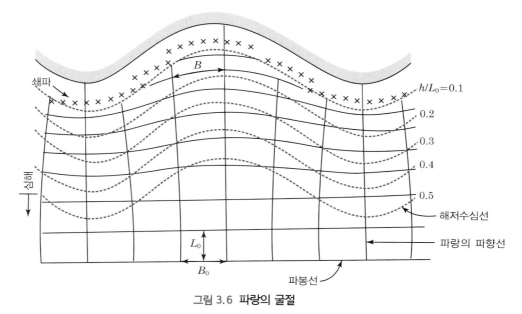

그림 3.6 **파랑의 굴절**

심해에서 천이수역으로 파랑이 진입해 올 때 심해와 천이수역 사이에서의 파고의 변화는 식 (3.6)과 같다.

$$\frac{H}{H_0} = \sqrt{\frac{L_0}{2nL}} \sqrt{\frac{B_0}{B}} = \frac{H}{H_0{}'} \sqrt{\frac{B_0}{B}} \tag{3.6}$$

여기서, B는 천이수역에서의 파향선의 간격, B_0은 심해에서의 파향선의 간격이다.

$\sqrt{L_0/2nL} = K_S$는 천수계수로 심해파가 $h/L < 1/2$인 영역에 진입하면서 수심의 변화에 따라 해저 마찰의 영향으로 파고가 변화하는 정도를 나타내고, $\sqrt{B_0/B} = K_R$은 굴절계수로 파랑의 굴절의 영향으로 파고가 변화하는 정도를 나타내며, B_0/B는 파향선의 간격비이다. 식 (3.6)에서는 파향선의 변화에 따른 에너지손실은 무시한다.

파랑의 굴절도를 작성하는 데 있어서는 심해의 주어진 파봉선에서부터 순차적으로 각 수심의 파장에 비례한 위치에 파봉선을 그려가는 파봉선법(wave crest/front method)과 Arthur 등 (1952)이 제안한 Snell의 법칙에 기초하는 파향선법(wave orthogonal method)이 있다.

Snell의 법칙에 기초한 파향선법에서 파랑이 굴절되는 각도는 다음과 같다. 그림 3.7에서와 같이 파향선 간격이 x일 때, $\sin \alpha_1 = C_1 T/x$가 되고 $\sin \alpha_2 = C_2 T/x$가 되어 식 (3.7)이 성립된다.

$$\frac{\sin \alpha_1}{\sin \alpha_2} = \frac{C_1}{C_2} = \frac{L_1}{L_2} \tag{3.7}$$

3.3
파랑의 굴절

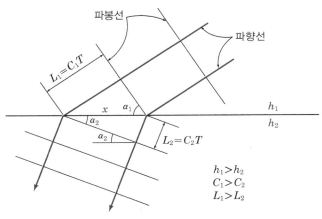

그림 3.7 Snell 법칙의 개념도

그림 3.8과 같이 심해에서 천이수역 또는 천해로 파랑이 진입해 올 때의 파향선 간격은 식 (3.8), 식 (3.9)와 같이 된다.

$$\frac{L_0}{\sin \alpha_0} = x = \frac{L_1}{\sin \alpha_1} \tag{3.8}$$

$$\frac{B_0}{\cos \alpha_0} = x = \frac{B_1}{\cos \alpha_1} \tag{3.9}$$

식 (3.8)에서부터 천이수역 또는 천해에서 파랑이 굴절되는 각도 α_1은 식 (3.10)과 같이 된다.

$$\alpha_1 = \sin^{-1}\left(\frac{C_1}{C_0}\sin \alpha_0\right) \tag{3.10}$$

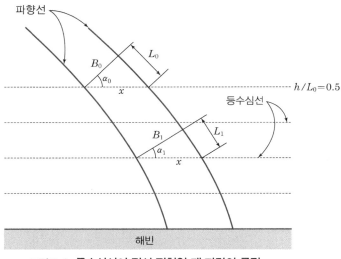

그림 3.8 등수심선이 직선 평형일 때 파랑의 굴절

식 (3.10)에 주기 T, 심해에서 파랑이 진입하는 각도 α_0, 그리고 천이수역 또는 천해에서의 수심 h가 주어지면 천이수역 또는 천해에서 파랑이 굴절되는 각도 α_1을 구할 수 있고, 식 (3.11)에서부터 굴절계수 K_R을 구할 수 있다.

$$K_R = \sqrt{\frac{B_0}{B_1}} = \sqrt{\frac{\cos \alpha_0}{\cos \alpha_1}} \tag{3.11}$$

그러나 Snell 법칙은 등수심선이 직선이 아니고 평행하지 않을 경우에는 잘 맞지 않는 단점이 있다.

■■■ **예제 3.3** ■■

아래 그림과 같이 주기 $T = 10$ sec, 파고 $H_0 = 2$ m인 심해파가 해안선과 45°의 각도로 진입해 올 때, 수심 4 m에서의 파랑이 굴절되는 각도를 구하시오.

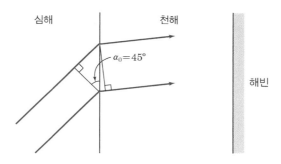

[풀이] 주기 10초, 수심 4 m에서의 파속은 $C = 6.09$ m/sec이고, 파장 $L = 60.92$ m이다. 굴절 전 파랑의 진입각도 $\alpha_0 = 45°$일 때, 파랑이 굴절되는 각도는 아래와 같이 된다.

$$L_0 = \frac{g T^2}{2\pi} = 156\,(\mathrm{m}), \quad L = 60.92\,(\mathrm{m})$$

$$\sin \alpha = \frac{L}{L_0} \sin \alpha_0 = \frac{60.92}{156} \sin 45° = 0.332$$

$$\therefore \alpha = 19.3°$$

3.4 파랑의 굴절도 작성

파랑의 굴절도를 작성하는 데에는 파랑의 입사각이 80°보다 작은 경우와 입사각이 80°보다 큰 경우 두 가지로 나눌 수 있다. 파랑의 입사각이 80°보다 작은 경우의 굴절도 작성 절차는 다음과 같다.

① 대상해역의 해저수심도 상에 $h/L_0 = 0.5$의 등수심선을 그린다. 그 다음, 해안선으로 진입하면서 천해의 각 등수심선에 대해 상대수심 h/L_0 값을 나타낸다. 여기서, 한 파장 정도 이하의 해저 등수심선의 불규칙성은 파동에 큰 영향을 미치지 않으므로 무시하고, 등수심선을 어느 정도 평활하게 하여 해저지형을 나타낸다.

② 어느 한 등수심선과 이보다 해안선 쪽에 있는 한 등수심선에서의 파속비 C_1/C_2을 계산한다.

$$\frac{C_1}{C_2} = \frac{\tanh\left(2\pi h_1/L_1\right)}{\tanh\left(2\pi h_2/L_2\right)} \tag{3.12}$$

여기서, C_1은 외해 쪽 등수심선에서의 파속이고, C_2는 해안선 쪽 등수심선에서의 파속이다.

③ 가장 외해 쪽 2개의 등수심선에 대하여 두 등수심선 사이에 중간 등수심선을 그리고, 외해에서 입사하는 파향선을 중간 등수심선까지 연장한다. 그 다음 입사파향선과 중간 등수심선이 만나는 교차점에 접선(ST)을 그린다.

④ 그림 3.9와 같은 굴절도용 판형의 파향선을 입사파향선에 일치시키고, 입사파향선과 중간 등수심선의 교차점(P점)에 판형의 $C_1/C_2 = 1.0$인 점을 맞춘다. 이때 회전점(R점)은 수심이 큰 쪽에 둔다.

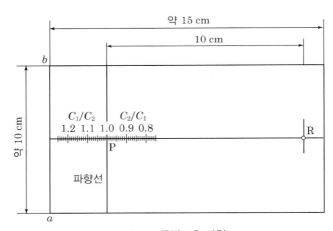

그림 3.9 굴절도용 판형

⑤ 회전점을 중심으로 C_1/C_2의 값이 중간 등수심선의 접선과 교차할 때까지 판형을 회전시킨다. 회전 후 새로운 위치에 놓인 판형의 파향선은 굴절 후 파향을 나타내지만, 이것은 진행하는 파향선의 정확한 위치를 나타내는 것이 아니므로 파향선의 위치를 수정하여야 한다. 그러므로 $AQ = BQ$가 되도록 판형을 평행 이동시키고, 다음 등수심선에 파랑이 입사하는 B점을 구한다.

⑥ 해안선 쪽으로 이동하면서 이어지는 등수심선 사이에 위와 같은 과정을 반복하여 굴절도를 작성한다.

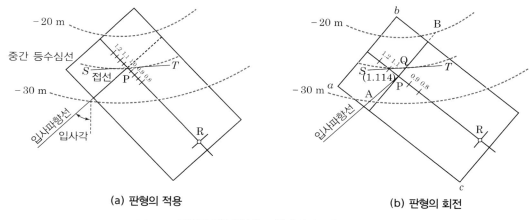

(a) 판형의 적용　　　　　(b) 판형의 회전

그림 3.10 굴절도 작도법(1) : 입사각이 80°보다 작은 경우

파랑의 입사각이 80°보다 큰 경우의 굴절도 작성 절차는 다음과 같다.

① 그림 3.11과 같이 두 등수심선 사이의 간격을 종단선으로 끊어 몇 개의 상자형으로 나눈다. 여기서, 거의 중앙에 있는 상자형의 횡단선 간격(R_3)은 그 상자형 등수심선 간격(J_3)의 2배가 되도록 한다.

② 파속비 C_1 / C_2과 R/J의 값을 구하고 그림 3.12에서 파향선의 회전각 $\Delta \beta$를 읽는다.

③ 입사파향선을 첫 번째 상자형 중앙까지 진행시키고, ②에서 읽은 $\Delta \beta$의 각도만큼 파향선을 해안선 쪽 등수심선 쪽으로 굴절시켜 새로운 파향선을 그린다(R_1 구간).

④ 새로운 파향선의 입사각이 80° 이하가 되는지를 검토하고, 만일 80° 이상이 되면 위의 과정을 반복한다(R_2, R_3 구간).

⑤ 파향선의 입사각이 80° 이하가 되면, 파랑의 입사각이 80° 보다 작은 경우의 굴절도 작성 방법에 따라 굴절도를 작성한다.

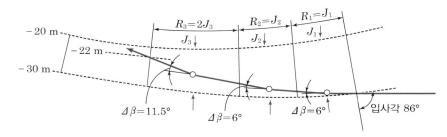

그림 3.11 굴절도 작도법(2) : 입사각이 80°보다 큰 경우

3.4
파랑의 굴절도 작성

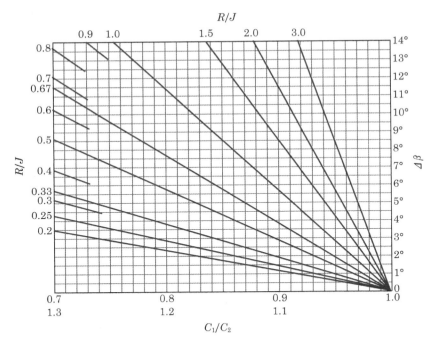

그림 3.12 파향선의 방향 변화각 $\Delta\beta$의 계산 도표

이상은 컴퓨터 프로그램이 개발되기 전 수동작업에 의한 파랑굴절도를 작성하는 방법이다. 현재에는 컴퓨터와 프로그램의 발달로 파랑과 수심자료 등이 주어지면 파랑굴절도를 정확하고 빠르게 작성할 수 있다.

<h2>3.5 파랑의 회절</h2>

파랑이 진행하는 방향에 방파제, 섬 등의 장애물이 있으면 파랑이 그 뒤로 돌아 들어가게 되는데, 이러한 현상을 파랑의 회절(wave diffraction)이라고 한다. 파고가 파봉선을 따라 일정하지 않을 때에는 높은 파고에서의 에너지가 낮은 파고로 전파되어 파봉선을 따른 파고의 조정이 발생되고 파봉선이 휘게 된다.

그림 3.13에서와 같이 파열이 불투수성 해안구조물을 통과하면 구조물 후면으로 파봉선을 따른 파랑에너지의 전파가 발생하고, 점선 안쪽 수역의 파고에 영향을 미친다. 일반적으로 이러한 경우의 파고는 구조물과의 마찰의 영향으로 인해 구조물 후면으로 파봉선을 따라 감소한다. 만일 수역 내 수심이 일정하다면 파랑은 수심에 따른 굴절의 영향을 받지 않는다.

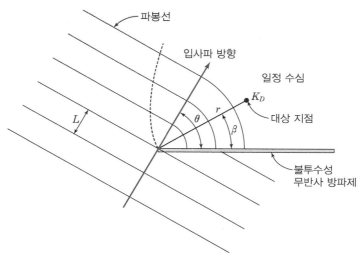

그림 3.13 무반사 방파제 후면으로의 파랑의 회절

어느 한 대상수역에서 입사파고에 대한 대상수역 내 한 점에서의 파고의 비를 회절계수 K_D라 하며 식 (3.13)과 같다.

$$K_D = \frac{H}{H_i} \tag{3.13}$$

여기서, H는 대상수역 내 한 점에서의 파고이며, H_i는 입사파고이다.

회절계수는 입사파와 구조물 사이의 각도 θ, 구조물과 대상수역 사이의 각도 β, 입사파의 파장에 대한 구조물 끝단에서 대상수역까지의 거리 r/L에 따라 달라지며, Wiegel(1962)은 θ, r/L과 β의 함수인 파랑의 회절계수 K_D를 표 3.2와 같이 제안하였다.

표 3.2 입사파향 θ, 위치 r/L과 β의 함수인 파랑의 회절계수 K_D, Wiegel (1962)

r/L	$\beta(°)$												
	0	15	30	45	60	75	90	105	120	135	150	165	180
	$\theta = 15°$												
1/2	0.49	0.79	0.83	0.90	0.97	1.10	1.03	1.02	1.01	0.99	0.99	1.00	1.00
1	0.38	0.73	0.83	0.95	1.04	1.04	0.99	0.98	1.01	1.01	1.00	1.00	1.00
2	0.21	0.68	0.86	1.05	1.03	0.97	1.02	0.99	1.00	1.00	1.00	1.00	1.00
5	0.13	0.63	0.99	1.04	1.03	1.02	0.99	0.99	1.00	1.01	1.00	1.00	1.00
10	0.35	0.58	1.10	1.05	0.98	0.99	1.01	1.01	1.00	1.00	1.00	1.00	1.00

(계속)

r/L	$\beta(°)$												
	0	15	30	45	60	75	90	105	120	135	150	165	180
	$\theta=30°$												
1/2	0.61	0.63	0.68	0.76	0.87	0.97	1.03	1.05	1.03	1.01	0.99	0.95	1.00
1	0.50	0.53	0.63	0.78	0.95	1.06	1.05	0.98	0.98	1.01	1.01	0.97	1.00
2	0.40	0.44	0.59	0.84	1.07	1.03	0.96	1.02	0.98	1.01	0.99	0.95	1.00
5	0.27	0.32	0.55	1.00	1.04	1.04	1.02	0.99	0.99	1.00	1.01	0.97	1.00
10	0.20	0.24	0.54	1.12	1.06	0.97	0.99	1.01	1.00	1.00	1.00	0.98	1.00
	$\theta=45°$												
1/2	0.49	0.50	0.55	0.63	0.73	0.85	0.96	1.04	1.06	1.04	1.00	0.99	1.00
1	0.38	0.40	0.47	0.59	0.76	0.95	1.07	1.06	0.98	0.97	1.01	1.01	1.00
2	0.29	0.31	0.39	0.56	0.83	1.08	1.04	0.96	1.03	0.98	1.01	1.00	1.00
5	0.18	0.20	0.29	0.54	1.01	1.04	1.05	1.03	1.00	0.99	1.01	1.00	1.00
10	0.13	0.15	0.22	0.53	1.13	1.07	0.96	0.98	1.02	0.99	1.00	1.00	1.00
	$\theta=60°$												
1/2	0.40	0.41	0.45	0.52	0.60	0.72	0.85	1.13	1.04	1.06	1.03	1.01	1.00
1	0.31	0.32	0.36	0.44	0.57	0.75	0.96	1.08	1.06	0.98	0.98	1.01	1.00
2	0.22	0.23	0.28	0.37	0.55	0.83	1.08	1.04	0.96	1.03	0.98	1.01	1.00
5	0.14	0.15	0.18	0.28	0.53	1.01	1.04	1.05	1.03	0.99	0.99	1.00	1.00
10	0.10	0.11	0.13	0.21	0.52	1.14	1.07	0.96	0.98	1.01	1.00	1.00	1.00
	$\theta=75°$												
1/2	0.34	0.35	0.38	0.42	0.50	0.59	0.71	0.85	0.97	1.04	1.05	1.02	1.00
1	0.25	0.26	0.29	0.34	0.43	0.56	0.75	0.95	1.02	1.06	0.98	0.98	1.00
2	0.18	0.19	0.22	0.26	0.36	0.54	0.83	1.09	1.04	0.96	1.03	0.99	1.00
5	0.12	0.12	0.13	0.17	0.27	0.52	1.01	1.04	1.05	1.03	0.99	0.99	1.00
10	0.08	0.08	0.10	0.13	0.20	0.52	1.14	1.07	0.96	0.98	1.01	1.00	1.00
	$\theta=90°$												
1/2	0.31	0.31	0.33	0.36	0.41	0.49	0.59	0.71	0.85	0.96	1.03	1.03	1.00
1	0.22	0.23	0.24	0.28	0.33	0.42	0.56	0.75	0.96	1.07	1.05	0.99	1.00
2	0.16	0.16	0.18	0.20	0.26	0.35	0.54	0.69	1.08	1.04	0.96	1.02	1.00
5	0.10	0.10	0.11	0.13	0.16	0.27	0.53	1.01	1.04	1.05	1.02	0.99	1.00
10	0.07	0.07	0.08	0.09	0.13	0.20	0.52	1.14	1.07	0.96	0.99	1.01	1.00

(계속)

r/L	β(°)												
	0	15	30	45	60	75	90	105	120	135	150	165	180
	$\theta = 105°$												
1/2	0.28	0.28	0.29	0.32	0.35	0.41	0.49	0.59	0.72	0.85	0.97	1.01	1.00
1	0.20	0.20	0.24	0.23	0.27	0.33	0.42	0.56	0.75	0.95	1.06	1.04	1.00
2	0.14	0.14	0.13	0.17	0.20	0.25	0.35	0.54	0.83	1.08	1.03	0.97	1.00
5	0.09	0.09	0.10	0.11	0.13	0.17	0.27	0.52	1.02	1.04	1.04	1.02	1.00
10	0.07	0.06	0.08	0.08	0.09	0.12	0.20	0.52	1.14	1.07	0.97	0.99	1.00
	$\theta = 120°$												
1/2	0.25	0.26	0.27	0.28	0.31	0.35	0.41	0.50	0.60	0.73	0.87	0.97	1.00
1	0.18	0.19	0.19	0.21	0.23	0.27	0.33	0.43	0.57	0.76	0.95	1.04	1.00
2	0.13	0.13	0.14	0.14	0.17	0.20	0.26	0.16	0.55	0.83	1.07	1.03	1.00
5	0.08	0.08	0.08	0.09	0.11	0.13	0.16	0.27	0.53	1.01	1.04	1.03	1.00
10	0.06	0.06	0.06	0.07	0.07	0.09	0.13	0.20	0.52	1.13	1.06	0.98	1.00
	$\theta = 135°$												
1/2	0.24	0.24	0.25	0.26	0.28	0.32	0.36	0.42	0.52	0.63	0.76	0.90	1.00
1	0.18	0.17	0.18	0.19	0.21	0.23	0.28	0.34	0.44	0.59	0.78	0.95	1.00
2	0.12	0.12	0.13	0.14	0.14	0.17	0.20	0.26	0.37	0.56	0.84	1.05	1.00
5	0.08	0.07	0.08	0.08	0.09	0.11	0.13	0.17	0.28	0.54	1.00	1.04	1.00
10	0.05	0.06	0.06	0.06	0.07	0.08	0.09	0.13	0.21	0.53	1.12	1.05	1.00
	$\theta = 150°$												
1/2	0.23	0.23	0.24	0.25	0.27	0.29	0.33	0.38	0.45	0.55	0.68	0.83	1.00
1	0.16	0.17	0.17	0.18	0.19	0.22	0.24	0.29	0.36	0.47	0.63	0.83	1.00
2	0.12	0.12	0.12	0.13	0.14	0.15	0.18	0.22	0.28	0.39	0.59	0.86	1.00
5	0.07	0.07	0.08	0.08	0.08	0.10	0.11	0.13	0.18	0.29	0.55	0.99	1.00
10	0.05	0.05	0.05	0.06	0.06	0.07	0.08	0.10	0.13	0.22	0.54	1.10	1.00
	$\theta = 165°$												
1/2	0.23	0.23	0.23	0.24	0.26	0.28	0.31	0.35	0.41	0.50	0.63	0.79	1.00
1	0.16	0.16	0.17	0.17	0.19	0.20	0.23	0.26	0.32	0.40	0.53	0.73	1.00
2	0.11	0.11	0.12	0.12	0.13	0.14	0.16	0.19	0.23	0.31	0.44	0.68	1.00
5	0.07	0.07	0.07	0.07	0.08	0.09	0.10	0.12	0.15	0.20	0.32	0.63	1.00
10	0.05	0.05	0.05	0.06	0.06	0.06	0.07	0.08	0.11	0.11	0.21	0.58	1.00
	$\theta = 180°$												
1/2	0.20	0.25	0.23	0.24	0.25	0.28	0.31	0.34	0.40	0.49	0.61	0.78	1.00
1	0.10	0.17	0.16	0.18	0.18	0.23	0.22	0.25	0.31	0.38	0.50	0.70	1.00
2	0.02	0.09	0.12	0.12	0.13	0.18	0.16	0.18	0.22	0.29	0.40	0.60	1.00
5	0.02	0.06	0.07	0.07	0.07	0.08	0.10	0.12	0.14	0.18	0.27	0.46	1.00
10	0.01	0.05	0.05	0.04	0.06	0.07	0.07	0.08	0.10	0.13	0.20	0.36	1.00

3.5
파랑의 회절

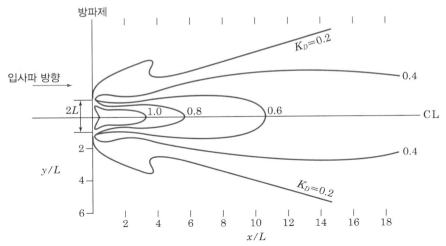

그림 3.14 방파제 개구부에서의 회절계수, Johnson(1952)

■■■■ **예제 3.4**

주기가 6초, 파고가 1 m인 파랑이 불투수성 방파제에 $\theta = 60°$로 접근해 올 때, 방파제 선단에서부터 거리 96.6 m이고 각도 30°인 점에서의 회절계수와 파고를 구하시오. 여기서, 방파제에서의 반사는 없고 수심은 10 m로 일정하다.

[풀이] 표 2.1에서부터 주기 6초, 수심 10 m에서의 파속 $C = 8.06$ m/sec이고, 파장 $L = 48.37$ m이다. 표 3.2 에서부터 $\theta = 60°$, $\beta = 30°$, $r/L = 2.0$일 때 회절계수 $K_D = 0.28$이고, 파고 $H = H_i \cdot K_D = 0.28$ m이다.

3.6 파랑의 반사

진행파가 해저수심의 변화, 해안구조물, 수중 장애물 등에 직면하게 되면 파랑에너지의 일부가 반사되며, 반사된 파랑에너지의 일부는 전달파의 에너지가 되고 나머지는 쇄파, 점성, 마찰 등에 의해 소멸된다. 구조물 또는 장애물이 연직이고 마찰이 없는 비탄성벽인 경우에는 파랑이 완전히 반사되어 입사파고의 2배가 되는 파고가 발생한다.

구조물에 직면하는 입사파의 에너지는 반사, 전달 그리고 손실되는 에너지로 분류할 수 있으며 식 (3.14)와 같다.

$$\frac{1}{8}\rho g H_i^2 = \frac{1}{8}\rho g H_r^2 + \frac{1}{8}\rho g H_t^2 + \frac{E_{loss}}{C_g} \tag{3.14}$$

여기서, H_i는 입사파고, H_r은 반사파고, H_t는 전달파고, E_{loss}는 에너지손실량이다.

식 (3.14)를 반사율(입사파고에 대한 반사파고의 비율), 전달률 그리고 에너지손실률로 다시 나타내면 식 (3.15)와 같다.

$$C_R^2 + C_T^2 + C_{\mathrm{loss}} = 1 \tag{3.15}$$

여기서, $C_R = H_r/H_i$은 반사율(또는 반사계수), $C_T = H_t/H_i$는 전달률(또는 전달계수), C_{loss}는 에너지손실률을 나타낸다. 파랑이 완전히 반사되는 완전 중복파인 경우에는 $C_R = 1.0$이 되며, 파형경사가 아주 작은 파랑은 완만한 사면에서도 완전히 반사된다. 반사율은 입사파의 파형경사가 증가할수록 감소하며, 파랑의 특성, 구조물의 형상, 조도 및 공극률에 따라 달라진다.

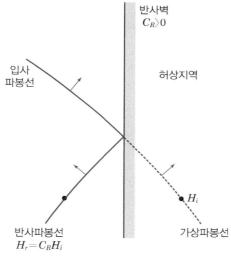

그림 3.15 **파랑의 반사**

파랑의 반사(wave reflection)에 의한 수면의 높이 η는 입사파와 반사파의 중복으로 식 (3.16)과 같으며, 반사파의 파고는 벽면의 경사가 감소할수록 그리고 벽면의 조도 또는 투수계수가 커질수록 감소한다.

$$\eta = \frac{H}{2}\cos(kx - \sigma t) + \frac{H}{2}\cos(kx + \sigma t) = H\cos(kx)\cos(\sigma t) \tag{3.16}$$

파랑의 반사에 의한 수위와 물입자의 운동은 그림 3.16과 같다. 그림 3.16에서와 같이 배(antinode)에서는 $2H$의 파고를 가지며 수위 변동이 최대가 되고, 물입자의 수평 속도는 0이고 연직 속도만 존재한다. 절점(node)에서는 수위 변동이 없으며, 물입자의 연직 속도는 0이고 수평 속도만 존재한다.

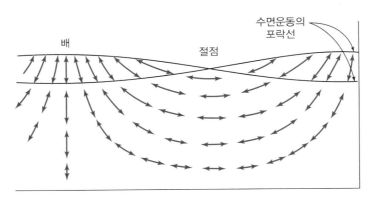

그림 3.16 **반사파** : $C_R = H_r/H_i = 1$

입사파와 반사파의 중복으로 나타나는 중복파의 속도포텐셜, 압력 및 에너지는 식 (3.17), 식 (3.18) 및 식 (3.19)에서 구할 수 있다.

$$\phi = -\frac{Hg}{\sigma}\frac{\cosh k(z+h)}{\cosh kh}\cos(kx)\sin(\sigma t) \tag{3.17}$$

$$p = -\rho gh + \rho gH\frac{\cosh k(z+h)}{\cosh kh}\cos(kx)\cos(\sigma t) \tag{3.18}$$

$$E = \frac{\rho gH^2 L}{4} \tag{3.19}$$

Chapter 04

바람과 풍파

조원철
중앙대학교 공과대학 사회기반시스템공학부 교수

해안과 항만은 바다에 접해 있으므로 바람, 파랑, 조석과 같은 기상과 해상에 관련된 여러 재해를 받기 쉽다. 그러므로 해안 및 항만시설의 계획, 설계에 있어서는 기상과 해상에 관련된 사항을 조사해야 한다.

4.1 바람

바람은 유동하고 있는 공기로서 풍속과 풍향을 가지며, 풍속계, 풍향계 등을 사용해 관측한다. 풍도(wind rose)는 어느 지역에서의 풍속과 풍향이 어떻게 분포되어 있는지를 나타내는 그림이다.

해안에서는 일반적으로 해면상 10 m의 바람을 표준으로 하고, 구조물에 작용하는 설계 풍속은 30년 이상의 바람 통계자료를 사용하여 결정한다.

바람에 있어 평균풍속은 관측 10분간의 풍속의 평균값으로 그 시각의 풍속이 되며, 최대풍속은 평균풍속의 최댓값이 된다. 순간풍속은 어느 한 순간의 풍속이며, 최대순간풍속은 10분간의 평균풍속의 약 1.5배 정도가 된다.

항풍, 최다풍, 또는 탁월풍은 어느 지점에서 가장 많이 부는 바람을 의미하며, 계절풍은 1년

중 어느 계절에만 부는 바람이다. 일반적으로 해안 및 항만에서는 10 m/sec 이상의 바람을 강풍이라 하며, 풍속은 해수면 또는 지면에서부터 높은 지점일수록 크다. 대상구조물의 높이가 관측높이와 다를 경우에는 식 (4.1)을 이용해 높이에 대한 보정을 한다.

$$U_h = U_0 \left(\frac{h}{h_0} \right)^n \tag{4.1}$$

여기서, U_h는 높이 h에서의 풍속이며, U_0는 높이 10 m에서 관측된 풍속이다. n은 지표면 부근의 조도로 대기의 안정도에 따라 다르며, 구조물의 강도 계산 시에는 $n = 1/4$, 크레인(crane)의 구조 계산 시에는 $n = 1/8$, 해상에서는 $n \geq 1/7$을 사용한다.

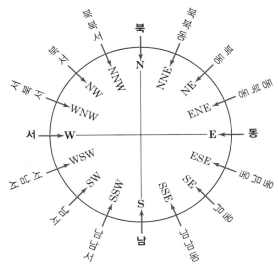

그림 4.1 **풍향표시도** (m.blog.daum.net)

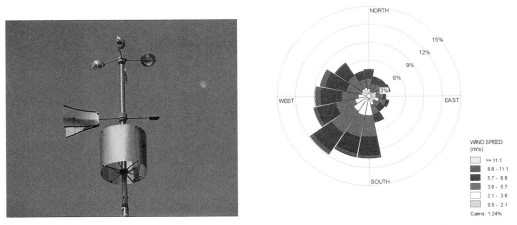

그림 4.2 **풍향계, 풍속계 및 풍도** (www.ohmynews.com, pixshark.com)

표 4.1 해상 풍속에 대한 관측 풍속의 비율

바람의 방향	관측지점	비율
바다에서 육지	외해 3~5 km	1.0
	해안	0.9
	내륙 8~16 km	0.7
육지에서 바다	해안	0.7
	외해 16 km	1.0

☝ 풍속은 해면 또는 지면 약 10 m 위에서의 관측치

바람은 지형에 따라 달라질 수 있으므로 지형의 영향을 고려하여 관측지점을 선정하며, 일반적으로 평탄하고 장애물이 없는 곳에서 관측하나, 산이 해안에 접해 있는 장소 등에서는 평탄한 곳이 아닌 곳에서도 관측할 수 있다. 육상에서는 해상에서보다 마찰의 영향으로 인해 풍속이 작아지는 경향이 있다.

4.2 풍파의 발생

풍파를 발생시키는 3가지 주요소는 풍속(wind velocity) U, 취송거리(fetch length ; 바람이 불어가는 거리로 파랑이 바람에 의해 발달하면서 진행하는 거리) F, 취송시간(wind duration ;

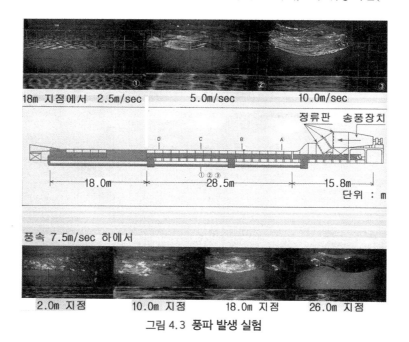

그림 4.3 풍파 발생 실험

또는 지속시간으로 바람이 지속적으로 부는 시간) t_d이다. 이 외 영향을 미치는 부요소로는 취송폭, 수심, 해저면 마찰 특성, 대기의 안정성, 풍역권의 공간적, 시간적 변동 등이 있다.

풍속과 취송거리와 취송시간이 증가하면 풍파의 파고와 주기도 증가하게 된다. 파랑의 성장과정에 있어서 바람이 파랑에 주는 유입 에너지율이 쇄파와 난류에 의한 파랑에너지 소모율과 평형에 이르게 되면 파랑은 더 이상 커지지 않고 일정한 파고를 유지하면서 성장파(Fully Developed Sea, FDS)에 도달하게 되고, 성장파 이상에서는 파봉이 하얗게 부서지는 백파(white cap)가 발생한다.

그림 4.4는 풍속이 일정할 때 취송거리와 취송시간에 따른 파랑의 발달을 보여주는 것이다. 만일 취송시간이 전체 취송거리를 이동하는 데 필요한 시간보다 클 경우, 즉 $t_d > F/C_g$, 파랑은 OAB까지 성장하고, 취송거리 끝에서부터 파랑은 너울이 되어 전파하게 되어 파랑의 주기는 증가하는 반면 파고는 감소한다. 이것을 취송거리제한(fetch limited)이라고 하며, 이는 풍역권에서 파랑을 계속 성장시킬 수 있는 취송시간은 충분한 데 비해 취송거리가 제한되어 있어 더 이상 파랑이 성장하지 못하는 것을 의미한다.

취송시간이 파랑이 전체 취송거리를 진행하는 데 필요한 시간보다 작을 경우, 즉 $t_d < F/C_g$, 파랑의 발달은 OA($x = F_{\min}$)에서 멈추게 되고 OAC 곡선의 형태를 보이게 된다. 이것을 취송시간제한(duration limited)이라고 하며, 이는 풍역권에서 파랑을 계속 성장시킬 수 있는 취송거리는 충분한 데 비해 취송시간이 제한되어 있어 더 이상 파랑이 성장하지 못하는 것을 의미한다.

만일 취송거리와 취송시간이 충분하다면 곡선 OAB는 지속적으로 발달하여 파랑은 성장파에 이르게 되고, 성장파가 발생하는 시점에서부터 곡선은 수평이 된다.

파랑의 예측, 파후(wave climate)의 해석, 해안구조물의 설계 등에 있어서 전체 파랑을 대표하는 하나의 파고와 주기를 선택해야 한다. 파고 기록에서부터 파고들을 크기 순서로 배열했을 때 상위 $n\%$ 파고들의 평균치는 H_n으로 정의할 수 있다. 이러한 방법으로 파고들의 평균치를 나타낸다면, H_{100}은 기록된 모든 파고들의 평균치가 되고, H_{10}은 기록된 파고들 중 상위 10% 파고

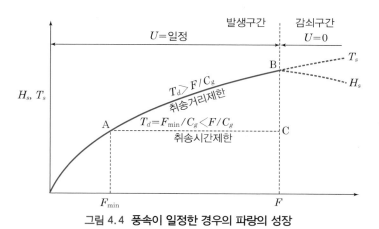

그림 4.4 풍속이 일정한 경우의 파랑의 성장

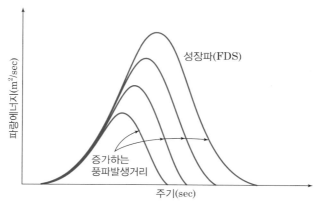

그림 4.5 **풍속이 일정한 경우 취송거리에 따른 풍파 스펙트럼**

들의 평균치가 되며, H_{33}은 기록된 파고들 중 상위 33% 파고들의 평균치가 된다. H_{33}은 유의파고(significant wave height)라 하고, H_s 또는 $H_{1/3}$이라고도 하며, 일반적으로 공학적인 해석과 해안 및 항만구조물 설계 시 가장 많이 사용되는 대표파고이다.

파랑의 주기에 있어서도 같은 방법을 적용할 수 있지만, 일반적으로 가장 많이 사용하는 대표주기로는 기록된 파랑의 주기들 중 상위 33% 주기들의 평균치인 유의파주기(significant wave period) T_s를 사용한다. 그 외 파랑에너지 스펙트럼의 최대치에 대한 주기 또는 전체 파랑의 평균주기를 사용하기도 한다.

2장에서 단일파(monochromatic wave)의 파랑에너지는 파고의 자승에 비례한다는 것을 알았다. 어느 한 해상에서의 불규칙한 파형 기록은 여러 가지 파고와 주기를 갖는 파랑 성분들로 구성되어 있으며, 이들 성분들을 분리하여 에너지 – 주기(wave energy-period), 에너지 – 빈도수(wave energy-frequency) 또는 에너지 – 각진동수(wave energy-angular frequency) 스펙트럼을 작성할 수 있다. 이러한 파랑의 주기 또는 빈도수에 따른 에너지의 분포를 나타내는 파랑스펙트럼(wave spectrum)은 파랑의 특성을 파악하는 데 유용하게 사용된다.

그림 4.5는 풍속이 일정한 경우, 취송거리에 따라 파랑이 발달하여 성장파에 이르는 과정을 나타낸다. 이 파랑스펙트럼에서부터 취송거리에 따른 파랑의 주기와 에너지를 알 수 있으며, 성장파로 발달했을 때 파랑의 주기와 에너지를 알 수 있다.

4.3 파랑의 관측

파랑관측에 있어 수면관측은 일 년 동안 매 4시간, 6시간마다 20분간 계측하여 대상기록지(strip chart) 또는 자기테이프에 기록하거나 중앙기록장소로 전송한다. 파향관측은 여러 개의 파랑관측장비를 설치하거나 레이더, 항공사진 등을 사용하여 관측한다.

파랑관측장비로는 해저에 설치된 초음파식 송수파기로부터 발사된 초음파가 해면에 반사하여 돌아오는 시간을 측정하는 수중 발사형 초음파파고계와 송·수신기를 공중에 설치하여 연직 아래 방향으로 발사한 초음파가 해면에서 반사되는 시간을 측정하는 공중 발사형 초음파파고계가 있으며, 수중에서 파랑 동수압의 변동을 측정하여 파고와 주기를 결정하는 파압계가 있다. 파랑에 따라 일체적으로 운동하는 부이에 내장되어 있는 가속도계에서 해면의 움직임을 측정하여 파고 값을 산출하는 부이식 파고계 등이 있다. 그 외에 인공위성과 레이더(radar)에 의한 원격 파랑 관측시스템이 있고, 항공기나 CCTV를 활용해서 파랑을 관측하는 경우도 있으며, 경험에 의한 육안관측(visual observation)도 있다.

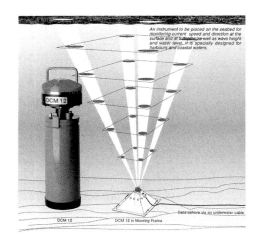

(a) 수중 발사형   (b) 공중 발사형

그림 4.6 **초음파식 파고계** (기상청, web.kma.go.kr)

그림 4.7 **3M DISCUS형 해양기상관측부이** (기상청, web.kma.go.kr)

4.4 파랑의 예측

해안의 어느 지점에서 파랑의 특성을 예측하기 위해서는 폭풍에 의해 발생하는 풍파, 너울이 대상지점으로 전파되어 갈 때 발생하는 변화, 그리고 파랑이 해안선에 접근할 때 천이수역과 천해역에서 받는 천수, 굴절, 회절 등과 같은 영향에 대한 정보가 필요하다.

일반적으로 심해파를 예측하는 방법으로는 Sverdrup과 Munk(1947)에 의해 개발되고 Bretschneider(1952)가 그 후 관측자료를 결부시켜 개선한 SMB(Sverdrup, Munk and Bretschneider)법과 Pierson, Neumann과 James(1955)에 의한 PNJ법이 있다.

SMB법은 실제 해상에서의 불규칙한 파랑을 유의파로 대표시키고 유의파고와 유의파주기를 풍속, 취송거리 및 취송시간에 결부시킨 것이다.

심해에 있어서 H, C(또는 T) $= f(U, F, t_d, g)$이고, 차원해석을 통하여 식 (4.2), 식 (4.3)과 같은 관계를 얻을 수 있으며, 그림 4.8에 도시되어 있다.

$$\frac{C}{U}\left(=\frac{gT}{2\pi U}\right) - f'\left(\frac{gF}{U^2}, \frac{gt_d}{U}\right) \tag{4.2}$$

$$\frac{gH}{U^2} - f''\left(\frac{gF}{U^2}, \frac{gt_d}{U}\right) \tag{4.3}$$

여기서, H는 유의파고이고 T는 유의파주기이다.

그림 4.8에서 유의파고와 유의파주기를 구하는 방법은 다음과 같다. F, U 및 t_d로부터

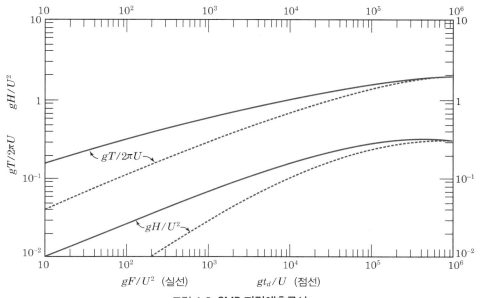

그림 4.8 SMB 파랑예측곡선

gF/U^2와 gt_d/U를 구하고, 이로부터 $gT/2\pi U$와 gH/U^2를 구한다. 두 조건에서 구한 $gT/2\pi U$와 gH/U^2에서부터 유의파고 H와 유의파주기 T를 구한다. 그 다음 각 조건에서 구한 유의파고와 유의파주기를 비교하여 그 중 작은 값을 최종적인 유의파고와 유의파주기로 취한다. 여기서, F와 U에서부터 구한 값이 작으면 이 파랑은 취송거리가 제한된 파랑의 조건이 되며, t_d와 U에서부터 구한 값이 작으면 이 파랑은 취송시간이 제한된 파랑의 조건이 된다.

그림 4.8에서 $gT/2\pi U$와 gH/U^2의 값이 가장 클 경우에는 $gH/U^2=0.282$, $gT/2\pi U=1.95$가 되는데, 이는 SMB 방법에서 파랑이 성장파(FDS)에 이르렀음을 의미한다.

파랑이 취송거리를 벗어나 대권항로(great circle path)를 따른 감쇠거리(decay distance) D_d를 너울로 진행하는 시간 t_t는 식 (4.4)와 같다.

$$t_t = \frac{D_d}{C_g} = \frac{2D_d}{C_0} = \frac{4\pi D_d}{gT_s} \tag{4.4}$$

▬ 예제 4.1

취송거리가 200해리, 취송시간이 8시간, 풍속이 30 m/sec일 때, 유의파고와 유의파주기를 SMB법으로 구하시오.

풀이 취송거리제한인 경우,

$$\frac{gF}{U^2} = \frac{9.81(200\times1,852)}{30^2} = 4.04\times10^3$$

그림 5.16의 실선에서부터 $gH/U^2=0.10$, $gT/2\pi U=0.78$

취송시간제한인 경우,

$$\frac{gt_d}{U} = \frac{9.81(8\times3,600)}{30} = 9.42\times10^3$$

그림 5.16의 점선에서부터 $gH/U^2=0.094$, $gT/2\pi U=0.64$

위의 두 경우에 있어 취송시간제한일 때의 값들이 작으므로 취송시간제한 조건이 파랑을 지배하고, 유의파고와 유의파주기는 아래와 같이 된다.

$$H = H_s = \frac{(30^2)(0.094)}{9.81} = 8.6(\text{m})$$

$$T = T_s = \frac{2\pi(30)(0.64)}{9.81} = 12.3(\text{sec})$$

Chapter 05

해안수면변동

조원철

중앙대학교 공과대학 사회기반시스템공학부 교수

5.1 조석

조석(tide)은 천체에 의한 인력, 천체와 지구 사이의 지구 공전에 의한 원심력, 기압의 변동, 장주기 파랑에 의한 수위의 변동 등에 의해 발생하며, 천문조와 기상조로 분류된다. 천문조(astronomical tide)는 천체의 운행에 의해 발생하는 규칙적인 해수면의 변동으로 약 12시간 25분과 24시간 50분의 기본 주기를 가지며, 기상조는 태풍, 저기압의 통과에 의한 기상의 급격한 변화 등의 기상 요인에 의해 조위가 이상 상승하는 해수면 변동이다.

조석에 의한 수위의 변동에 있어 고조(high tide, 또는 만조)는 해수면이 가장 높아진 상태이고, 저조(low tide, 또는 간조)는 해수면이 가장 내려간 상태이다. 창조(flood tide)는 저조에서 고조에 도달하는 해수면의 상승 기간이고, 낙조(ebb tide)는 고조에서 저조에 도달하는 해수면의 하강 기간이다. 조차(tidal range)는 이어지는 고조와 저조의 높이 차이를 나타낸다.

1일 1회조(diurnal tide)는 고조와 저조가 1일 1회 있는 것이고, 1일 2회조(semidiurnal tide)는 고조와 저조가 1일 2회 있는 것이다. 우리나라 서해안의 조석은 전 세계적으로 조차가 큰 것으로 알려져 있으며, 고조와 저조가 1일 2회 발생하는 1일 2회조 이다.

일조부등(diurnal inequality)은 지구의 자전축이 지구와 달의 공전 평면에 수직하지 않기 때

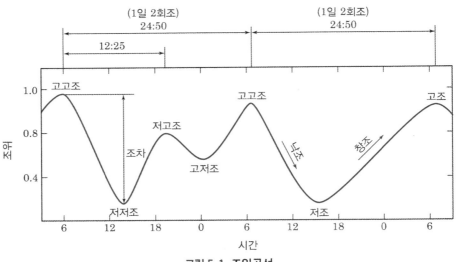

그림 5.1 조위곡선

문에 1일 2회조에서 2회의 고조와 저조의 해수면 높이가 다르게 나타나는 현상으로, 고고조 (Higher High Water, HHW), 저고조(Lower High Water, LHW), 고저조(Higher Low Water, HLW), 저저조(Lower Low Water, LLW)로 나뉜다.

천문조는 달과 태양이 지구에 작용하는 인력과 이와는 방향이 반대인 원심력에 의해 발생하는 장주기 표면파로, 파형경사가 작고 높은 반사계수를 가지며, 해저지형, 마찰, 편향가속도, 공진 등의 영향을 받는다.

그림 5.2와 같이 지구와 달 사이에 작용하는 인력과 원심력을 살펴보면 천문조의 발생 원리를 알 수 있다. A에서는 달의 인력이 지구의 달에 대한 원심력보다 크기 때문에 해수면이 상승하여 고조가 발생하며, B에서는 달의 인력이 달에 대한 원심력보다는 작으나 원심력에 의해 해수면이 상승하여 고조가 발생한다. E에서는 달의 인력과 달에 대한 원심력이 같아 평형상태를 유지하게

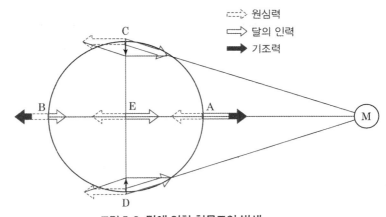

그림 5.2 달에 의한 천문조의 발생

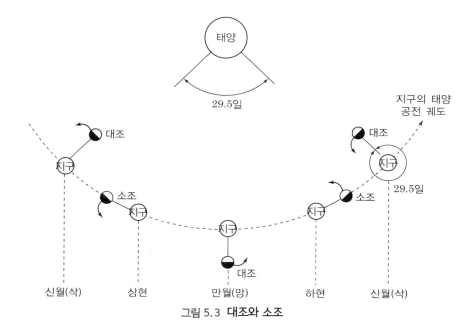

그림 5.3 **대조와 소조**

되고 저조가 발생한다. C와 D에서는 해수가 지구 중앙으로 이동한다.

달의 공전주기(lunar month)는 29.5일이고, 지구 상의 한 지점과 달의 상대 위치가 같아지는 주기인 1태음일(lunar day)은 24시간 50분이다. 달과 지구 사이의 관계에서부터 발생하는 조석은 태음일을 주기로 하기 때문에 고조의 발생 시각은 매일 50분 늦어진다.

그림 5.3은 지구 주위를 공전하는 달의 궤도가 1/4씩 바뀌는 점들에서의 태양, 지구 및 달의 위치를 보여주는 그림으로, 신월(또는 삭, 초승달)에는 달의 인력과 태양의 인력이 합쳐져 원심력보다 훨씬 크게 되어 조차가 가장 큰 대조(spring tide, 또는 사리)가 발생한다. 만월(또는 망, 보름달)에도 달의 인력과 원심력이 합쳐져 태양의 인력보다 훨씬 크게 되어 조차가 가장 큰 대조가 발생한다. 상현과 하현에서는 달, 태양의 인력 및 원심력이 서로 상쇄되어 조차가 가장 적은 소조(neap tide, 또는 조금)가 발생한다. 그러나 실제로는 해수의 관성과 마찰로 인해 신월 및 만월의 1~3일 후에 조차가 최대(대조)로 발생하고, 상현 및 하현의 1~3일 후에 조차가 최소(소조)로 발생한다. 대조와 소조 사이의 시간 간격은 14.8일 또는 약 2주일 정도이다.

평균해수면(Mean Sea Level, MSL)은 해수면 또는 조위의 평균치로 일정한 것이 아니라 장소와 시기에 따라 변하며, 기압, 바람, 해류 등에 따라서도 달라진다. 그리고 일반적으로 평균해수면은 1년 단위로 연평균해수면을 채택한다. 평균저조위(Mean Low Water, MLW)는 모든 저조위의 평균치이고, 평균고조위(Mean High Water, MHW)는 모든 고조위의 평균치이다. 평균저저조위(Mean Lower Low Water, MLLW)는 저조위 중의 최저저조위만의 평균치이고, 평균고고조위(Mean Higher High Water, MHHW)는 고조위 중의 최고고조위만의 평균치이다. 평균조위(Mean Tide Level, MTL)는 평균저조위와 평균고조위 사이의 중간 조위이다.

5.2 조석예측

조석은 항만의 기준면 결정, 조류와 표사의 계산 등에 사용된다. 조석을 측정하는 데에는 검조주(tide staff), 부표식, 수압식, 초음파식 검조기(tide gage) 등이 사용된다. 조위곡선(tide curve)은 시간에 따른 조석의 높이를 도시한 것으로 시간적인 조위의 변화를 알 수 있다.

임의의 관측지점에서의 조석을 다수의 규칙적인 조석, 즉 분조(tidal component)들의 합성이라고 가정하고, 관측된 조석의 실측치를 분조들로 분해하여 시간적으로 변하지 않는 조화상수(harmonic constant)를 구하는 것을 조화분해(harmonic analysis)라고 하며, 조화분해를 통해 조위를 추산한다. 주요 4대 분조로는 주태음반일주조, 주태양반일주조, 일월합성주조, 주태음일주조가 있다. 주태음반일주조(M_2)는 달의 천구 상의 일주운동에 의해 발생하는 조석으로, 주기는 12시간 25분이다. 주태양반일주조(S_2)는 태양의 천구상의 일주운동에 의해 발생하는 조석으로,

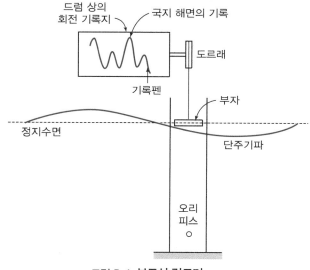

그림 5.4 **부표식 검조기**

표 5.1 **주요 4대 분조**

기호	분조명	각속도 ($°/h$)	주기 (h)	진폭 (H)	계수비 ($M_2 = 100$)
M_2	주태음반일주조	28.98	12.42	H_m	100.0
S_2	주태양반일주조	30.00	12.00	H_s	46.6
K_1	일월합성일주조	15.04	23.93	H_k	58.4
O_1	주태음일주조	13.94	25.82	H_o	41.5

주기는 12시간이다. 일월합성일주조(K_1)는 태양의 황도 상의 평균적 운행에 대한 달 및 태양의 상대 위치에 관련해서 발생하는 조석으로, 주기는 23시간 56분이다. 주태음일주조(O_1)는 달의 천구상의 일주운동에 의해서 발생하는 조석으로, 주기는 25시간 49분이다.

조위는 어떤 기준면에서부터 상대적인 높이로 측정된다. 기본수준면(Datum Level, DL 또는 Chart Datum Level, CDL)은 평균수면에서 4분조의 진폭의 합만큼 내려간 높이로 식 (5.1)과 같고, 조석표, 해도, 각종 해안 및 항만공사의 기준으로 채택되고 있다. 기본수준면의 설정은 각 나라마다 다르며, 우리나라의 기본수준면은 평균저저조위(Mean Lower Low Water, MLLW)를 채택하고 있다.

$$Z_0 = \overline{Z} - (H_m + H_s + H_k + H_o) \tag{5.1}$$

여기서, Z_0은 기본수준면의 높이, $\overline{Z}$는 평균수면의 높이, H_m, H_s, H_k 및 H_o는 주요 4분조의 진폭이다.

어느 지점에서의 조위 h_T는 각 분조의 진폭과 위상을 파악하여 식 (5.2)에서부터 추산할 수 있다.

$$h_T = h_0 + \sum_{i=1}^{N} H_i \cos\left(\frac{2\pi}{T_i}t + k_i\right) \tag{5.2}$$

여기서, h_0는 평균수면과 기준수준면의 차이, $\sum$는 각 분조의 합, H_i는 각 분조의 진폭, T_i는 각 분조의 주기, k_i는 Greenwich 천문대를 기준으로 한 각 분조의 지각(phase lag), t는 기원 시부터 측정한 평균태양시에 의한 시간수이다. H_i와 k_i는 시간에 관계되지 않는 각 지점의 고유

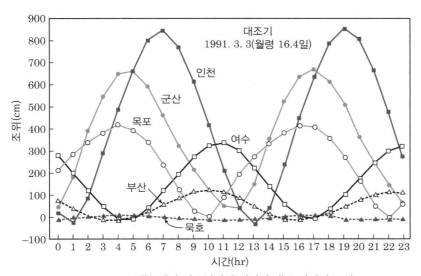

그림 5.5 대조기의 기조력과 우리나라 대표 지점의 조위

상수로서 조석의 조화상수라 하고, k_i는 천체가 남중에서 고조가 될 때까지의 지체 시간을 각도로 표시한 것으로 장소에 따라 다르다.

우리나라 해안에서의 조차는 서해에서 가장 크고, 서해안 남단의 조차는 약 3.0 m, 인천의 조차는 약 8.0 m, 대청도의 조차는 약 2.8 m, 진남포의 조차는 약 4.8 m, 압록강 하구의 조차는 약 4.2 m 정도이다. 그 다음이 남해안으로 부산항의 조차는 약 1.2 m이고 완도의 조차는 약 3.0 m 정도이다. 동해안은 조차가 가장 작게 발생하며 0.3 m 내외이다.

5.3 조류

조석은 주기가 매우 긴 장파의 속도로 전파하며, 파랑으로서의 수평 물입자운동을 수반하여 조류(tidal current)를 발생시킨다. 조류는 일반적으로 조차, 해저지형 등의 영향을 받는다.

해안이나 해협 등에서 조류가 흐름의 방향을 바꾸는 것을 전류(turn of tide)라 하고, 만조와 간조 사이에 일시적으로 수평방향의 유동이 없이 정지상태에 있는 것을 휴조(slack water)라고 한다.

해협에서의 조류는 조차, 해저지형, 양측 해역 조석의 위상차에 따라 변하며, 유속 V는 식 (5.3)에서 구할 수 있다.

$$V = \pm\, C_V \sqrt{2g\,|\,\eta_1 - \eta_2\,|} \qquad (5.3)$$

여기서, η_1과 η_2는 해협 양측의 수위이고 C_V는 속도계수로 식 (5.4)와 같다.

$$C_V = \frac{1}{\sqrt{f_o + f_e + \dfrac{2gn^2}{d_c^{1/3}}\dfrac{L_c}{d_c}}} \qquad (5.4)$$

여기서, f_e는 수로 입구에서의 유입손실계수로 약 0.5 정도이고, f_o는 수로 출구에서의 유출손실계수로 약 1.0이다. n은 Manning의 조도계수, d_c는 수로의 수심, L_c는 수로의 길이이다.

만구 및 항구에서의 조류의 유속은 식 (5.5)와 같고 만내의 수면은 조석에 의해 균일하게 승강한다.

$$V = \pm\, C_V \sqrt{2g\,|\,\eta_o - \eta_i\,|} \qquad (5.5)$$

여기서, η_o는 외해의 조위이며 η_i는 만내의 조위이다.

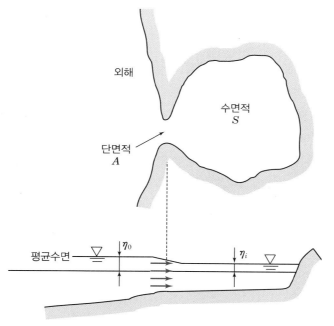

그림 5.6 만구에서의 조류

만내에서의 조위 변화는 만구를 유출하는 유량을 만내의 수면적으로 나눈 것으로 식 (5.6)과 같다.

$$\frac{d\eta_i}{dt} = \frac{A_c V}{A_b} = \pm \frac{C_V A_c}{A_b} \sqrt{2g \mid \eta_o - \eta_i \mid} \tag{5.6}$$

여기서, A_c는 만구의 단면적이고 A_b는 만내의 수면적이며, η_o와 η_i는 식 (5.7), 식 (5.8)과 같다.

$$\eta_o = a_{\text{out}} \sin \frac{2\pi}{T} t \tag{5.7}$$

$$\eta_i = a_{\text{in}} \sin \frac{2\pi}{T} (t - \tau) \tag{5.8}$$

여기서, a_{out}는 외해 조석의 진폭, a_{in}은 만내 조석의 진폭, T는 주기, τ는 지체시간이다.

만구 조류의 최대유속 $V_{\max}$는 $t = \tau$에서 발생하고 식 (5.9)와 같다.

$$V_{\max} = \frac{2\pi}{T} \frac{A_b}{A_c} a_{\text{in}} \tag{5.9}$$

$$= 1.40 \times 10^{-4} \times \frac{A_b}{A_c} a_{\text{in}} \qquad (T = 12.42 \text{ hr})$$

5.4 쓰나미

쓰나미(tsunami, 또는 지진해일)는 지진에 의한 해저의 지각 변동, 해저 화산의 폭발, 해안선에서의 대규모 산사태, 해중에서의 핵 폭발 등에 의해 발생되는 장주기파로 천해의 조건으로 해석한다. 심해에서는 파랑의 진폭이 작으나 해안에서 천수화, 굴절 및 공진현상에 의해 진폭이 증가한다. 주기는 5~60분이며 파장은 수백 미터 이상에 이르는 불규칙한 진폭을 갖는 파군이다. 아주 큰 파랑에너지를 보유하고 있으며, 높은 파랑의 처오름이 발생한다. 쓰나미는 파속 수백 km/hr로 수천 km 이상 이동하며, 심해일수록 빠르게 전파하고, 대양에서의 쓰나미 파고는 일반적으로 1 m 이하이다. 쓰나미의 대부분은 환태평양대에서 발생하고, 쓰나미의 규모는 지진의 강도와 지진에 의한 해저면의 연직 범위와 높이, 속도, 퍼지는 정도에 따라 달라진다.

쓰나미의 발생지점에서부터 대상지점까지 진행시간 t_T는 식 (5.10)을 이용하여 구할 수 있다.

$$t_T = \sum \frac{\Delta s}{\sqrt{gh_a}} \tag{5.10}$$

여기서, Δs는 쓰나미 파향선을 따른 각 구간이고, h_a는 각 구간에서의 평균수심이다.

해안에서의 쓰나미 파고 변화는 식 (5.11)과 같은 Green의 법칙에 의해 구할 수 있다.

$$\frac{\eta_1}{\eta_2} = \left(\frac{h_1}{h_2}\right)^{1/4} \left(\frac{B_1}{B_2}\right)^{1/2} \tag{5.11}$$

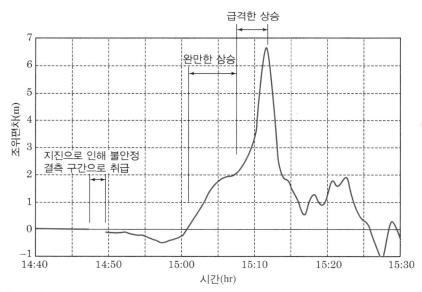

그림 5.7 **해안에서의 쓰나미 파형(2011년 3월 11일 일본 동북 대지진 시 이와테 남부 앞바다 지진해일 제1파의 파형)**
(일본 국토교통성과 lifelog. blog. naver.com)

여기서, η는 수면의 높이, h는 수심, B는 파향선 사이의 폭이다. 그러나 Green의 법칙은 쓰나미의 해저면에 대한 에너지 반사와 해저면에서의 마찰로 인한 에너지 손실 등을 고려하지 않고 있으므로 실제 쓰나미의 높이는 이보다 작다.

Kaplan(1955)은 1 : 30 및 1 : 60의 해저경사에서 파형경사 $H/L > 10^{-3}$인 경우의 쓰나미 처오름높이에 대한 수조 실험을 수행하였고, 식 (5.12), 식 (5.13)과 같은 실험식을 도출하였다.

$$\frac{R}{H} = 0.381\left(\frac{H}{L}\right)^{-0.316} \qquad (1 : 30 \ \text{slope}) \qquad\qquad (5.12)$$

$$\frac{R}{H} = 0.206\left(\frac{H}{L}\right)^{-0.315} \qquad (1 : 60 \ \text{slope}) \qquad\qquad (5.13)$$

여기서, H와 L은 경사면 하단부에서의 입사 파고와 파장이며, R은 정지수면 상의 파랑의 처오름높이이다.

■■■ **예제 5.1** ━━━━━━━━━━━━━━━━━━━━━━━━━━━━━━━

주기 20분, 심해파고 1 m인 쓰나미가 평균수심 h_{ave} =3,800 m인 대양을 가로질러 해안으로 진입해 올 때, 수심 10 m에서의 파고와 1 : 30 해빈에서의 파랑의 처오름높이를 구하시오. 여기서, 파랑의 굴절과 마찰은 무시한다.

[풀이] 쓰나미의 파동은 천해의 조건으로 해석하므로,

수심 $h = 3,800\,\text{m}$에 대한 파속과 파장

파속, $C = \sqrt{gh} = \sqrt{9.81 \times 3,800} = 193\,\text{m/sec}$ (432 miles/hr)

파장, $L = CT = 193 \times 20 \times 60 = 2.31 \times 10^5\,\text{m}$ (144 miles)

상대수심, $h/L = 3,800/2.31 \times 10^5 < 1/20 \ \rightarrow$ 천해

수심 $h = 10\,\text{m}$에서의 파속과 파장

파속, $C = \sqrt{9.81 \times 10} = 9.9\,\text{m/sec}$ (22.1 miles/hr)

파장, $L = 9.9 \times 20 \times 60 = 1.19 \times 10^4\,\text{m}$ (7.4 miles)

상대수심, $h/L = 10/1.19 \times 10^4 < 1/20 \ \rightarrow$ 천해

수심 $h = 10\,\text{m}$에서의 파고

$$\frac{H_1(\text{at}\ h = 10\,\text{m})}{H_2(\text{at}\ h = 3,800\,\text{m})} = \sqrt{\frac{n_2 L_2}{n_1 L_1}}\ \sqrt{\frac{B_2}{B_1}} = \sqrt{\frac{(1)(144)}{(1)(7.4)}}\ \sqrt{1} = 4.4$$

$$\therefore H_1(\text{at}\ h = 10\,\text{m}) = 4.4 \times 1 = 4.4\,\text{m}$$

쓰나미에 대한 수심은 수심+파봉의 진폭(또는 파고)이므로, 심해 파고 1 m의 쓰나미는 수심 5.6 m에서 약 4.4 m의 파고를 가지게 된다. 그러므로 식 (5.12)에서부터 파고 $H = 4.4\,\text{m}$의 쓰나미에 대한 1 : 30 해빈에서의 파랑의 처오름높이 $R = 15.9\,\text{m}$가 된다.

5.5 내만진동

내만진동(basin oscillation)은 호수, 만, 항구와 같은 완전 폐쇄 또는 부분 폐쇄인 내만에 상승한 수면을 평형상태의 위치인 정지수면으로 되돌리고자 하는 중력에 의해 발생하며, 그 후 마찰의 영향으로 인해 평형상태로 복원하게 된다. 주기는 수십 초에서 60분 정도에 이르고 파형경사는 매우 작으며 천해의 조건으로 해석한다.

내만진동에는 정진과 부진동이 있다. 정진(seich)은 조석에 의한 수면 변동 또는 호수와 같은 자유진동에 의한 수면 변동이며, 부진동(secondary undulation)은 조석 외 고조나 쓰나미 등과 같은 수분에서 수십 분의 장주기 진동으로 파고는 일반적으로 수십 cm 이하이며, 만내로의 장주기파의 진입, 국소적인 대기압 변동, 국지적인 지진 활동, 바람의 전단응력으로 인한 수면의 경사 등에 의해 발생한다. 내만진동은 대규모 수평 운동을 발생시켜 계류 선박의 충돌, 계류선의 절단, 하역작업의 지체 등을 야기하고, 항 입구에서 항해에 방해를 줄 수 있는 강한 역류를 발생시킨다. 또한 만의 공진운동주기에 가까운 주기를 가진 파랑이 만으로 진입하게 되면 수면의 공진이 중복되어 수위 변동의 진폭이 크게 증가할 수 있다.

2차원 내만의 공진운동은 폐만(closed basin)의 경우와 개방만(open basin)의 경우로 분류된다. 폐만의 경우, 측안 연직 벽면에서 파랑이 완전 반사되어 수역 내 완전 중복파가 형성되고, 연직 벽면에서의 수면 진동은 중복파의 배(antinode)가 된다. 연직 벽면에서의 수평방향 물입자의 속도는 없으며, 물입자는 벽면을 따라 상하운동만 한다. 개방만의 경우, 연직 벽면에서 배(antinode)가 되고 개구에서는 절점(node)이 형성된다.

그림 5.8은 폐만과 개방만에서의 공진운동의 기본형식, 1차 및 2차 조화형식(harmonic mode)을 보여준다. 공진운동의 어떤 특정 형식에 대한 주기는 파장을 파속으로 나눈 것으로, 폐만과 개방만에서의 공진운동의 기본형식, 1차 및 2차 조화형식은 식 (5.14), 식 (5.15)와 같다.

$$T_n = \frac{2\lambda}{(k+1)\sqrt{gh}} \qquad \text{(폐만)} \qquad\qquad (5.14)$$

$$T_n = \frac{4\lambda}{(2k+1)\sqrt{gh}} \qquad \text{(개방만)} \qquad\qquad (5.15)$$

여기서, λ는 내만의 길이, h는 내만의 수심, k는 절수로 그림 5.8에 나타나 있다.

불규칙한 종단면과 횡단면을 가진 만에 대한 종방향 자유진동주기는 만을 등수심구간별로 나누어 계산할 수 있으며 식 (5.16), 식 (5.17)과 같다.

$$T_n = \frac{2}{(k+1)} \sum_{i=1}^{N} \frac{\Delta x_i}{\sqrt{gh_i}} \qquad \text{(폐만)} \qquad\qquad (5.16)$$

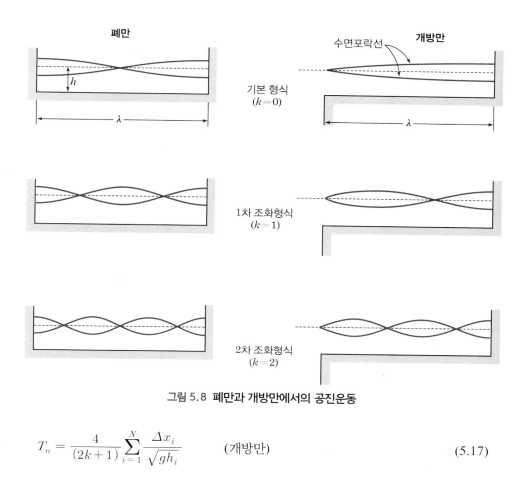

그림 5.8 폐만과 개방만에서의 공진운동

$$T_n = \frac{4}{(2k+1)} \sum_{i=1}^{N} \frac{\Delta x_i}{\sqrt{g h_i}} \qquad \text{(개방만)} \qquad\qquad (5.17)$$

여기서, Δx_i는 등수심구간별 거리이며, h_i는 각 등수심구간에서의 수심이다.

5.6   폭풍에 의한 고조

　충분한 강도의 폭풍이 넓은 해안의 천해역으로 이동하면 천해역에서는 커다란 수위 변동이 발생한다. 폭풍에 의한 고조(storm surge)는 해수면이 평상시보다 현저하게 높아지는 현상으로, 태풍권역 내에서의 기압 강하에 의한 해수면의 흡상과 저기압에 수반된 강풍에 의한 해수의 불어보내기 작용으로 태풍의 이동 경로를 따라 장파로 전파한다.

　고조는 폭풍의 중심기압이 낮고 풍속이 클수록 현저하게 발생하고, 고조가 얕은 해역으로 진입하면 수심의 급감에 따라 고조의 파고는 증대한다. 또한 고조가 천해역으로 진입하여 만내로 유입하면, 만내에서는 반사가 발생하여 만내 고유의 해면 진동을 발달시키고, 장시간 동안 만내

부진동이 발생한다.

폭풍에 의한 수위 변동 발생원으로는 기압의 차이, 이동하는 기압의 교란으로 인한 장파, 수면에 작용하는 바람에 의한 응력, 편향가속도, 강수와 지표면 유출 등이 있다.

고조의 계산에 있어 고려해야 할 요인들은 다음과 같다.

해안에서의 수위는 폭풍우가 도달하기 전에 천문조보다 높게 상승하게 되는데, 이러한 초기수면상승(initial setup)은 1/2 m 이상이 되며, 과거 국지적 자료로부터 설정한다.

연속적인 해수면 상 두 지점 사이의 기압 차이로 인해 수면이 상승하는 현상을 정적흡상이라 하고, 정적흡상에 의한 수면상승(pressure setup)은 식 (5.18)과 같다.

$$S_p = \frac{\Delta p}{\rho g} \tag{5.18}$$

여기서, S_p는 기압 차이에 의한 수면상승량, ρ는 해수의 밀도, Δp는 두 지점 사이의 기압강하량이다.

이동하는 기압의 교란에 의해 수면의 교란이 발생하고, 이로부터 천해 파속으로 진행하는 장파가 발생한다. 이러한 장파가 충분한 시간동안 진행하여 발달하게 되면 최대 진폭에 이르게 되고, 장파에 의한 수면상승(long wave setup)이 발생한다.

폭풍기간 중 해수면에 지속적으로 작용하는 바람은 수면응력(surface stress) τ_s를 발생시켜 흐름을 발생시키고, 이에 따라 해저면에서는 바닥응력(bottom stress) τ_b가 발생한다. 그림 5.9는 Δx 구간에 풍속 U_x로 바람이 작용할 때, 정수력과 수면응력 및 바닥응력으로 인해 수면이 상승하는 것을 보여 주며, 수면상승량(wind and bottom stress setup) ΔS_w는 식 (5.19)와 같다.

$$\Delta S_w = h \left[\sqrt{\frac{2KU^2 \Delta x}{gh^2} + 1} - 1 \right] \tag{5.19}$$

만일 바람이 x 방향으로 θ의 각도로 작용한다면 식 (5.19)는 식 (5.20)과 같이 된다.

$$\Delta S_w = h \left[\sqrt{\frac{2KUU_x \Delta x}{gh^2} + 1} - 1 \right] \tag{5.20}$$

여기서, U_x는 풍속의 x 방향 성분이다.

북반구에서의 편향가속도(Coriolis acceleration)는 이동하는 해수의 질량을 우측방향으로 편향되게 하는 원인이 된다. 해안선을 우측으로 두고 흐르는 흐름은 편향가속도에 의해 우측으로 굽게 되고, 편향류는 우측 해안선의 제약을 받게 되어 우측 해안선 쪽으로 수면이 상승하게 된다.

그림 5.9에서 유속 V인 흐름이 지면으로부터 나오고 있다면 편향가속도는 그림 5.9와 같이 좌측 수면상승을 발생시킬 것이다. 수면응력과 바닥응력을 무시하고 정수력과 단위질량당 편향

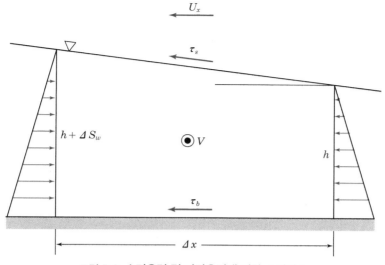

그림 5.9 **수면응력 및 바닥응력에 의한 수면상승**

력에 의한 수면상승량(Coriolis setup) ΔS_c는 식 (5.21)과 같다.

$$\Delta S_c = \frac{2\omega}{g} V \sin \phi \Delta x \tag{5.21}$$

여기서, $2\omega V \sin \phi$는 단위질량당 편향력, V는 유속, ϕ는 위도, ω는 지구 자전각속도($=7.28\times 10^{-5}$ rad/sec)이다.

Bretschneider(1967)는 충분한 취송시간에서 바람과 바닥응력 그리고 이로 인한 국지가속도에 의한 연안유속(longshore current velocity) V를 구할 수 있는 식 (5.22)를 제안하였다.

$$V = Uh^{1/6} \sqrt{\frac{k}{14.6n^2} \sin \psi} \tag{5.22}$$

여기서, n은 Manning의 조도계수($=0.035$), ψ는 풍향과 해안선(또는 등수심선)의 수직선과 이루는 각도이다.

식 (5.22)는 해안선에 수직한 흐름 성분은 없다고 가정하고 있으며 해안지역에 한정된다. 그리고 이 식은 표면유속(surface current speed)이 풍속의 2~3% 정도라는 경험치와 대체로 일치한다.

PART 2

해안공학

Chapter 06

파랑과 구조물의 상호작용

Chapter 07

해안구조물

Chapter 08

해빈의 형태와 변형

파랑과 구조물의 상호작용

조원철
중앙대학교 공과대학 사회기반시스템공학부 교수

윤종성
인제대학교 공과대학 건설환경공학과 교수

허동수
경상대학교 해양과학대학 해양토목공학과 교수

해안구조물에 작용하는 힘으로는 파랑, 해류, 지진, 바람, 빙하 등이 있고, 해안구조물의 설계에 있어서 이 힘들에 대한 구조적인 거동 해석이 필요하다.

6.1 구조물에 작용하는 동수력

수중 물체 주위를 지나는 흐름이 비압축성 부정류일 때 물체에 작용하는 총 힘 F는 항력 F_D (drag force)와 관성력 F_I(inertia force)로 식 (6.1)과 같다.

$$F = \frac{C_D}{2}\rho A U^2 + C_M \nabla \rho \frac{dU}{dt} \tag{6.1}$$

여기서, ρ는 유체의 밀도, U는 물체를 지나는 비교란 유속, A는 흐름에 수직한 단면적, ∇는 물체의 체적, dU/dt는 가속도이다. C_D는 항력계수(drag coefficient)로 물체의 형상, 방향, Reynolds 수, 표면조도에 따라 달라지며, C_M은 관성계수(inertia coefficient, 또는 질량계수)이다. $\dfrac{C_D}{2}\rho A U^2$는 항력이고, $C_M \nabla \rho \dfrac{dU}{dt}$는 관성력으로 마찰이 없더라도 물체를 지나는 유체의 가속에 의해 발생한다. 식 (6.1)은 말뚝에 작용하는 파력에 대한 연구를 처음 실행한 Morison (1965)의 이름을 따서 Morison 방정식이라고 한다.

6.2 말뚝

해상 말뚝(pile) 구조물은 긴 기둥형으로 파랑작용에 의해 발생하는 힘에 견딜 수 있도록 설계 되어야 하며, 잔교, 돌핀, 해상시추구조물 등은 수직 또는 거의 수직 구조물이다.

수평축 y, 수직축 z인 원주의 축에 수직한 x 방향의 파랑이 작용할 때, 원주의 수직 요소 길이 ds당 작용하는 힘 F_s는 식 (6.2)와 같다.

$$F_s = \frac{F}{ds} = \frac{C_D}{2}\rho_f D u^2 + C_M \left(\frac{\pi D^2}{4}\right)\rho_f \frac{\partial u}{\partial t} = F_D + F_I \tag{6.2}$$

식 (6.2)에서 항력 F_D는 직경 D에 비례하고, 관성력 F_I는 D^2에 비례한다. 그러므로 대규모 구조물과 같이 구조물의 규모가 커지는 경우에는 관성력이 우세해 지는 경향이 있고, 케이블과 같이 구조물의 규모가 작아지는 경우에는 항력이 우세해지는 경향이 있다.

그림 6.2에서는 C_D와 C_M은 일정하고 최대 항력과 관성력은 같도록 가정하였다. 항력항의 u와 관성력항의 $\partial u/\partial t$는 90°의 위상차를 가지고 있으므로, 그림 6.2에서와 같이 F_D와 F_I는 90°의 위상차를 가진다.

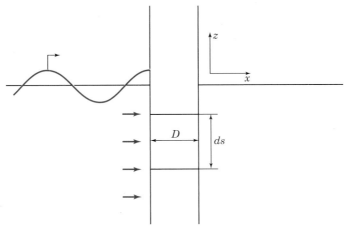

그림 6.1 수직 원주에 작용하는 동수력

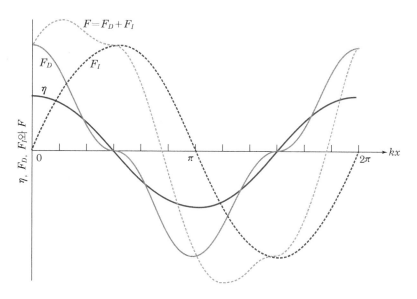

그림 6.2 η에 따른 F, F_D, F_I의 변화

그림 6.2에서와 같이 $\theta = 0$(파봉)과 $\theta = \pi$(파곡)에서는 $F_I = 0$이 되어 $F = F_D$가 되고, $\theta = \pi/2$와 $\theta = 3\pi/2$(파봉과 파곡 중간 지점)에서는 $F_D = 0$이 되어 $F = F_I$가 되며, $\theta = \pi/4$ (또는 $T/4$)에서는 $F_D = F_I$가 된다. 최대 힘 F는 어느 한순간에 발생하며, 정확한 위치는 C_D 와 C_M의 값, 파고, 주기, 수심 및 원주의 직경에 따라 달라진다.

힘 F가 최대일 때의 위상각(phase angle) θ_p는 식 (6.3)과 같다.

$$\sin \theta_p = \frac{2 C_M \forall \sinh kh}{C_D A H \cosh k(z+h)} \tag{6.3}$$

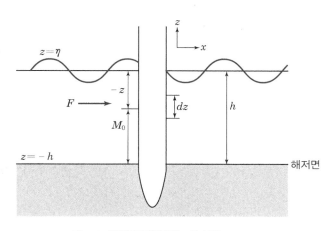

그림 6.3 말뚝에 작용하는 동수력

6.2
말뚝

수직 말뚝 전체에 작용하는 총 힘 F는 식 (6.4)와 같다.

$$F = \frac{\pi^2 \rho D^2 H L C_M}{4 T^2} \frac{\sinh k(\eta + h)}{\sinh kh} \sin \sigma t$$

$$+ \frac{\pi \rho D H^2 L C_D}{16 T^2} \frac{2k(\eta + h) + \sinh 2k(\eta + h)}{(\sinh kh)^2} (\cos \sigma t)^2 \tag{6.4}$$

해저면에 대하여 말뚝에 작용하는 모멘트 M_0는 식 (6.5)와 같다.

$$M_0 = \frac{\pi \rho D^2 H L^2 C_M}{8 T^2} \frac{[k(\eta + h)\sinh k(\eta + h) - \cosh k(\eta + h) + 1]}{\sinh kh} \sin \sigma t$$

$$+ \frac{\rho D H^2 L^2 C_D}{64 T^2}$$

$$\times \frac{[2k^2(\eta + h)^2 + 2k(\eta + h)\sinh 2k(\eta + h) - \cosh 2k(\eta + h) + 1]}{(\sinh kh)^2} (\cos \sigma t)^2 \tag{6.5}$$

말뚝에 작용하는 파력과 모멘트 계산에 있어서는 C_D와 C_M 값을 정확하게 선택하는 것이 중요하며, 일반적으로 $C_D = 1.0$, $C_M = 1.5$가 해안구조물 설계에 적용된다. 여러 가지 Reynolds 수와 파랑조건에 대한 C_D와 C_M 값은 표 6.1과 같다.

표 6.1 원주에 대한 C_D와 C_M의 제안된 값 또는 평균치

출처	Reynolds 수	C_D	C_M	비고
Morison et al (1950)	$< 2 \times 10^4$	1.60	1.10	모형 – 파
Keim (1956)	–	1.0	0.93	모형 – 가속도 일정
Keulegan and Carpenter (1958)	$< 10^4$	1.34 1.52	1.46 1.51	모형 – 진동류
Jen (1968)	$< 2.5 \times 10^4$	–	2.04	모형 – F_I가 우세한 파
Reid (1958)	5×10^4 $\sim 1.2 \times 10^6$	0.53	1.47	대양파
Wilson (1965)	–	1.00	1.45	대양파
Agerschou and Edens (1965)	3×10^4 $\sim 9 \times 10^5$	1.00 ~ 1.40	2.00	대양파
Aagaard and Dean (1969)	2×10^4 $\sim 6 \times 10^7$	0.60 ~ 1.00	1.50	대양파

6.3 관로

일반적으로 천해에 설치되는 관로(pipeline)는 선박의 닻, 준설작업, 파랑과 해류의 영향 등에서부터 벗어나기 위해 해저에 매설된다. 관의 효과적인 정착을 위해서는 관의 자체 중량과 해저면에서의 마찰력이 파랑이나 흐름으로 인한 미끄럼(sliding) 또는 굴림(rolling)에 저항할 수 있도록 설계되어야 한다.

관이 해저면 또는 해저면에 인접하여 설치되어 있을 때, 해저면은 관을 지나는 흐름에 영향을 미치고, 이로 인해 관에 작용하는 유체역학적인 요소에 영향을 준다.

그림 6.4는 해저면에 설치된 원형관의 축단면도이며, 관축에 수직한 흐름이 있을 때 관에 작용하는 힘을 나타낸 것이다. 관에 작용하는 수평방향 힘과 수직방향 힘은 식 (6.6), 식 (6.7)과 같다.

$$W - F_B = F_L + N \tag{6.6}$$
$$\mu N = F_D + F_I \tag{6.7}$$

여기서, $W - F_B$는 관의 유효중량, μN은 마찰저항, W는 관의 공기 중에서의 무게, F_B는 부력(buoyant force), F_L은 양력(lift force), N은 수직반력, μ는 미끄럼 마찰계수, F_D는 항력, F_I는 관성력이다. 관이 흐름과 양력에 대해 안정하기 위해서는 μN은 $F_D + F_I$ 커야 하고, $W - F_B$는 $F_L + N$ 커야 한다.

또한 관을 지나는 흐름은 양력을 발생시키는데, 이는 주로 관에 작용하는 압력의 분포와 전단력, 그리고 그 외에 관을 지나는 흐름의 수직 비대칭으로 인한 관성력 성분, 말뚝을 지나는 흐름에서 발생하는 것과 유사한 와동에서의 양력 성분에 의해 발생하며 식 (6.8)과 같다.

$$F_L = \frac{C_L}{2} \rho A u^2 \tag{6.8}$$

여기서, C_L은 양력계수(lift coefficient)이다.

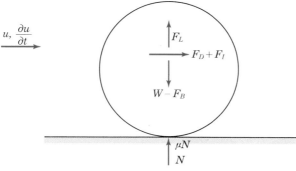

그림 6.4 해저면의 원형관에 작용하는 힘

표 6.2 관로에 대한 C_D와 C_L 값

출 처	Reynolds 수	C_D	C_L	비 고
Brown (1967)	0.6×10^5 $\sim 3 \times 10^5$	$0.95 \sim 0.55$	$1.3 \sim 0.8$	매끄럽다.
Beattie 등 (1971)	0.6×10^6 $\sim 2 \times 10^6$	$0.45 \sim 0.65$ $0.60 \sim 0.70$	0.65 $0.5 \sim 0.45$	매끄럽다. 거칠다.
Helfinstine 과 Shupe (1972)	5×10^4 $\sim 1.3 \times 10^5$	$0.8 \sim 0.9$ $0.8 \sim 1.0$	1.4 $1.2 \sim 1.4$	매끄럽다. 거칠다.

양력이 발생하면 해저면에서의 수직반력이 감소되어 해저면에서의 마찰저항이 감소되며, 그 결과 관의 안정성이 감소한다. 그러나 만일 관이 해저면에서 들려지면 흐름의 수직 비대칭성이 감소하여 양력은 감소한다. 관과 해저면 사이의 간격이 관 직경의 약 0.5배일 때 양력은 아주 작게 발생한다.

표 6.2는 관로에 대한 실험적 연구로부터 도출된 C_D와 C_L 값으로, 관의 표면조도가 커질수록 C_D는 커지고 C_L은 작아지는 경향이 있으며, Reynolds 수가 커질수록 C_D와 C_L은 작아진다.

6.4 부유구조물

부유구조물(floating structure)은 대규모 부유구조물, 부유식 방파제, 해상석유탐사시추구조물, 해양자료수집용 또는 항로표시용 부이 등이 있다.

부유식 방파제는 대규모 수위 변동에 쉽게 적응되고, 수심의 증가에 따라 건설 비용이 크게 증가하지 않는다. 해수 순환, 어류의 이동이 용이하고, 필요에 따라 이동시켜 재배치가 가능하며, 해저지질조건에 크게 구속을 받지 않는 등의 장점이 있다.

부유구조물의 해석 시 고려해야 할 사항으로는 파동에 대한 부유구조물의 운동, 부유구조물의 운동에 의해 계류선에 작용하는 수평 및 수직력, 부유구조물을 지나는 파랑에너지의 전달 등이 있다.

파랑의 운동에너지는 물입자 속도의 자승에 비례하므로 심해, 천이수역, 천해에서의 운동에너지는 수주(water column) 상의 위치에 따라 달라진다. 심해파의 운동에너지는 70% 이상이 수주 윗부분 20% 이내에 집중되어 있어 부유구조물은 심해파에서 더 높은 비율로 운동에너지와 상호작용을 한다.

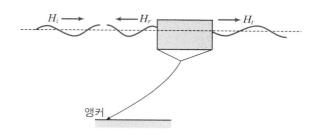

그림 6.5 부유구조물에 작용하는 에너지

그림 6.5는 입사파고 H_i의 영향을 받는 부유구조물을 보여준다. 입사파에너지의 일부는 H_r로 반사되고, 일부는 구조물을 지나 H_t로 투과되며, 일부는 구조물에서 소멸되고, 나머지는 구조물을 운동하게 한다. 에너지의 소멸은 구조물 상이나 구조물 후면에서 쇄파가 일어날 때 발생하는 난류, 구조물 표면에서의 전단응력과 와(eddy)의 발생으로 인한 마찰 손실, 구조물의 비탄성 변형 등이 있다. 부유식 방파제는 입사파의 에너지를 효과적으로 반사, 소멸시켜야 하므로 반사된 에너지와 소멸된 에너지가 클수록 효율적이다.

입사파동력은 반사, 투과, 소멸된 동력의 합과 같아야 하므로 식 (6.9)와 같은 관계식이 성립한다.

$$(nH^2L)_i \geq (nH^2L)_r + (nH^2L)_t \tag{6.9}$$

6.5 직립벽

방파제, 안벽 등과 같은 해안구조물은 직립벽 또는 거의 직립벽으로 되어 있으며, 직립 구조물에 작용하는 파력은 파랑의 조건 외에 조위, 수심, 해저지형, 구조물의 단면형상, 법선형상 등에 의해 변하므로 이러한 요인들을 적절히 고려하여 산정해야 한다. 이러한 직립 구조물 하단에서의 수심이 깊을 경우($h > 1.3H$)에는 입사파는 쇄파되지 않고 압력이 변동하는 중복파를 형성하면서 반사되며, 수심이 얕을 경우($h < 1.3H$)에는 입사파는 구조물 위에서 쇄파되거나 또는 구조물 외해 쪽에서 쇄파되어 쇄파 후 형성된 난류성 수괴(turbulent mass of water)가 구조물에 와서 부딪친다.

직립 구조물에 입사파가 쇄파되지 않고 중복파가 작용할 경우의 압력은 식 (6.10)과 같다.

$$p = -\rho gh + \rho gH \frac{\cosh k(z+h)}{\cosh kh} \cos kx \cos \sigma t \tag{6.10}$$

여기서, 우변의 첫째 항은 정수압이고, 우변의 둘째 항은 동수압이며, 입사파고와 반사파고의 합은 중복 파고 $2H$가 된다.

만일 입사파가 직립 구조물 $x=0$에서 완전 반사된다면 직립 구조물에 작용하는 동수압 p_d는 식 (6.11)과 같다.

$$p_d = \rho g H \frac{\cosh k(z+h)}{\cosh kh} \cos \sigma t \tag{6.11}$$

$t=0$일 때, 직립 구조물에서 입사파의 위상이 파봉에서 파곡까지 변할 때 구조물 하단($h=-z$)에서의 동수압은 $p_d = \pm \rho g H/\cosh kh$ 사이에서 변하게 된다.

유한진폭파의 영향은 직립 구조물에서의 평균수면을 상승시키는 원인이 되며, 수면이 상승하는 높이 Δz는 식 (6.12)와 같다[Miche(1944)].

$$\Delta z = \frac{\pi H^2}{L} \coth kh \tag{6.12}$$

입사파는 직립 구조물 표면에서 에너지 소모로 인하여 완전히 반사될 수 없으므로 $C_R = H_r/H_i < 1.0$이 되고, 중복 파고는 식 (6.13)과 같이 된다.

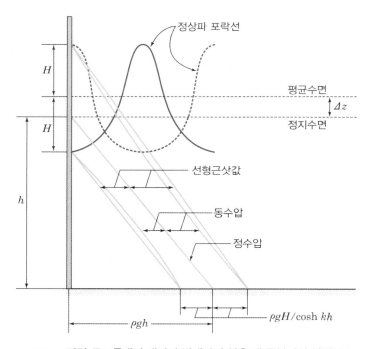

그림 6.6 직립 구조물에서 쇄파가 발생하지 않을 때 중복파의 압력분포

$$2H = H_i + H_r = (1 + C_R)H_i \quad \text{또는} \quad H = \frac{(1 + C_R)H_i}{2} \tag{6.13}$$

여기서, $2H$는 직립 구조물에서의 중복 파고이다.

만일 $H + \Delta z$가 정지수면 상의 직립 구조물의 마루높이보다 클 경우에는 직립 구조물이 $H + \Delta z$까지 연장되어 있는 것과 같이 가정하고 압력을 계산한다.

직립 구조물 위에서 입사파가 직접 쇄파할 경우에는 극히 짧은 시간(0.001~0.01 sec)에 정지수면 주위에서 직립 구조물에 작용하는 (비쇄파의 경우보다 15~18배 큰) 아주 높은 강도의 동적 충격력이 발생한다.

쇄파의 충격 압력은 직립 구조물에서의 평균수면을 기준으로 $\pm H_b/2$되는 점에서 0이 되고, 포물선형으로 증가하여 평균수면에서 최대 동수압 p_m이 발생하며, 압력의 분포는 평균수면를 기준으로 하여 대칭적이라 정의된다[Minikin(1950)].

직립 구조물 위에서 쇄파가 직접 발생할 때, 직립 구조물의 단위길이당 충격력 F_d는 식 (6.14)와 같다.

$$F_d = \frac{1}{3}p_m H_b \tag{6.14}$$

여기서, H_b는 쇄파고이고, p_m은 최대 동수압으로 Minikin은 식 (6.15)와 같은 경험식을 제안하였다.

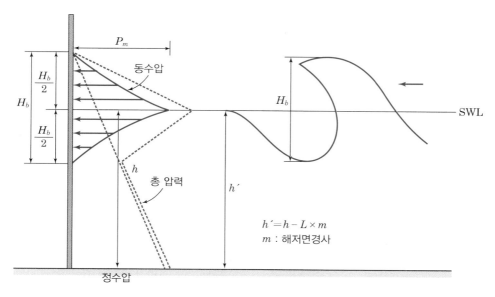

그림 6.7 직립 구조물 위에서 쇄파가 발생할 때 충격파의 압력분포

$$p_m = \frac{2\pi\gamma H_b h \left(h' + h\right)}{L' h'} \qquad (6.15)$$

여기서, h는 구조물 하단까지의 수심, h'와 L'는 구조물에서 외해 쪽으로 한 파장 거리에서의 수심과 파장이다.

직립 구조물의 하단에 대한 모멘트 M_d는 식 (6.16)과 같다.

$$M_d = F_d h \qquad (6.16)$$

쇄파 시 직립 구조물에 작용하는 총 압력은 동수압 p_m과 정수압 $\rho g\left(h + H_b/2\right)$이므로, 구조물의 단위길이당 작용하는 총 충격력 F_t는 식 (6.17)과 같이 된다.

$$\begin{aligned} F_t &= F_d + F_h \\ &= \frac{1}{3}p_m H_b + \frac{\rho g\left(h + H_b/2\right)\left(h + H_b/2\right)}{2} \end{aligned} \qquad (6.17)$$

여기서, F_h는 정수력이다.

직립 구조물의 하단에 대한 총 모멘트 M_t는 식 (6.18)과 같다.

$$M_t = M_d + M_h = M_d + \frac{\rho g\left(h + H_b/2\right)^3}{6} \qquad (6.18)$$

여기서, M_h는 정수력에 의한 모멘트이다.

직립 구조물의 외해 쪽에서 쇄파가 발생할 경우에는 쇄파 후 난류성 수괴(water mass) 또는 파랑이 구조물 쪽으로 진행하고, 이 파랑의 운동에너지는 구조물 위에서 동압력으로 변환되어 동적인 힘을 발휘하게 된다.

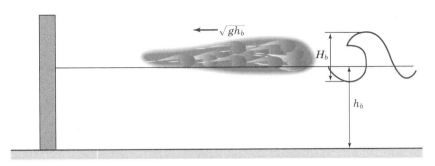

그림 6.8 직립 구조물의 외해 쪽에서 쇄파될 때 발생하는 난류성 파랑

6.6 해안구조물에 작용하는 기타 외력

어떤 해안에서는 파랑과 조류에 의해 발생하는 힘 외에 다른 요인들에 의한 힘들이 해안구조물에 작용할 수도 있다. 예를 들면, 태풍이 자주 발생하거나 지나가는 해역에서의 극한 풍속이나 한대지역에서 바람과 해류에 의해 이동하는 얼음 또는 빙하는 해안구조물에 중대한 영향을 미칠 수 있다. 또한 지진 활동의 영향권에 있는 해안에서는 지진으로 인한 진동이 해안구조물에 막대한 피해를 줄 수 있다.

한대지역에서의 얼음 또는 빙하는 해안구조물의 설계, 항만과 항해의 계획과 운영, 그리고 해빈 변형 등에 상당한 영향을 미칠 수 있다. 해상 얼음의 인장 및 압축 강도는 매우 변화가 심하며 염도, 수온, 얼음 두께, 얼음 성장률 등에 따라 달라진다. 한대지역에서의 해안구조물 설계에 있어서는 어느 얼음 두께에 대한 예상 재현기간, 부유해 다니는 얼음의 크기, 바람과 조류에 의한 얼음의 이동 속도와 방향 등이 필요하다.

지진으로 인해 발생하는 쓰나미에 의한 피해 외에 지진은 여러 가지 형태로 해안에 피해를 줄 수 있다. Richter 5보다 큰 지진은 구조물에 큰 피해를 줄 수 있는 지반운동을 발생시키며, 진앙지 부근에서의 단층 변위는 지각의 융기 또는 함몰을 발생시켜 해안구조물에 큰 충격을 줄 수 있다. 또한 지진은 해안선 붕괴를 발생시킬 수 있다.

Chapter 07
해안구조물

조원철
중앙대학교 공과대학 사회기반시스템공학부 교수

윤종성
인제대학교 공과대학 건설환경공학과 교수

허동수
경상대학교 해양과학대학 해양토목공학과 교수

해안구조물은 방파제, 방조제 등과 같은 외곽시설과 안벽, 잔교 등과 같은 계류시설이 있다. 외곽시설은 항만구역 내의 수역, 선박의 정박을 위한 계류시설, 부두시설 등의 1차적인 방호 역할을 해야 하므로 파력이나 풍력 등의 외력에 대한 구조적 안정성을 확보해야 하고, 해안 및 항만의 다른 시설물과 해빈을 보호할 수 있도록 배치되어야 한다. 계류시설은 외곽시설에 의하여 1차적으로 보호되지만, 상황에 따라 상당한 파력을 받을 수 있으므로 구조적인 안정성을 확보해야 한다.

7.1 외곽시설

외곽시설(外廓施設, counter facilities)은 방파제, 방조제, 호안, 방사제, 돌제, 이안제, 잠제, 도류제 등이 있다. 외곽시설의 주된 기능으로는 항내의 정온도 확보, 수심 유지, 내습하는 파랑의 감쇄, 파랑과 조석에 의한 표사이동 방지, 해안선의 토사유실 방지 및 하천으로부터의 토사유입 방지, 그리고 항만 시설 및 배후지를 파랑, 고조, 쓰나미로부터 방호하는 것 등이다. 또한 바다의 자연경관을 확보하고 해안환경에 어울리게 하기 위해 친수성도 추구해야 한다. 그러므로 외곽시설의 설계 시에는 수역시설, 계류시설 및 기타 시설과의 관계와 외곽시설 건설 후 인근 해역, 지형, 환경, 흐름, 시설 등에 미치는 영향을 충분히 고려하여 기능, 구조, 배치 및 위치를 선정해야 하고, 항만의 장래 발전방향 또한 고려해야 한다.

1. 방파제

방파제(防波堤, breakwater)는 항내 시설을 방호하고 항내 정온을 유지하여 선박의 안전한 항행을 도모하기 위하여 축조되는 것으로, 항 입구는 가장 빈도와 파고가 높은 파랑에 대하여 효과적으로 항내를 보호할 수 있도록 배치, 설계되어야 한다. 항 입구에서는 선박의 항행에 있어 지장이 없어야 하며, 항 입구 부근의 조류 속도는 가급적 작도록 해야 한다.

그림 7.1 **울산 신항 남방파제 조감도** (www.dasaneng.co.kr)

(1) 방파제의 구조형식

방파제의 구조형식 선정 시에는 배치조건, 자연조건, 시공조건, 공사비, 공사기간, 공사용 재료의 입수난이도, 이용조건, 유지관리, 중요도 등을 고려해야 한다.

방파제의 구조형식에는 경사제(rubble mound breakwater), 직립제(upright breakwater), 혼성제(composite breakwater) 그리고 부유식 방파제와 공기방파제 등과 같은 특수방파제가 있으며 그림 7.2와 같이 분류된다.

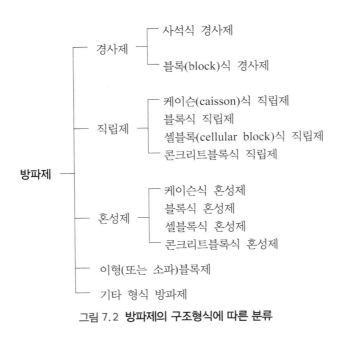

그림 7.2 **방파제의 구조형식에 따른 분류**

그림 7.3은 방파제의 구조형식별 개요도를 보여주는 것이다.

경사제는 사석이나 콘크리트 이형(異形)블록(artificial concrete block, 또는 인공블록)을 사다리꼴 형상으로 쌓아올리는 것으로, 주로 사면에서의 쇄파에 의하여 파랑에너지를 소산시킨다. 경사제는 사용되는 재료에 따라 사석제, 콘크리트블록제, 사석콘크리트블록제 등으로 구분된다. 사석의 구입이 용이할 경우에 경제적이며, 사석의 구입이 곤란할 경우에는 콘크리트블록을 사석 대신 사용한다. 시공설비와 시공법이 간단하며, 육지로부터 순차적으로 공사를 하면 악천후에도 시공이 가능하고, 파괴 시에도 복구가 용이하다. 연약지반인 경우에는 작은 사석 자체가 기초가 되므로 적합하다. 그러나 수심이 깊은 곳에서는 대량의 사석 또는 블록이 필요하므로 재료의 확보가 어려운 곳에서는 비경제적이고, 파고가 높은 곳에서는 대형 블록 또는 사석을 사용해야 하므로 재료의 확보가 곤란하다. 피해가 잦으므로 유지보수비가 많이 소요되며, 공사기간이 길다.

직립제는 해저면 아래 기초사석을 쌓고 그 위에 전면이 연직인 벽체를 설치하는 것으로, 쇄파 또는 반사에 의하여 파랑에너지가 저지된다. 지반이 양호하고 파랑에 의한 전면 해저의 세굴이 염려되지 않는 곳에 적합하다. 수심이 깊은 곳에서는 제체가 너무 커져 부적당하므로 수심이 얕은 곳에 축조한다. 구조양식은 케이슨(caisson)식, 콘크리트블록(concrete block)식, 셀블록(cellular block)식, 콘크리트 단괴(單塊)식, 강널말뚝식, 강말뚝식 등이 있으며, 강널말뚝식 또는 강말뚝식 직립제는 연약지반에 적합하다.

혼성제는 해저면 위에 기초사석을 쌓고 그 위에 직립 벽체를 설치하는 것으로, 직립부의 구조 양식에 따라 케이슨식, 콘크리트블록식, 셀블록식, 콘크리트 단괴식이 있다. 혼성제의 직립부는 파력에 저항하고, 사석부는 직립부의 기초 역할을 분담하는 합리적인 구조이다. 연약지반에서는 사석이 자연적인 기초가 되고, 지반이 암반인 경우에도 기초를 정지할 필요가 없어 지반상태에 영향을 받지 않는다. 사석부는 비교적 수심이 깊은 곳에 위치하므로 파력을 적게 받으며, 또한 직립부가 사석부를 위에서 누르므로 사석의 산란이 방지된다. 파력은 정수면 부근에서 가장 크게 작용하므로 직립부는 파력에 견딜 수 있는 강한 구조로 설계되어야 한다. 그러나 직립부의 대형 블록 또는 케이슨 제작을 위해서는 적절한 장소와 설비가 필요하다. 직립부 설치 시 겨울 등 해상이 불량할 경우에는 작업일수가 제한되므로 공사기간이 길어질 수 있다.

　케이슨식은 철근콘크리트 구조물로 물에 띄울 수 있는 함괴(函塊)의 형태이며, 주로 수심이 깊고 파력이 강한 대수심의 항만에 적용된다. 블록식은 직립부를 여러 개의 콘크리트블록으로 축조한 것이며, 셀블록식은 상하로 구멍이 뚫린 무근 콘크리트블록인 셀블록(cellular block)을 사용하여 축조하고, 콘크리트 단괴식은 조립식 철제의 거푸집에 프리팩트 콘크리트를 사용하여 축조한다.

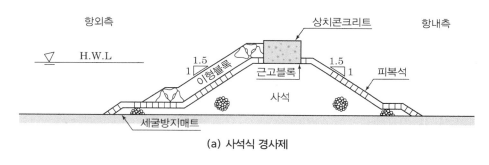

(a) 사석식 경사제

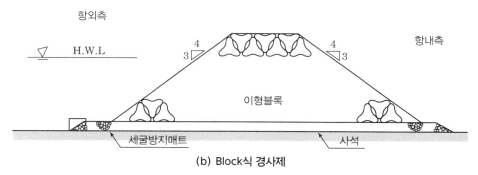

(b) Block식 경사제

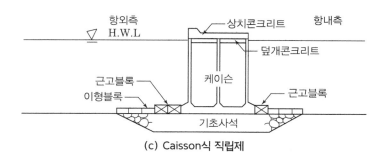

(c) Caisson식 직립제

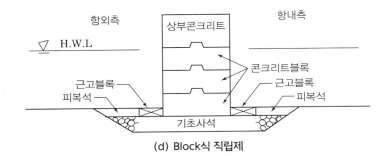

(d) Block식 직립제

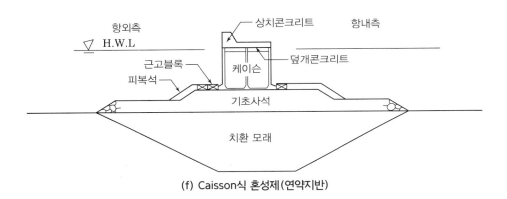

(e) Caisson식 혼성제

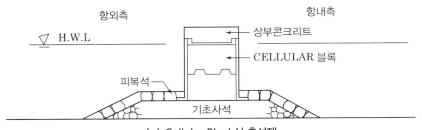

(f) Caisson식 혼성제(연약지반)

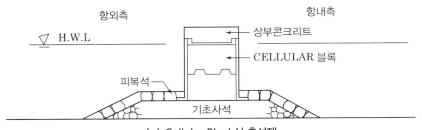

(g) Cellular Block식 혼성제

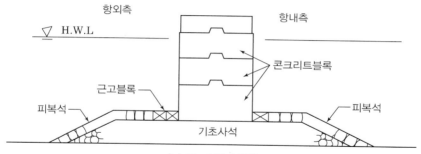

(h) Block식 혼성제

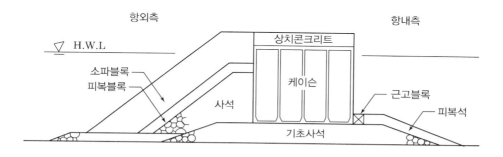

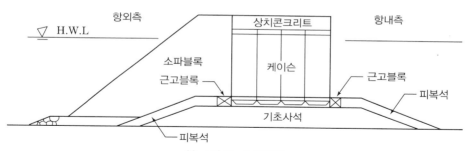

(i) 소파 Block 피복제

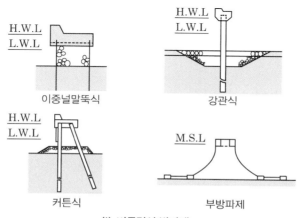

(j) 비중력식 방파제

95

7.1
외곽시설

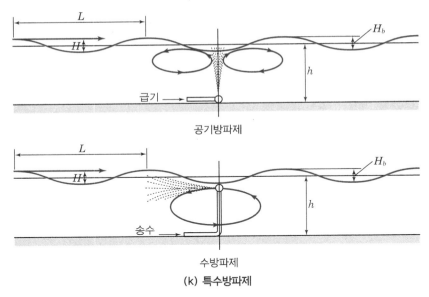

공기방파제

수방파제

(k) 특수방파제

그림 7.3 방파제의 구조형식별 개요도(계속)

이형블록 피복제는 직립제 또는 혼성제의 전면에 이형블록을 설치한 것으로, 파랑에너지는 이형블록에 의해 소산되며, 직립부는 파랑의 투과를 억제하는 기능을 한다.

(2) 방파제에 작용하는 외력

방파제의 안정 계산에 필요한 외력에는 파력, 정수압, 동수압, 부력, 자중, 토력과 그리고 필요에 따라 풍압력, 표류물의 충격력 등이 있다.

파력에 있어 방파제 전면 수심이 충분히 깊어 쇄파가 발생하지 않고 반사되는 경우에는 방파제에 작용하는 중복파에 의한 파력을 계산하고, 쇄파가 발생하는 경우에는 쇄파가 방파제 위에서 발생하는지 또는 방파제 앞에서 발생하는지를 파악해 파력을 계산해야 한다. 만일 쇄파가 구조물 위에서 발생한다면 피복석의 안정성은 쇄파의 형태에 따라 달라진다.

(3) 방파제의 설계

방파제설계 시 고려해야 할 사항은 방파제의 배치, 파랑의 교란에 의해 발생하는 구조물 외해쪽 하단의 세굴 방지, 초과 하중으로 인해 기초 붕괴가 발생하지 않도록 구조물 하중의 분산, 파랑의 처오름을 허용할 수 있고 월파에 의해 구조물 후면의 피복석 붕괴나 높은 파랑의 재발생 방지를 위한 충분한 마루높이와 마루폭 확보, 주변 지형에 대한 영향, 수역환경에 대한 영향, 설계조건, 구조형식, 시공법, 공사비 등이 있다.

방파제의 설계조건에서는 파랑, 조위, 수심, 지반, 항내의 정온도 등을 결정해야 하며, 평면배치에서는 항내의 정온도, 자연조건, 항만의 장래 확장, 항내의 수질 등을 고려해야 한다.

방파제의 높이에 따라 항내로 진입하는 파랑의 차단 정도가 달라지며, 이에 따라 항내의 정온도 유지가 달라진다. 방파제의 높이를 높게 할 경우에는 월파를 차단하여 항내 정온도를 유지할 수 있으나 단면이 크게 되어 공사비가 증가하는 반면, 방파제의 높이를 낮게 할 경우에는 단면이 작게 되어 공사비는 줄일 수는 있으나, 월파로 인해 항내 정온도가 악화 될 수 있다. 연약지반 위에 방파제를 축조할 경우에는 지반의 침하를 고려하여 방파제의 높이에 여유를 두는 것이 좋다.

마루높이는 대조평균고조위(대조 시 고조평균조위의 기본수준면 상 높이) 상 설계파인 유의파고의 0.6배 이상으로 하고, 마루폭은 이형블록을 사용할 경우에는 3개 이상으로 한다. 사석부 사면의 경사는 외항 측 파력을 많이 받는 해수면 부근에서는 1 : 2～1 : 3 정도로 하고, 파력을 적게 받는 내항 측에서는 1 : 1.5～1 : 1 정도로 하며, 이형블록으로 피복할 경우의 내항 측은 1 : 1.3～1 : 1.5 정도로 한다. 외항 측 경사면의 상부와 하부의 피복재의 중량이 다를 때, 피복재의 중량이 변하는 점은 정수면 아래 $1.5H_{1/3}$ 보다 깊게 한다.

경사제의 단면은 수심, 파력 및 사용하는 재료의 크기에 따라 결정된다. 경사제의 설계에 있어서 설계파고는 일반적으로 유의파고 H_{33} 을 사용하며, 설계파고를 결정할 때에는 예상되는 파랑의 내습기간을 고려해야 한다.

경사제 사면의 경사가 완만해질수록 피복석의 안정성은 증대되며, 경사가 완만해질수록 파랑의 처오름높이는 작아지게 되어 방파제의 높이가 낮아지게 되는 반면, 공사에 있어 재료가 많이 소요되어 건설비용이 많이 든다. 그러므로 방파제의 건설비용을 절감하기 위해 허용범위 내에서는 방파제의 경사를 높게 하여 월파를 허용하는 경우도 있다. 경사제의 안정중량이 부족할 경우에는 각 사석 또는 블록이 파력에 의해 산란되며, 사면안정에 결함이 있을 경우에는 제체 전체가 어떤 면을 따라 활동하고, 연약지반인 경우에는 경사제와 지반을 포함하는 원호활동면에 연한 파괴가 발생할 수 있다.

경사제의 피복석(armor stone)은 파랑의 작용력에 저항할 수 있는 충분한 크기이어야 하고, 만일 전체 구조물이 큰 피복석으로 구성될 경우에는 파랑에너지의 투과를 허용하여 기초부나 구조물 내부의 작은 입자가 유실될 수 있다. 구조물 재료는 크기가 큰 외측 피복석에서부터 크기가 가장 작은 내측 잡석으로 층을 이루어 구성된다.

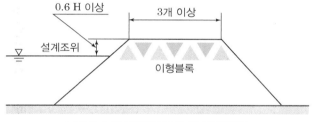

그림 7.4 경사제의 마루높이 및 마루폭

파랑이 내습할 때 피복석의 안정성에 영향을 미치는 요인으로는 입사파스펙트럼, 피복석의 크기, 중량, 형상 및 설치방법, 피복층의 두께, 공극 및 경사, 그리고 허용피해율이 있다. 일반적으로 2층 피복구조물은 안정성이 좋고, 하부에서 작은 입자가 쉽게 유실되지 않으며, 건설비용이 적게 든다.

피복석 또는 이형블록의 크기와 중량은 사석이나 콘크리트의 비중에 따라 달라지며, 사석의 중량에 대해 비중이 크면 사석의 크기는 작아진다. 파랑작용으로 인한 동수역학적 힘에 대한 저항력은 피복석 개체의 결합력에 따라 달라지며, 개체의 결합력은 개체의 형상과 크기, 개체를 쌓는 방법에 따라 달라진다. 이형블록은 충분한 공극을 유지하면서 높은 상호결합력을 갖는 형태로 개발하는 것이 가능하다. 또한 피복석의 안정성은 파랑의 내습에 대해 피복석의 노출 정도에 따라 달라지며, 방파제의 제간부(trunk)보다는 제두부(head)가 더 많이 노출되어 안정하지 못하고 방파제 내의 위치에 따라서도 달라진다.

피복층의 공극률(armor layer porosity)은 피복석의 형상과 설치 방법에 따라 달라지며, 일반적으로 35~55% 정도이다. 공극률이 작으면 파랑의 반사가 커지고, 파랑의 처오름이 커지며, 이에 따른 환원류에 의해 내부 압력이 증가하여 피복석의 불안정성을 초래한다.

피해율(degree of damage)은 파랑의 내습을 받는 방파제의 단면에서 변위된 피복석의 체적을 기준으로 하여 산정한다. 설계파에 대한 30~40% 허용피해율(allowable damage)은 설치될 피복석의 크기를 크게 감소시키나, 파랑의 직접적인 내습에 대해 내부층이 노출될 정도까지 허용되어서는 안 된다. 허용피해율은 초기 공사비, 유지비용, 방파제에 의해 보호받는 지역의 허용 위험도에 따라 달라진다.

파력을 받는 사면의 피복석 또는 이형블록의 안정중량은 해석적, 실험적 근거를 결합하여 개발된 Hudson 공식을 이용해 계산하며 식 (7.1)과 같다.

$$W = \frac{\gamma_r H^3}{K_D (S_r - 1)^3 \cot \theta} \tag{7.1}$$

여기서, W는 피복석 한 개의 중량, S_r과 γ_r은 피복석의 비중과 단위중량, θ는 피복경사면의 경사이고, K_D는 실험에 의해 산출된 무차원 안정계수(stability coefficient)로 피복석의 형상과 설치 방법, 쇄파조건, 월파 정도 및 허용피해율에 따라 달라진다.

표 7.1은 여러 가지 피복석 형상에 대한 K_D 값으로, 허용피해율이 0이며, 2층 피복으로 피복석을 불규칙하게 쌓고, 쇄파는 발생하지 않으며, 월파는 미소하거나 전혀 없는 경우에 대한 것이다. 식 (7.1)에서 산출되는 피복석의 중량은 H^3에 비례하므로 피복석의 중량은 설계파고의 증가에 따라 급격하게 증가한다. 그리고 식 (7.1)에서 불규칙파에 대한 H는 H_{33}이 적절하다.

표 7.1 여러 가지 피복형상에 대한 K_D 값

피복석의 종류	구조물 본체		구조물 선단부	
	쇄파	비쇄파	쇄파	비쇄파
야면석(quarry stone) 　둥글고 매끄럽다. 　각지고 거칠다.	2.1 3.5	2.4 4.0	1.7 2.5	1.9 2.8
테트라포드	7.2	8.3	5.5	6.1
세발블록	9.0	10.4	7.8	8.5
돌로스	22.0	25.0	15.0	16.5
육각블록(hexapod)	8.2	9.5	5.0	7.0
분급되고 각진 사석	2.2	2.5	–	–

ㄱ 자료 : U.S. Army Coastal Engineering Research Center(1973)

그림 7.5 이형블록의 종류

표 7.2 피해백분율에 따른 K_D 값

피복석의 종류	피해백분율(%)					
	5~10	10~15	15~20	20~30	30~40	40~50
거칠고 각진 야면석	4.9	6.6	8.0	10.0	12.4	15.0
테트라포드	10.8	13.4	15.9	19.2	23.4	27.8
세발블록	14.2	19.4	26.2	35.2	41.8	45.9

ⓒ 자료 : U.S. Army Coastal Engineering Research Center(1973).
   방파제의 본체에 대해서는 2층 난적이고, 비쇄파이며 월파량은 소량이거나 전혀 없는 경우이다.

어느 정도의 허용피해율이 고려된다면 안정계수의 값은 커지게 되고, 식 (7.1)에서부터 피복석의 중량은 감소하게 된다. 허용피해율에 따른 K_D 값은 표 7.2와 같으며, 이 값들은 2층 피복으로 피복석을 불규칙하게 쌓고, 쇄파는 발생하지 않으며, 월파는 미소하거나 전혀 없는 경우에 대한 것이다. 표 7.2에서 피해백분율은 방파제 마루의 중앙에서부터 외해 쪽 경사 아래로 정지수면에서 한 파고의 수심까지 연장되는 범위에서 변위된 피복석의 체적률로 정의된다.

직립제와 혼성제의 마루높이도 경사제와 같이 대조평균고조위 상 설계파인 유의파고의 대략 0.6배 이상으로 한다. 혼성제 사석부의 두께는 1.5 m 이상을 원칙으로 하는데, 이는 직립부의 하중을 넓게 분산시키고 직립부의 거치 지반을 수평으로 하여 파랑에 의한 세굴을 방지하기 위함이다. 사석부 어깨폭은 파고에 견딜 수 있도록 충분히 넓게 해야 한다. 사석부의 사면경사는 일반적으로 외항 측은 1 : 2~1 : 3 정도, 내항 측은 1 : 1.5~1 : 2 정도로 한다. 기초지반이 연약하여 현저한 침하나 사석 투하량이 많을 것으로 예상될 경우에는 지반을 개량하거나, 하부에 매트를 깔아 제체의 하중을 분산시키는 등의 연약지반대책을 수립해야 한다.

(4) 방파제시공

방파제의 시공계획은 설계도서에 지시된 위치, 치수, 공기 내에 경제적인 양질의 구조물을 축조할 수 있도록 수립하며, 경사제의 시공순서는 다음과 같다.

① 석산 개발 및 사석 채취

(계속)

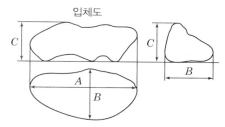

입체도

A : 장축의 최대길이(cm)
B : A에 직각으로 잰 최대길이(cm)
C : 투영면에 수직으로 잰 최대길이(cm)

※ 한국공업규격(KS) 부순골재기준 참고

② 준설

③ 기초사석 선적 및 투하(해상)

④ 기초사석 운반(육상)

7.1
외곽시설

⑤ 속채움 사석 고르기 및 피복석 고르기

⑥ 이형블록 제작 및 거치(난적)

그림 7.6 경사제의 시공순서

2. 해안제방

파랑이나 조석이 내습하는 해안 또는 육지가 해면보다 낮은 해안에서 해수가 월파 또는 월류
하여 육지로 침입하는 것을 방지하기 위하여 해안선을 따라 제방을 축조한다. 이와 같은 해안제
방은 어느 정도의 조위와 파고를 고려하는가에 따라 설계가 달라지며, 최근에는 친수성도 고려하
여 설계한다.

(1) 해안제방의 상세구조

해안제방의 밑다짐공(또는 근고공)은 해안제방 전면 하부에서의 세굴을 방지하고 제방 앞비탈

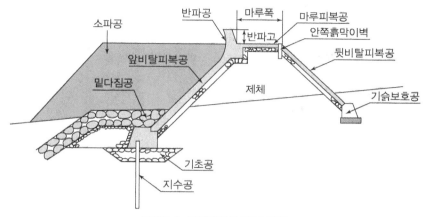

그림 7.7 해안제방의 각부 명칭

면의 피복공과 기초공을 보호하기 위하여 제방 앞비탈의 끝단 또는 기초의 전면에 접속하여 설치되며, 콘크리트블록, 사석 등을 사용한다.

기초공은 앞비탈면 및 제체의 중량을 안정하게 지지하기 위해 설치된다. 기초공에는 말뚝기초, 콘크리트기초, 이형블록기초, 사석기초, 모래치환기초 등이 있다. 기초지반의 투수성이 클 때에는 필요에 따라 지수공(또는 물막이공)을 설치한다.

해안제방의 전면은 직립벽 또는 경사면으로 한다. 직립벽인 경우에는 케이슨, L형블록, 콘크리트단괴 등을 사용하며, 경사면인 경우에는 콘크리트로 피복한다. 앞비탈면은 파랑에 의한 침식과 마모에 견딜 수 있어야 하며, 제체의 토사 유출을 방지하고, 후면의 토압과 파력에도 견딜 수 있어야 한다.

마루피복공은 콘크리트를 사용하며, 제체의 침하 및 수축 등에 적응할 수 있는 구조로 한다. 해수가 침투되지 않게 해야 되고, 배수를 위하여 3% 정도의 경사로 한다. 특히 제체 마루면을 도로로 사용할 때에는 차량의 하중에 견딜 수 있는 구조로 해야 한다. 그 외 피복공으로는 석재, 콘크리트블록, 아스팔트 등이 사용된다.

그림 7.8 해안제방의 밑다짐공 (kusukobo.com)

반파공(또는 파돌리기공)은 제체 앞비탈면을 따라 올라오는 파랑을 바다 쪽으로 되돌리기 위해 설치되며, 월파량을 감소시키는 기능을 하고, 일반적으로 철근콘크리트 구조로 한다.

해안제방의 뒷비탈면은 콘크리트로 피복하고, 뒷비탈면의 하부 끝에는 기슭보호공을 설치한다. 기슭보호공(또는 근지공)은 해안제방의 뒷비탈면 하부 끝에 설치되며, 뒷비탈면 또는 피복공의 파괴를 방지하는 기능을 가진다.

소파공은 사석 또는 이형블록 사이의 공극과 표면조도 및 물림 상태 등에 의해 파랑에너지를 소산시키고, 파랑의 처오름높이 및 월파량을 감소시키는 구조물이다. 소파공의 효율적인 기능을 위해서는 표면조도와 공극률이 커야한다.

배수공은 월파, 강수 등에 의한 물을 배수시키기 위하여 제체의 마루, 뒷비탈면 하부에 설치되며, 단면은 월파량을 충분히 배출시킬 수 있도록 해야 한다.

(2) 해안제방의 구조형식

해안제방의 구조형식을 선정할 때는 각 형식의 특성을 고려하고, 평면배치조건, 수심 및 해상조건, 자연조건, 이용조건, 시공조건, 공사재료의 입수용이성, 중요성, 유지보수, 공사비, 공사기간 등을 비교·검토하여 결정한다.

구조형식은 전면의 사면경사, 구조, 사용 재료에 따라 분류되며, 제방 전면의 사면경사에 따라 경사형, 직립형, 혼성형으로 분류된다. 형식 선정 시에는 경제적이며, 시공이 용이하고, 현장조건에 적합한 것을 채택한다. 구조형식은 구조, 사용재료 등에 따라 그림 7.9와 표 7.3과 같이 분류된다.

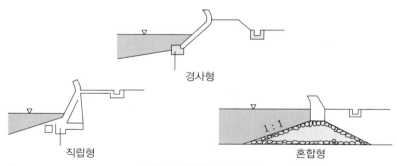

그림 7.9 제방의 구조형식

표 7.3 제방의 구조형식

경사형	돌붙임식, 콘크리트블록식, 콘크리트피복식, 사석식, 사블록식 등
직립형	석축식, 중력식(자립식, 옹벽식), 부벽식 등
혼성형	경사형과 직립형의 조합

경사형은 파력과 전면의 세굴이 적으므로 밑다짐공이 작으며, 제방 저면의 폭이 넓고 단위면 적당 재하중이 작기 때문에 기초지반이 비교적 연약한 장소에서도 적합하다. 구조적인 측면에서 피복공이 간단하며, 파랑에너지의 대부분이 사면에서 소모되어 반사파가 적다. 공사비가 비교적 저렴하고 공기도 짧으며, 제방 성토에 기계화 시공이 가능하다. 그러나 제방 용지와 다량의 제체 토사가 필요하고, 배후지의 토지이용도가 낮으며, 파랑이 사면을 따라 처 오르므로 제방 높이를 높게 해야 한다. 친수성에 대한 요구가 높을 경우에 적합하다.

직립형은 제방의 폭이 좁아 제방 용지 확보가 용이하지 않는 경우에 적합하며, 적은 양의 토사로 시공이 가능하다. 배후지의 토지이용도가 높고, 강력한 파력에 저항할 수 있으며, 파랑의 처오름높이를 낮출 수 있다. 그러나 배면의 토압이 크게 작용하고, 저면의 폭이 작아 단위폭당 재하중이 커지므로 기초지반이 비교적 양호한 곳에 적합하다. 반사파가 커 중복 파고가 크게 발생하고, 수심이 얕은 곳에서는 전면 세굴이 심하다. 그리고 경사형에 비해 공사비가 많이 소요된다.

혼성형은 경사형과 직립형의 특성을 살린 형식으로, 기초지반이 그다지 양호하지 않고 수심이 깊은 곳에서도 적합하다.

(3) 해안제방에 작용하는 외력

해안제방 및 소파공에 작용하는 파력은 방파제에 작용하는 파력과 같다. 제방에는 파압뿐만 아니라 제방 전면에 파곡이 작용할 때 제체에 잔류수압이 작용하므로 유의해야 한다.

(4) 해안제방의 설계

해안제방 설계조위는 구조물의 계획, 설계 및 시공의 기준 자료가 되고, 구조물의 안정성, 부지의 높이, 마루높이 등의 산정에 필요하며, 구조형식에 따라 달라진다. 설계조위는 월파량이 최대로 발생하는 조위를 선정하며, 일반적으로 기존의 최고조위를 적용한다.

쇄파지점은 해안제방 전면의 수심에 따라 달라지며, 설계파고는 수치모형실험으로도 구할 수는 있으나 수리모형실험으로 결정하는 것이 더욱 좋다.

제방을 강도가 낮은 지반에 축조할 경우와 시공 후의 침하에 대비하여 성토 또는 지반개량을 고려해야 하며, 성토 재료는 충분한 다짐이 가능한 재료를 선정해야 한다.

해저경사에 따라 쇄파지점과 쇄파고가 달라지며, 이에 따라 파력과 월파 정도가 달라진다. 또한, 사빈해안의 경우에는 제방 전면에서 세굴이 발생하기 쉬우므로 해저 및 해빈 지형에 대한 고려가 필요하다.

제방 배후지의 어느 범위 내에서는 월파를 허용해도 되지만, 그 월파량은 배후지의 중요도에 따라 달라진다. 제방 배후지에 인구, 재산이 집중된 곳에서는 월파량을 저감시킬 수 있는 설계가 필요하다.

해안제방의 평면배치 시 고려해야 하는 사항은 다음과 같다. 첫째, 파랑의 집중현상이 발생하지 않도록 굴곡이 심한 평면형상은 피해야 한다. 둘째, 인접구조물과의 접속부와 그 부근에 파랑이 집중되어 악영향을 미칠 수 있으므로 유의해야 한다. 셋째, 해안제방 축조로 인하여 배후지역의 교통, 배수 등 사용에 있어 지장을 주어서는 안 된다. 넷째, 공사비 및 유지관리비가 적게 소요되도록 해야 한다.

제체는 파력, 토압, 양압력 등의 외력에 대해 안전한 구조로 설계되어야 한다. 제체의 축조 재료는 일반적으로 토사를 사용하는 것이 경제적이며, 토사를 사용할 경우에는 다짐을 충분히 해야 한다. 다짐을 충분히 하지 않을 경우에는 제체 내 공동(空洞)이 생겨 피복공에 파랑이 작용할 때 파괴될 수도 있다.

해안제방의 마루높이는 일반적으로 설계조위, 설계파고 및 여유고를 더한 높이로 설정한다. 또한 마루높이는 구조물 배후지의 이용용도에 따라 월파를 완전히 허용하지 않거나 또는 어느 정도 월파를 허용할 수 있는 높이로 설정할 수 있다. 일반적인 해안제방 설계에 있어서는 어느 정도의 월파를 허용하고 이에 따른 배수대책을 고려한다. 마루높이는 또한 유의파에 대한 처오름 높이를 참조해서 결정한다.

여유고는 산출된 값보다 더 큰 파고와 조위, 공사 완료 후 성토제 및 기초지반의 압밀 등에 의해 예상되는 제체 및 기초지반의 침하, 폭풍, 쓰나미 등에 의한 고조현상, 장주기파에 의해 만이나 하구에 발생할 수 있는 부진동 등에 대비하여 고려한다. 일반적으로 여유고는 1.0 m 한도로 적절하게 설정한다.

직립형인 경우의 마루폭은 원칙적으로 0.5 m 이상으로 하며, 제방 후면이 토사인 경우에는 3 m 이상의 토사 부분을 두어야 한다.

경사형인 경우의 마루폭은 가능하면 넓게 하는 것이 좋으나, 경제적인 측면에서 3 m 이상으로 한다.

해안제방의 앞비탈경사는 해안제방의 구조형식, 마루높이, 마루폭 및 앞비탈피복공 등을 참조하여 결정하며, 제체의 안정, 기초지반, 토질, 피복공의 종류, 제체 전면의 세굴, 시공방법 등을 고려해야 한다.

뒷비탈경사는 제체의 안정, 기초지반, 토질, 피복공의 종류, 해안의 이용 등을 고려하여 결정한다.

연약지반인 경우에는 하중을 균등하게 분산시키기 위해 저면의 폭을 넓게 하고 소단을 만드는 것이 좋다.

연약지반에서 필요한 높이의 제방을 축조할 수 없는 경우, 대량의 월파를 허용할 수 없는 경우, 그리고 파고가 큰 경우에는 소파공을 설치해야 한다. 소파공의 마루폭과 마루높이를 너무 작게 하면 소파작용을 효율적으로 할 수 없으므로 유의해야 한다. 소파공 내부는 작은 사석을 사용하고, 피복부는 이형블록으로 하는 것이 좋으며, 소파공 전면 해저에서의 세굴에 유의해야 한다.

(5) 방조제의 축조

　방조제(防潮堤, sea wall)의 노선은 기본계획에서 지형조건, 개발 면적, 기초지반, 공사 재료, 교통여건, 공사조건 등을 고려한 2~3가지 비교안 중에서 기술적, 사회적, 경제적으로 유리한 노선을 선정한다. 방조제 제체의 구조형식을 선정할 때는 조석 및 파력에 대한 수리적인 조건, 수심, 기초지반과 토질, 공사 재료의 입수용이성, 축조공법, 방조제 제체 및 간척지 내부의 이용계획 등을 종합적으로 검토하여 결정한다.

　경사형 방조제의 앞비탈경사는 1 : 4~1 : 10 정도로 하고, 시공여건에 따라 설계고조위 부근에는 상부 소단을 설치하며, 소조평균저조위(소조 시 저조평균조위의 기본수준면 상 높이) 부근에는 하부 소단을 설치한다. 뒷비탈경사는 대조평균고조위(대조 시 고조평균조위의 기본수준면 상 높이) 이하에 대해서는 1 : 5~1 : 6 정도의 완경사로 하며, 소단은 최대한 수직 높이 5 m마다 두고, 소단폭은 1.5 m 이상으로 하며, 도로로 활용할 수 있다. 우리나라 방조제의 대부분은 경사형 방조제이다.

　성토에 앞서 연약지반 구간의 침하와 융기를 방지하기 위하여 기초지반을 개량한다. 지반개량 공법으로는 바닥보호공 설치 이전에 연약층을 제거하고 모래로 치환하는 치환공법과 연약층에 모래 기둥 투수부를 두어 연약층의 수분과 피압수를 배제하여 압밀을 촉진시키고 기초지반의 지내력을 증대시키는 모래말뚝(sand pile)공법이 있다. 그리고 융기가 예상되는 기초지반에 매트를 포설하고 사석이나 성토를 시행하는 누름사석 또는 누름성토공법이 있다.

　바닥보호공은 기초지반을 보강하고, 물막이 공사에 따른 조류 속도의 변동으로 인한 기초지반의 세굴과 침식을 방지하기 위해 제체 성토에 앞서 시공하며, 기초지반매트 포설 후 바닥매트 고정사석으로 시공한다.

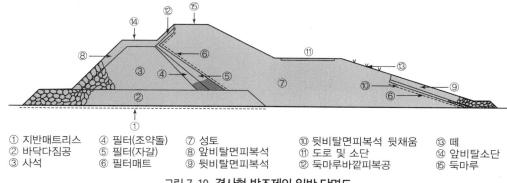

① 지반매트리스	④ 필터(조약돌)	⑦ 성토	⑩ 뒷비탈면피복석 뒷채움	⑬ 떼
② 바닥다짐공	⑤ 필터(자갈)	⑧ 앞비탈면피복석	⑪ 도로 및 소단	⑭ 앞비탈소단
③ 사석	⑥ 필터매트	⑨ 뒷비탈면피복석	⑫ 둑마루바깥피복공	⑮ 둑마루

그림 7.10 경사형 방조제의 일반 단면도

(6) 방조제의 시공

　방조제의 시공은 바닥매트 및 바닥다짐공, 사석공, 필터공, 성토공, 밑다짐공, 앞비탈피복공, 뒷비탈피복공, 마루부 성토 및 피복공, 그리고 도로포장공의 순서로 행한다.

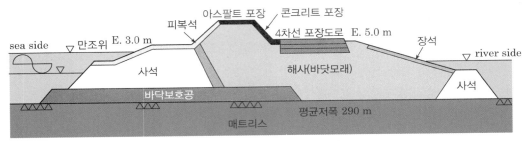

그림 7.11 새만금방조제 표준 단면

① 매트 포설

② 사석 투하

③ 사면필터 시공

④ 해사준설성토(해사성토공법)

⑤ 앞비탈면 사석 시공

⑥ 피복석 시공

⑦ 방조제 시공 전경

그림 7.12 새만금방조제 시공순서

3. 호안

호안(護岸, revetment)은 해안에 접한 육지부가 파랑작용에 의해 침식되는 것을 직접적으로 방지하는 구조물이다.

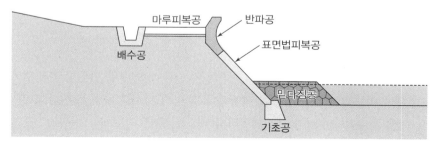

그림 7.13 호안의 일반 구조

(1) 호안의 구조형식

호안의 구조형식을 선정할 때에는 조석과 파력에 대한 수리적인 조건, 기초지반과 토질, 공사 재료의 입수용이성, 이용현황 등을 종합적으로 검토하여 결정한다. 구조형식은 사면경사, 구조, 사용 재료 등에 의해 그림 7.14와 표 7.4와 같이 분류된다.

직립형은 폭이 비교적 좁고 사면의 경사가 급해 제체 용지의 확보가 용이하지 않은 경우에 적합하며, 단위폭당 재하중이 크기 때문에 기초지반이 비교적 견고해야 한다.

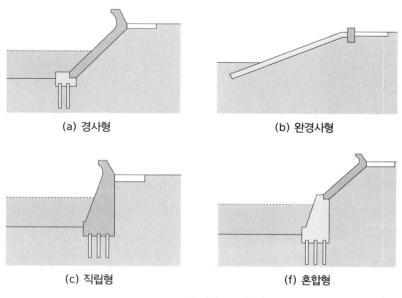

그림 7.14 호안의 구조형식

표 7.4 호안의 구조형식

경사제(경사 1 : 1 미만)	• 석장(石張)식, 콘크리트블록 장식, 콘크리트피복식 등 • 사석식, 사블록식 등
직립제(경사 1 : 1 이상)	• 석적식, 중력식, 부벽식 등 • 돌형식(L형 포함), 케이슨식, 콘크리트블록식, 셀식, 널말뚝식, 석화식 등
혼성제	• 경사형과 직립형의 조합

경사형은 폭이 넓고 제체 용지의 확보가 용이한 경우에 적합하며, 단위면적당 재하중이 작기 때문에 기초지반이 비교적 연약한 장소에 적합하나, 다량의 토사를 필요로 한다. 또한 해빈 적용 시 친수성에 대한 요구가 높을 경우에 적합하다.

완경사형(경사 1 : 3 이하)은 해저경사가 완만한 해빈에 축조하는 경우에 적합하다. 완경사형은 일반적인 호안에 비해 파랑의 반사율이 낮으므로 반사파에 의한 침식을 감소시킬 수 있고, 제체 전면에서의 세굴을 경감시킬 수 있어 해안보전기능을 향상시킬 수 있다. 그러나 제체가 커지므로 사빈 면적을 감소시키고 연안표사량 저감에 효과적이지 않기 때문에 방사제 또는 이안제 등과 병행해서 사용해야 하는 문제점이 있다.

혼성형은 직립형과 경사형의 특성을 살린 형식으로, 기초지반이 그다지 견고하지 않고 수심이 깊은 곳에서 적합하다.

(2) 호안에 작용하는 외력

호안의 설계 시 고려해야 할 외력에는 조위, 파랑 등이 있다. 호안의 마루높이와 구조는 월파량과 처오름높이에 의해 결정되고, 제체의 안정성은 파력 등에 의해 결정되므로 조위와 파랑은 중요한 조건이다.

(3) 호안의 설계

호안 설계 시에는 조위, 파랑, 기초지반 및 토질, 해저 및 해빈 지형 등의 자연조건, 배후지의 이용현황 및 중요도, 해빈 및 수면의 이용현황, 인접구조물과의 관계, 주변 해안에 미치는 영향, 시공조건 등을 충분히 고려하여 설계해야 한다.

호안 설계의 기본이 되는 주요 제원은 파랑과 고조를 제어할 수 있는 법선과 마루높이이다. 호안의 법선은 해안선을 따라 설정되며, 사빈을 교란시킬 수 있는 위치에 호안을 설치할 경우에는 자연적인 소파효과가 있는 사빈을 소실시킬 수 있고, 파랑의 처오름이 호안까지 도달할 경우에는 반사파에 의해 침식이 발생한다. 그러므로 파랑이 호안에 도달하는 위치에 호안을 설치해야 하는 경우에는 가능한 한 반사파가 발생하지 않도록 호안 전면에 소파공을 설치하는 등의 대책을 수립해야 한다. 또한 반사파를 저감시키기 위해 완경사 호안이 계획되는 경우에는 사빈의 일부가 잠식되지 않도록 법선 위치를 충분히 고려하여 법면의 경사와 호안의 위치를 설정해야 한다.

이 외 호안의 설계 시 고려해야 하는 사항들은 해안제방의 설계 시 고려해야 하는 사항들과 유사하다.

호안의 기본단면제원으로는 사면경사와 마루높이가 있다. 호안의 구조형식에 따른 사면경사는 제체의 안정, 수리조건, 해빈의 이용현황, 기초지반, 토질 및 지형조건 등을 고려하여 결정한다. 특히, 제체 전면의 수심이 깊고 해빈경사가 급한 경우에는 제체의 안정과 세굴에 대한 검토가 필요하다.

사면경사가 급할 경우에는 월파량이 커질 수 있으므로, 블록장 또는 계단을 만들어 표면의 조도를 높임으로써 월파량을 저감시키는 것이 효과적이다.

일반적으로 사면경사가 완만할수록 파랑의 처오름높이와 반사율이 작아지며, 이에 따라 세굴 저감효과를 기대할 수 있다. 그러나 사면경사를 완경사로 하여 선단을 외해 쪽까지 연장하게 되면 호안이 전빈을 덮어 이용 가능한 전빈이 소실되고, 자연해빈이 가지는 소파기능이 감소한다.

호안의 마루높이는 설계에 있어 가장 중요하며, 고조 등에 의한 해수의 침입을 방지하고, 파랑의 처오름과 월파를 방지할 수 있는 충분한 높이로 설정한다. 마루높이는 일반적으로 계획조위, 계획파고에 대한 필요고 및 여유고를 더한 값으로 결정하며, 다른 공법과의 병용 또는 효과적인 구조물 설계를 통해 낮게 하는 것이 좋다.

4. 방사제

방사제(防砂堤, groin)는 연안류 또는 파랑의 직접적인 작용에 의해 발생하는 침식을 방지하고 표사의 퇴적을 유도하기 위해 설치되는 구조물이다. 육지에서부터 바다 쪽으로 거의 직각으로 설치되며, 해안선을 따라 이동하는 표사를 방사제에 퇴적시킨다. 방사제의 재료로는 목재, 콘크리트, 사석 등이 사용되며, 최근에는 지오튜브를 사용하는 경우도 있다.

(1) 방사제의 구조형식

방사제는 기능면에서 투과형과 불투과형으로 분류(표 7.5)하고, 횡단면형상으로는 직립형, 경사형, 혼성형으로 분류[그림 7.16(좌)와 표 7.6]하며, 평면형상으로는 직선형, T자형, L자형으로 분류[그림 7.16(우)]한다.

표 7.5 방사제의 기능에 따른 분류

투과형	사석식, 사블록식, 석화식 등
불투과형	석적식, 석장식, 콘크리트블록식, 웰식, 케이슨식, 셀블록식, 파일식 등

(a), (b) 목책, (c) 사석, (d) 콘크리트 단괴, (e) 콘크리트블록(T-형), (f) 직립 콘크리트, (g) 시트파일+콘크리트 판넬, (h) 돌망태(T-형) (국토해양부 연안정비사업 설계 가이드 북, 2010년 11월)

그림 7.15 재료 및 형식별 방사제

표 7.6 방사제의 횡단면형상에 따른 분류

직립형	사면경사 : 연직~1 : 1	석적식, 콘크리트블록적식, 케이슨식, 셀블록식, 웰식, 석화식 등
경사형	직립형의 사면경사보다 완만	석장식, 사석식, 사블록식 등
혼성형	–	위 두 형식의 조합

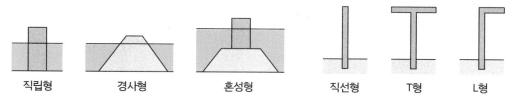

그림 7.16 방사제의 횡단면형상(좌)과 평면형상(우)

방사제의 형식에 있어 투과형 방사제는 제체를 통과하는 표사량이 많아 연안표사 제어효과가 낮고 연안표사포착률 설정도 어렵다. 그러나 반사파, 연파 및 흐름이 불투과형에 비해 적고, 기초의 세굴도 비교적 적으며, 시공 및 보수가 용이하고, 연안표사포착률이 낮아 표사가 이동하는 하류 해안에서의 침식이 경감되는 장점이 있다. 마루높이가 충분한 불투과형 방사제는 표사를 완전히 차단할 수 있어 표사제어기능이 투과형보다 우수하므로 방사제 본래의 목적을 위해서는 불투과형 방사제가 바람직하다.

구조형식 선정 시에는 설치장소의 수심, 파랑, 저질 및 토질, 그리고 해저·해빈 지형 및 지형변화 현황을 바탕으로 제체의 안정성, 경제성, 시공성, 그리고 연안역의 자연환경 및 이용을 종합적으로 고려하여 평가한다. 횡단면형상은 주로 선정된 구조형식에 의해 결정되며, 구조형식과 같이 종합적인 평가를 토대로 선정한다. 평면형상은 연안표사 제어효과와 예측되는 해빈 지형에 의거하여 선정한다. 방사제 설치 후 해안선의 형상은 주로 방사제의 평면형상과 설치간격에 따라 달라진다.

(2) 방사제에 작용하는 외력

방사제의 설계 시 고려해야 할 외력에는 조위, 파랑 등이 있다. 파랑과 조위는 방사제의 평면형상과 설치간격 결정 시 이용되며, 연안표사에 의한 중장기 지형변화를 예측하는 데 있어서도 필요하다.

(3) 방사제의 설계

방사제는 연안표사의 제어가 목적이므로, 설계 시에는 연안표사의 이동방향, 이동량, 연속성,

그림 7.17 방사제군 (www.stripers247.com)

공급원 및 공급량을 파악하고, 방사제로 인한 연안표사저감률을 설정하여 목표로 하는 해안선의 형상을 선정하는 것이 중요하다. 또한 현재 해빈 및 해역의 이용, 향후 연안역 이용계획, 자연경관 및 생태계 등에 대한 영향에 대해서도 고려해야 한다.

저질과 토질은 방사제 구조형식 선정, 제체의 안정성 검토 및 시공계획 수립 시 중요하므로 충분히 조사하여야 한다.

해저 및 해빈 지형은 파랑의 변형, 파랑의 처오름높이, 월파 등의 계산에 필요하며, 방사제의 평면형상과 블록 및 사석의 교란, 국소적인 세굴, 제체의 부등침하에 의한 제체의 안정성 검토에 있어서도 중요하다.

방사제를 설치할 때에는 방사제의 길이, 마루높이, 설치방향 및 간격을 결정해야 한다.

방사제의 길이는 일반적으로 쇄파지점에 따라 결정되며, 수심, 해저경사, 파고 등에 따라서도 달라진다. 또한 방사제의 길이는 연안표사 포착효과와 제체의 안정성을 고려하여 결정한다.

해안에 표사를 퇴적시키려는 목적으로 방사제를 설치할 경우에는 길이가 긴 방사제 1개로는 표사가 충분히 퇴적되지 않으므로 적당한 길이의 방사제를 여러 개 설치하는 것이 유리하다. 방사제군을 설치할 경우에는 방호 범위와 목표로 하는 해빈폭 등의 해빈형상을 설정하고, 연안류의 현황과 방사제군 설치에 따른 인접해안에 미치는 영향을 파악하여 길이와 간격을 결정해야 한다.

연안표사를 차단하는 데 있어서는 방사제의 길이가 지배적이지만, 파랑이 방사제를 넘을 경우에는 연안표사차단률이 크게 감소하므로 마루높이의 영향 또한 적지 않다. 일반적으로 마루높이는 그림 7.18(좌)와 같이 육지 측 수평부, 중간 경사부, 선단부 3부분으로 나누어 설계한다. 육지 측 수평부 마루높이는 현재 해빈 지형에서의 악천후 시 파랑이 방사제를 초과하지 않을 정도로

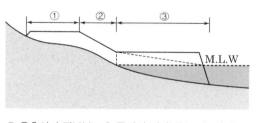

① 육측의 수평부분　② 중간의 경사부분　③ 선단부

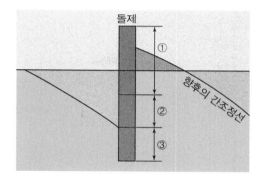

그림 7.18 방사제 각 부분의 마루높이(좌), 방사제 각 부분의 범위(우)

하고, 평균고조위(MHW)에 대한 고파랑의 처오름높이를 토대로 결정한다. 선단부 마루높이는 평균고조위(MHW)에 대해 고파랑이 선단부를 초과하지 않을 정도로 설정한다. 육지 측 수평부의 범위는 그림 7.18(우)와 같이 현재 해안선과 향후 상류 측에 전진이 예상되는 해안선의 중간 정도로 설정한다. 중간 경사부의 범위는 육지 측 수평부의 끝단에서부터 평균저조위(MLW) 시의 해안선까지로 설정한다. 여유고는 방사제의 구조, 시공방법 등을 고려하여 설정하나, 일반적으로 1 m 정도로 설정한다.

　방사제의 마루폭이 연안표사 포착효과에 미치는 영향은 크지 않으나, 제체의 안정성을 확보하는데 있어 중요하고, 제체의 안정 계산 등에 의해 결정된다.

　방사제의 설치방향은 진입하는 파랑의 방향에 대해 연안표사가 가장 잘 포착되도록 설정한다. 방사제의 설치방향은 해안선과 직각을 이루도록 하는 것이 일반적이다.

　방사제 설치간격은 방사제 사이로 적당한 파랑에너지가 진입하여 해안선 부근에 표사를 퇴적시킬 수 있게 하는 것이 좋으며, 해안보전, 연안역의 이용 등에 필요한 해빈폭이 확보될 수 있도록 설정한다. 방사제 사이의 적절한 설치간격은 파랑이 진입해 오는 각도에 따라 달라진다.

　폭풍 시와 같이 파고와 파형경사가 큰 파랑이 해안선에 거의 직각으로 진입할 때에는 해안선에 평행한 잠제를 설치하여 외해 쪽으로 빠져나가는 표사를 제어하는 것이 좋다.

5. 돌제

　돌제(突堤, jetty)는 방사제와 같이 해안의 표사이동을 차단하여 항구 또는 만 입구의 수심을 유지하거나 또는 연안류, 조석류, 파랑 등의 교란작용을 억제하여 항구 또는 만 입구를 보호하기 위해 설치되는 구조물이다. 일반적으로 쌍을 이루어 육지에서 바다 쪽으로 직각방향으로 평행하게 돌출되어 설치되며, 소형선의 접안기능을 겸하는 경우도 있다.

　돌제의 구조형식, 작용하는 외력, 설계 시 고려해야 하는 사항 등은 방사제와 유사하다.

그림 7.19 **돌제** (www.newportchamber.org)

6. 이안제

이안제(離岸堤, detached breakwater)는 해안선에서 떨어진 해역에 해안선과 거의 평행하게 설치되는 구조물로, 주요기능은 소파 또는 파고의 감쇠와 이에 따른 이안제 배후에서의 표사량

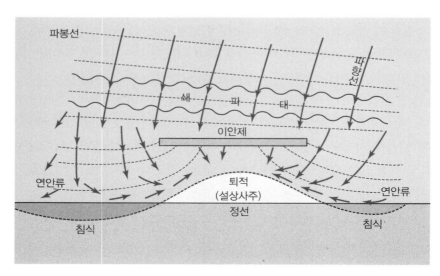

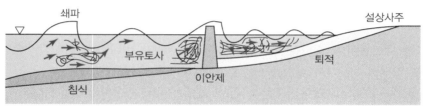

그림 7.20 **이안제 주변의 퇴적작용**

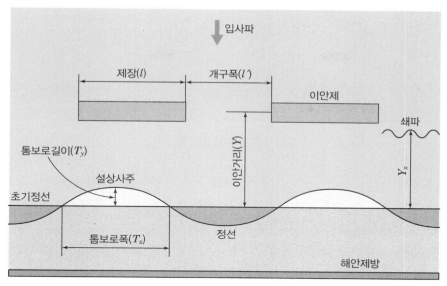

그림 7.21 **이안제의 제원**

그림 7.22 **미국 캘리포니아주 Venice 해안의 이안제 및 연륙사주** (Google Earth)

저감과 해안선 보호이다. 이안제는 소파블록, 암석 등을 해저에 쌓아 설치하며, 비교적 얕은 해역에 주로 설치된다.

이안제는 소파와 파랑의 회절에 의해 연안 및 해안종단 표사를 제어한다(그림 7.20 참조).

이안제의 기본제원으로는 그림 7.21과 같이 이안제의 길이, 마루높이 및 마루폭, 이안거리 등이 있으며, 이안제군의 경우에는 설치간격(또는 개구폭)을 고려해야 한다.

(1) 이안제의 구조형식

이안제의 구조는 불투과성과 투과성이 있으며, 파고 감쇠가 목적인 경우에는 불투과성 구조를

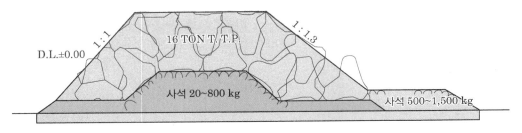

그림 7.23 이안제 단면형상 예

적용하고, 퇴적이 목적인 경우에는 암석, 이형블록을 사용한 투과성 구조를 적용하는 경우가 많다.

이안제는 그림 7.23과 같이 해저에 자갈 또는 쇄석 등을 균일하게 깔고, 그 위에 수십~수백 kg의 사석으로 마운드를 만들어 사석 표층을 이형블록으로 피복하는 구조가 많다. 사석 또는 블록 사이의 공극이 크면 기초지반의 모래가 흡출되어 세굴이 발생하므로, 기초지반 위에 세굴방지용 시트, 매트 등을 부설한다.

(2) 이안제에 작용하는 외력

이안제 설계에 있어 외력은 조위, 파랑, 흐름 등이 있다. 조위는 일반적으로 기존의 최고조위를 적용한다. 이안제를 쇄파대 밖에 설치하는 경우의 파랑은 심해파로 하고, 파랑 변형 계산에 의해 산출된 이안제 위치에서의 파랑을 적용한다. 쇄파대 내에 설치하는 경우에는 이안제 전면 수심에서의 쇄파고를 적용한다.

(3) 이안제의 설계

이안제 설계조건으로는 조위, 파랑, 유속, 표사, 토질, 해저 및 해빈 지형 등이 있다. 이안제의 완성 후 제 기능을 발휘하기 위해서는 이러한 조건들에 대해 구조적인 안정성이 필요하다.

이안제 설계 시에는 방사제와 같이 대상 해안의 수리 및 표사특성을 충분히 파악하여 목표로 하는 해안선의 형상과 해빈 안정화 방법을 설정하고, 해빈 변형이 주변 해안, 연안역의 자연환경 및 이용에 미치는 영향을 검토해야 한다.

개구부에서는 외해로 빠져나가는 이안류가 발생하여 세굴될 우려가 있으므로 세굴방지대책이 필요하다.

이안제 전면의 해저경사가 급할 경우에는 세굴, 침하 등에 의해 블록이 교란되기 쉽고, 제체가 커지게 되어 안정성, 시공성 및 경제성에 있어 문제가 되므로 이에 대한 대책을 검토해야 한다. 그러므로 해저지형 변동이 심한 위치에서의 이안제 설치는 피하는 것이 좋다. 또한 저질조건은 표사, 제체 주변의 세굴 등에 영향을 미친다.

이안제 구조설계 시에는 피복블록(또는 사석)의 안정중량과 이안제 침하를 예측한 마루높이를 설정하는 것이 중요하다.

이형블록 이안제의 마루높이는 평균고조위＋0.5H 또는 평균고조위＋1.0～1.5 m 정도로 하고, H는 설치수심에서의 유의파고로 한다.

이안제의 마루폭은 피복블록의 중량과 쌓는 방법, 제체의 경사와 마루높이에 따라 달라진다. 이형블록 이안제의 경우에는 일반적으로 2～3열의 정렬로 하면 제체의 안정성을 도모할 수 있다.

이안제 블록의 중량은 Hudson 공식(식 6.1)으로부터 산정한다. 월파가 현저할 경우에는 해안 측 블록에 교란이 발생하므로 안정계수를 작게 해야 하며, 수리모형실험에 의해 블록의 중량을 산정하는 것이 바람직하다.

침하가 예상될 경우에는 침하대책을 세우는 것이 바람직하다. 일반적으로 침하량은 저질에 관계없이 1.0 m 미만인 경우가 많으므로 1.0 m 이내로 설정한다.

일반적으로 이안제 전면에서는 반사파에 의해 국소 세굴이 발생하는 경우가 많으므로 이안제의 사면경사는 제체의 안정성 측면에서 완만하게 하는 것이 좋다.

교란발생률은 블록을 쌓는 방법에 따라 달라지며, 교란을 억제하기 위해서는 가능한 한 정적으로 하는 것이 좋다.

7. 인공리프

인공리프(artificial reef)는 자연 산호초의 파랑감쇠효과를 모방한 구조물로, 구조상 마루폭이 매우 넓은 잠제(潛堤, submerged breakwater)로 취급된다. 인공리프는 마루수심을 잠제보다 깊게 하여 파랑의 반사를 줄이고, 마루폭을 넓게 하여 얕은 여울을 형성시킴으로써 쇄파 후 파랑이 진행하면서 감쇠되게 한다. 인공리프는 소파효과에 의한 안정된 해빈의 형성, 연안표사량의 저감, 양빈모래의 유출방지, 조망확보 및 경관상의 목적으로 설치한다.

(1) 인공리프의 구조형식

인공리프의 구조형식은 코어(core)재로서 사석층을 두고 표면을 매우 큰 석재 또는 콘크리트 이형블록으로 피복하는 형식, 코어재를 포함한 전 단면을 콘크리트 이형블록으로 구축하는 형식 등이 있다.

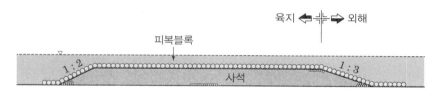

그림 7.24 인공리프의 단면 예

(2) 인공리프에 작용하는 외력

인공리프가 직접적으로 제어하는 것은 파랑이다. 파랑감쇠효과는 마루수심과 마루폭에 의해 지배되며, 이 두 제원은 조위와 파랑의 조건에 따라 결정된다. 설계에 적용하는 조위와 파랑은 고조 및 파랑대책, 해빈이용을 위한 정온화, 해빈의 안정화, 연안표사제어 등 인공리프의 설치목적에 따라 다르다.

(3) 인공리프의 설계

인공리프 설계 시에는 조위, 파랑, 수심, 해저지형, 저질, 표사, 해빈의 이용, 시공조건 등을 고려해야 한다. 또한 대상 해안의 자연환경, 이용현황, 경제성 등을 고려하여 단면형상, 평면배치 등을 결정하고, 안정성이 확보되도록 해야 한다.

인공리프의 제원은 그림 7.25와 같이 길이, 이안거리, 마루폭, 마루수심 등이 있으며, 인공리프군의 경우에는 설치간격(개구폭)이 포함된다.

인공리프의 설계는 이안제의 설계와 유사하다. 인공리프는 파랑을 쇄파시킴으로써 그 효과가 발휘되므로 설치수심은 파랑의 쇄파지점보다 외해 쪽에 설정하는 것이 좋다.

인공리프의 제원과 평면배치는 파랑감쇠효과의 정도, 목표로 하는 정온화의 정도, 해빈의 변형 및 이용 등에 따라 달라지며, 해빈이용에 악영향을 미치지 않도록 해야 한다.

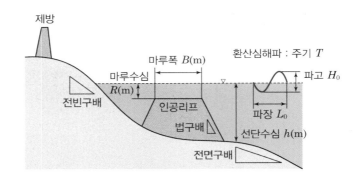

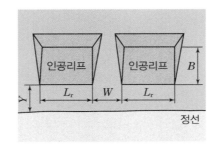

그림 7.25 인공리프의 제원

기본단면설계 시에는 인공리프의 배후 수역과 해빈의 목적 기능에 따라 파고와 수위가 허용치 이내가 되도록 마루폭과 마루수심을 결정한다.

인공리프의 설치수심은 일반적으로 저조위 시 수심 10 m 이하가 많으며, 사면경사는 시공성과 안정성을 고려하여 1 : 3～1 : 5 정도로 하며, 일반적으로 1 : 3이 많다.

8. 도류제

도류제(導流堤, training dike)는 하구 부분에서 하천수의 흐름을 원하는 방향으로 유도하거나, 하천의 토사 또는 해안의 표사가 하구에 퇴적되지 않게 하거나, 하천수의 유속을 빠르게 하여 하구의 수심을 유지 또는 증가시킬 목적으로 설치하는 제방형 구조물이며, 때로는 방파제의 역할을 겸하게 하는 수도 있다.

도류제는 제방을 콘크리트 등으로 보호한 것, 널말뚝을 2열로 박고 그 사이를 채운 것, 원통형 돌망태를 짜 맞춘 것 등이 있다. 도류제를 하구의 어느 쪽에 설치할 것인지는 표사의 이동방향, 하천의 흐름방향, 하구의 지형 등에 의해 결정된다.

하구의 수심을 유지하기 위해서는 1열의 도류제로는 효과가 적고, 2열의 평행한 도류제를 연장하는 것이 좋다. 길이가 다른 두 도류제를 설치할 때에는 표사의 아래쪽 도류제를 길게 하는 것이 효과적이다.

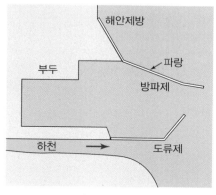

그림 7.26 도류제

7.2 계류시설

계류시설(繫留施設, mooring facilities)은 선박이 육지에 접안하여 화물을 적하하고 승객이 승강을 하는 접안시설로 안벽, 잔교, 부잔교, 돌핀, 계선부표, 시버스, 물양장, 이안식 부두 등이 있다.

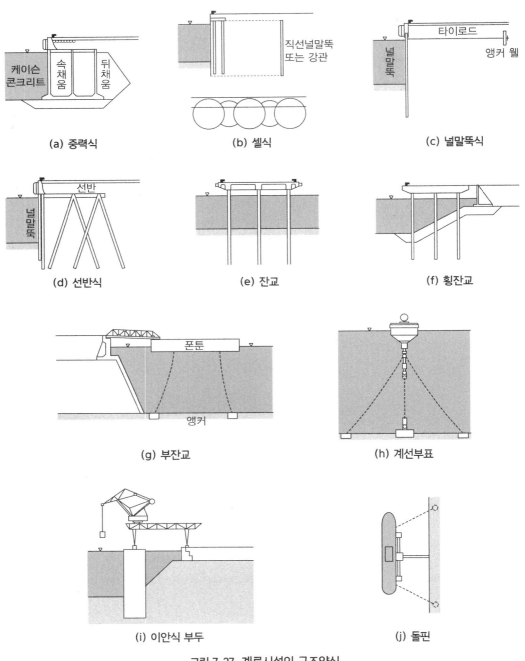

그림 7.27 계류시설의 구조양식

1. 안벽

안벽(岸壁, quay wall)은 선박이 안전하게 접안하여 화물을 하역하고 승객을 승하선시키는 구조물로, 선박이 접안하는 측은 벽면으로 하고 그 뒤쪽에 토사를 채우는 벽체 구조물이다. 전면 수심이 4.5 m 이상인 접안시설로서 1천 톤 이상의 선박이 접안하며, 전면 수심 4.5 m 이하인 물양장과는 구별된다. 안벽은 선박이 접안할 때의 충격이나 선박을 계류하기 위한 견인력에 견딜 수 있어야 하고, 육상에 놓인 기계류, 화물 등의 하중에 버틸 수 있어야 한다. 이러한 외력에 대해 안전하고 또한 경제적인 안벽을 건설하기 위해서는 건설 장소의 여러 가지 환경적인 측면을 고려하여 적당한 형식과 구조를 선정한다.

안벽의 마루높이는 평균고조위보다 1.0~2.0 m 높게 하고, 조차가 3.0 m 이상인 곳에서는 대조평균고조위 또는 그 이상으로 한다. 안벽의 마루폭은 1.0~1.5 m 이상으로 한다.

안벽의 외측 벽면은 선박이 계선할 경우 선박의 횡단면 및 방현재(fender)와의 관계에서 결정되며, 벽체의 두께는 안벽의 높이, 지질의 상태, 뒤채움의 종류와 양, 상재하중의 경중에 따라 다르나 구조물의 안정계산에 의해 결정한다.

에어프론은 콘크리트, 아스팔트 등으로 포장하여 하역작업의 편의를 도모하고, 배수를 위한 횡단 경사는 강우강도나 배후의 이용상황 등을 고려하여 바다 쪽으로 1~2% 정도의 경사를 유지한다. 에어프론의 폭은 선박의 종류에 따른 선좌(berth ; 선박이 정박할 수 있는 공간)의 수심에 따라 10~30 m 정도로 한다.

안벽은 구조형식에 따라 중력식, 널말뚝식, 선반식이 있다.

그림 7.28 안벽 (incheonport.tistory.com)

(1) 중력식 안벽

중력식 안벽(重力式岸壁, gravity type quay wall)은 수압, 토압 등의 외력에 대해 자중과 그 마찰력에 의해서 저항하는 구조이다. 견고하고 내구성이 양호하며, 부피가 커서 선박의 충격에 대한 저항성이 크고, 수심이 얕고 지반이 견고한 경우에 유리하다. 그러나 수심이 깊은 곳 또는 조차가 큰 곳에서는 벽체의 높이가 크게 되어 자중이 커지므로 기초지반에 전달되는 압력이 커진다. 또한 지진의 영향을 크게 받으므로 견고한 기초가 필요하고, 연약지반인 경우에는 침하 및 활동이 발생하기 쉽다. 시공설비가 복잡하여 공사비가 증가하고, 공기가 길어져 소규모 공사에는 비경제적이나, 시공 연장이 긴 경우에는 단가를 저렴하게 할 수 있다.

중력식 안벽에 작용하는 외력은 토압, 상재하중, 벽체의 자중 및 부력, 지진력, 선박의 충격력, 견인력, 잔류수압이 있다.

중력식 안벽의 종류로는 케이슨(caisson)식, 콘크리트블록(concrete block)식, L형블록(L-shaped block)식, 셀블록(cellular block)식, 우물통식, 셀식, 뉴매틱 케이슨식, 콘크리트 단괴식(현장타설 콘크리트식) 등이 있다.

(a) 사석 투하   (b) 기초사석 투하

(c) 케이슨 철근 조립   (d) 케이슨 콘크리트 타설

(e) 케이슨 제작 완료   (f) 케이슨 진수 준비

(g) 케이슨 진수

(h) 케이슨 진수 완료

(i) 케이슨 예인 및 거치 준비

(j) 케이슨 거치 완료 및 속채움

(k) 케이슨 압밀 촉진 재하

(l) 케이슨 안벽 상부공 시공

(m) 케이슨 안벽 상부공 콘크리트 양생

(n) 케이슨 안벽 상부공 시공 전경

7.2
계류시설

(o) 안벽 뒤채움   (p) 컨테이너 안벽 및 야적장 완료

그림 7.29 케이슨 중력식 안벽 시공(계속)

(2) 널말뚝 안벽

널말뚝식 안벽(sheet pile type quay wall)은 강제 또는 콘크리트제 널말뚝을 타설하여 토압에 저항하는 구조로, 무게가 가볍고 시공설비가 간단하며 공사비가 비교적 저렴하다. 구조의 탄력성이 좋아 지진에 대한 저항력은 크나, 선박 접안 시 충격에 대한 저항력이 취약하고, 강제인 경우에는 부식의 우려가 있다. 널말뚝 설계 시 고려해야 할 외력은 토압, 잔류수압, 선박의 견인력, 선박의 충격력, 선박의 동요에 의한 힘이 있다. 일반적으로 널말뚝식, 자립 널말뚝식, 경사 널말뚝식, 2중 널말뚝식 안벽으로 구분된다.

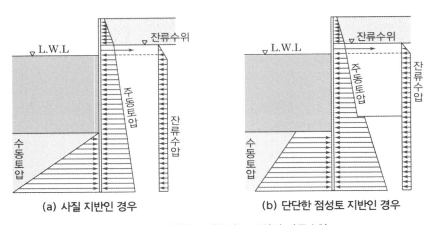

(a) 사질 지반인 경우   (b) 단단한 점성토 지반인 경우

그림 7.30 널말뚝에 작용하는 토압과 잔류수압

그림 7.31 널말뚝 시공 사례 (www.ingeo-int.com)

(3) 선반식 안벽

선반식 안벽(旋盤式岸壁, relieving platform)은 하부를 말뚝기초로 하고 상부에 폭 넓은 L형 선반을 만들어 선반 위에 토사를 매립하는 형식으로, 선반 위의 하중은 말뚝을 통해 하층의 지반에 직접 전달되고, 선반 아래의 토압은 전면 또는 배후의 토류 널말뚝벽으로 지지하게 하는 구조이다. 선박의 충격에 강하고 비교적 연약한 지반인 경우에도 적용 가능하다. 선반의 전면에 널말뚝을 가진 형식, 선반의 배면에 널말뚝을 가진 형식, 그리고 선반의 배후에 버팀공을 설치하는 준선반 형식이 있다.

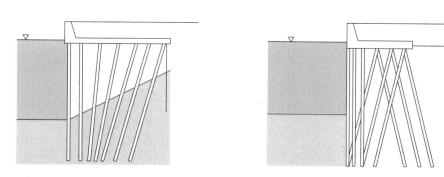

그림 7.32 선반식 안벽

(a) PC 널말뚝 시공

(b) PC 널말뚝

(c) PC 파일 타입

(d) PC 파일 항타

(e) PC 파일 두부 정리

(f) 선반부 거푸집 조립용 가로보 설치

(g) 널말뚝 부분 필터매트 설치

(h) 널말뚝 부분 사석 투하

(i) 선반부 철근 조립

(j) 선반부 콘크리트 타설

(k) 선반부 공사 완료

(l) 선반식 안벽 뒤채움 완료

그림 7.33 선반식 안벽의 시공

2. 잔교

잔교(棧橋, pier)는 해안선에 접한 육지에서 직각 또는 일정한 각도로 돌출한 접안시설로, 선박의 접·이안이 용이하도록 바다 위에 말뚝 등으로 하부구조를 세우고 그 위에 콘크리트 또는 철판 등으로 상부 시설을 설치한 구조물이다. 교량형태의 접안시설이 원래의 형식이나, 최근에는 말뚝 대신에 우물통, 케이슨 등으로 직립부를 설치하고, 이것을 수평방향으로 연결하여 축조한다.

잔교는 구조체가 경량이므로 연약지반에 적합하고, 항내 반사파 및 부진동을 최소화하여 항내 정온도를 확보하는 데 유리하며, 구조 전면에서 수심의 확보가 가능하다. 그러나 선박의 충격이나 견인력에 대한 수평력에 약하고 큰 집중하중에는 불리하며, 잔교부와 흙막이부가 조합될 경우에는 공정이 복잡해지고, 토류벽과 잔교를 조합한 구조이므로 공사비가 많이 소요된다.

배치형식으로는 연안에서 직각 또는 비스듬하게 돌출되어 있는 돌제식 잔교와 육지에 접하여 평행하게 되어 있는 횡잔교가 있다.

잔교에는 고정잔교와 부잔교가 있다. 고정잔교는 교량과 하부구조 위에 보를 걸쳐 슬래브를 설치한 구조의 계류시설이고, 부잔교는 육지에서 일정한 거리를 두고 부함(浮函)을 띄워 육지와 연결된 부함에 계선하는 계류시설이다.

그림 7.34 태안항 잔교 (www.gwsit.re.kr)

(1) 고정잔교

고정잔교(landing pier)에는 말뚝식 잔교, 통기둥식 잔교, 교각식 잔교가 있다.

그림 7.35 말뚝식 잔교의 시공

(2) 부잔교

부잔교(floating pier)는 조석간만의 차이가 심한 곳에서 조위에 관계없이 선박이 접안할 수 있도록 해상에 폰툰(pontoon, 또는 부함)을 1개 또는 여러 개 연결하여 선박이 계류할 수 있도록 한 부유구조물이다. 육지와 폰툰 사이에는 도교(transfer bridge)가 설치되어 있으며 폰툰은 체인에 의해 앵커와 연결되어 있다. 연약지반 또는 수심이 깊어 안벽이나 잔교구조로 하는 데 있어 공사비가 많이 소요될 경우에 경제적으로 유리하나, 파랑에 취약하고 동요가 심하기 때문에 정온한 장소에 설치되어야 하며, 유지비가 많이 드는 단점이 있다.

그림 7.36 부잔교 (www.hansmarine.com)

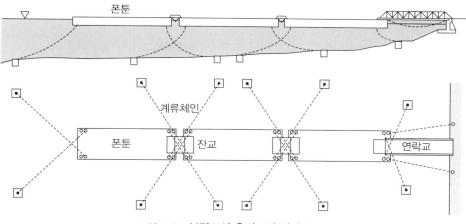

그림 7.37 부잔교의 측면도와 평면도

3. 돌핀

돌핀(dolphin)은 육지에서 상당히 떨어져 일정 수심이 확보되는 해상에 몇 개의 말뚝을 박고 그 위에 상부 시설을 설치하여 대형 선박이 계류하여 하역할 수 있도록 시설한 경제적인 해상 구조물로, 육지에서부터 10~20 m 떨어진 소요 수심의 장소에 1선좌에 대하여 2~3기의 돌핀을 설치하고, 육지와는 도교를 설치해서 연결한다. 잡화부두에는 적합하지 않고, 주로 유류, 석탄, 광석, 곡물 등의 대량 화물을 하역하는 데 적합하다. 유조선(tanker)용 돌핀은 육지로부터 상당히 떨어진 깊은 수심에 설치하고 하역은 파이프라인(pipeline)을 이용한다. 안벽, 잔교 등에 비해서 구조가 간단하기 때문에 공사비가 저렴하고 용이하게 정비할 수 있다. 돌핀의 구조로는 말뚝식, 강널말뚝식, 케이슨식, 그리고 자켓(jacket)식이 있다.

돌핀의 주요 시설물은 접안돌핀(breasting dolphin), 하역돌핀(working platform), 계류돌핀 (mooring dolphin), 트래슬(trestle ; 하역돌핀과 육지를 연결하는 교량) 및 캣워크(catwalk ; 돌

그림 7.38 돌핀 [삼남부두 돌핀(www. ygpa. or. kr)]

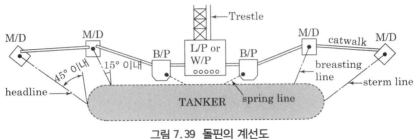

그림 7.39 돌핀의 계선도

핀과 돌핀 사이로 사람이 통행할 수 있도록 연결한 통로)로 구성된다. 돌핀에 작용하는 외력으로는 선박의 충격력(접안력), 선박의 견인력, 풍압력, 조류력, 파력, 지진력, 적재하중이 있다.

4. 계선부표

계선부표(繫船浮標, mooring buoy)는 부두 외의 외항에 특별히 설치된 선박 계류용 부표로, 일반적으로 직경 3 m 내외의 강제로 된 원추형 또는 원통형 부체를 해상에 띄우고 움직이지 않도록 해저에 고정시킨 계선시설이다. 선박은 부체 윗부분에 있는 고리에 로프를 매어 계류시킨다. 유지관리비가 많이 드는 단점이 있으나, 닻 정박에 비해 박지 면적을 유효하게 이용할 수 있는 장점이 있다.

그림 7.40 계선부표 (www.cargotimes.net)

5. 시버스

시버스(sea berth)는 선박의 대형화로 인하여 수심이 깊은 곳(20~30 m)에 돌핀이나 대형 부표를 사용하여 설치하는 계류시설로, 유조선의 경우에는 수심이 깊은 곳에 선박을 계류하고 원유는 육지의 저유탱크까지 파이프라인을 통해 펌프로 압송한다.

그림 7.41 Keiyo 시버스 (keita2468)

6. 물양장

물양장(lighter's wharf)은 전면의 수심이 4.5 m 이하이고, 1천 톤급 미만의 소형 선박(어선, 여객선 등)이 접안하여 하역하는 계선안으로, 일반적으로 중력식 구조이며, 계단식과 경사식이 있다. 물양장의 마루높이는 조차가 큰 항에서는 하역의 편의를 위해 마루높이를 낮게 하는 것이 좋다.

그림 7.42 옥포 조라항 물양장 (old.dundeok.ms.kr)

7. 이안식 부두

이안식 부두(離岸式埠頭, detached pier)는 레일 주행식의 기중기와 로더 등의 기초를 육지로부터 떨어지게 설치하고 이를 계선안으로 이용한다. 구조적으로는 특수 형식의 잔교식으로, 슬래브를 생략하고 말뚝과 빔(beam)으로 구성되며, 석탄, 철광석 등 단일 화물의 취급에 편리하다.

그림 7.43 **이안식 부두** (photo by Jennifer Davis, photo. net)

8. 박거식 부두

박거(泊渠, wet dock)는 간조 시에 선박의 정박이 불가능한 조차가 큰 해안에서 굴입식 부두를 만들고, 그 입구에 수문 또는 갑문을 설치하여 선박의 출입 및 항내 수심을 유지할 수 있게 하는 구조물이다.

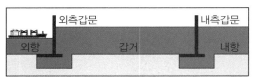

1. 선박 입항대기

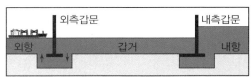

2. 갑실 내 수위조절

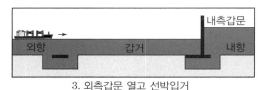

3. 외측갑문 열고 선박입거

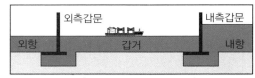

4. 외측갑문 닫고 외측수문 닫음

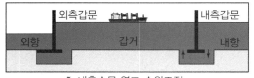

5. 내측수문 열고 수위조절

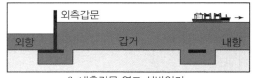

6. 내측갑문 열고 선박입거

(a)

(b)

그림 7.44 갑문식 박거와 폐구항의 인천 갑문시설(계속) (a) incheonport.tistory.com (b) www.asiae.co.kr

갑문이란 수위가 다른 2개의 수면 사이를 선박이 통행하기 위해 설치되는 시설로, 하천 등의 운하에 설치하는 갑문과 항만 지대에 설치하는 갑문이 있다. 갑문은 설치 위치에 따라 그 주변의 항만기능과 항행하는 선박 등에 영향을 미칠 수 있으므로 갑문의 위치는 신중히 결정해야 한다. 또한 바람, 파랑, 조류, 표사 등에 의하여 선박의 출입이 방해받지 않도록 갑문은 정온한 장소에 설치하는 것이 좋다.

7.3 기타 부속시설

1. 계선주

계선주(繫船柱, mooring post)는 계류된 선박이 계선안에서 떨어지지 않도록 로프를 맬 수 있게 하는 기둥으로, 직주와 곡주로 나뉘고, 견인력도 다르다.

그림 7.45 계선주 (blog.daum.net)

2. 방충재

방충재(防衝材, fender)는 안벽, 잔교, 돌핀 등의 계류시설 전면에 설치하는 완충시설로, 선박이 접안 또는 계류할 때 파랑이나 바람에 의해 선체와 접안시설 사이에 작용하는 충격력 또는 마찰력에 의해 선체 및 구조물의 손상을 막아주는 역할을 한다. 재료는 일반적으로 목재 또는 고무를 이용하지만 용수철을 이용하는 경우도 있다.

그림 7.46 방충재 (www.n2i.co.kr)

3. 선양장

선양장(船揚場, slipway)은 어선의 수리, 휴게(休憩), 보관의 목적으로 육상으로 어선을 끌어올려 놓는 시설이다. 시설의 종류로는 경사로를 만들어 그 위로 윈치(winch) 등을 이용하여 어선을 끌어올리는 방법과 직립 안벽에서 기계적인 방법으로 들어올리는 형식(이 형식은 요트계류장에서 많이 사용)이 있다.

그림 7.47 선양장 (www.geotube.co.kr)

Chapter 08

해빈의 형태와 변형

이정렬

성균관대학교 공과대학 건축토목공학부 교수

8.1 개론

해안공학의 중요한 목적의 하나는 모래로 구성된 해빈의 변화 현상을 이해하고, 이로부터 해안의 이용이나 개발에 따른 연안환경변화가 해안 침식이나 항만 매몰과 같은 부정적 변화를 얼마나 일으키는 지를 예측하고 효과적으로 대비하는 것이다. 또한 연안의 이용이 급증함에 따라 많은 비용을 들여 인공해안을 조성하고 있는데, 이러한 인공해안이 주변 연안환경에 큰 피해를 입히지 않고, 원래의 목적대로 잘 유지될 수 있도록 표사이동에 대한 정확한 현상 파악이 필요하다.

이 장에서는 일반적으로 볼 수 있는 자연모래해안의 형상에 대해 설명하고, 그 다음 모래해안의 변형을 일으키는 표사이동과 해빈 변형과의 관계 그리고 표사이동량의 추정방법에 대해 설명하고자 한다. 그리고 마지막으로 연안의 이용에 따라 평형상태에 있던 모래해안이 어떻게 변화하는지에 대해 설명하고, 이들 변화에 수반되어 발생되는 연안의 각종 침식 및 퇴적문제들에 대해서도 알아보고자 한다.

8.2 자연해빈형상

해안은 파랑, 조류, 연안류 등이 끊임없이 작용하는 매우 동적인 장소로, 수 시간에서부터 수천 년까지 오랜 기간 동안 다양한 형태로 변하여 현재의 해안형상을 보이게 된다. 육지가 바다

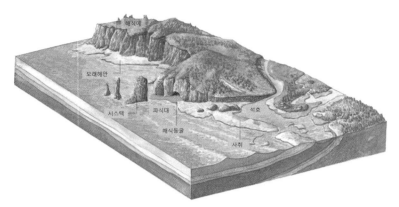

그림 8.1 해안지형의 종류

를 향해 돌출한 부분을 곶, 바다가 육지를 향해 들어간 곳을 만이라고 하는데, 주로 파랑에너지가 이러한 지형을 형성시킨다. 곶은 침식의 영향을 많이 받고, 만은 돌출부에서 깎여 나간 토사 등이 운반되어 쌓이는 퇴적의 영향을 많이 받는다.

바다 쪽으로 돌출한 암석해안은 거센 파도에 의해 끊임없이 깎이고 파이는데, 이 과정에서 해식절벽과 해식동굴이 발달한다. 이러한 침식과정에서 깎여져 나온 암석 파편들이 파랑을 따라 이동하면서 절벽 아래의 바닥을 깎아 평평한 지형을 만드는데, 이를 파식대지라고 한다. 지각변동으로 파식대지가 융기하면 계단 모양의 해안단구가 나타나기도 한다.

반면, 육지 쪽으로 움푹 들어간 만에서는 파랑의 힘이 약해짐에 따라 연안류에 의해 이동해 온 미세한 흙, 모래, 자갈 등이 쌓여 모래해안과 갯벌해안을 발달시킨다. 특히, 약해진 파랑의 흐름을 따라 긴 모래톱 사주가 발달하게 되는데, 일부 모래톱은 만의 입구를 막아 석호라고 하는 호수를 형성시키기도 하며, 사주가 성장하여 육지와 연결된 섬인 육계도가 형성되기도 한다.

1. 모래해안

(1) 해빈

하천이나 파랑에 의해 공급된 토사, 자갈 등이 해안에 퇴적되어 형성되는 지형으로, 퇴적물의 종류에 따라 모래사빈(sand beach) 또는 자갈해빈(gravel beach)으로 구분된다.

(2) 사취와 사주

사취(sand spit)는 바람, 파랑, 조류 등에 의해 이동한 모래, 자갈 등이 해안에서부터 바다 가운데로 부리처럼 길게 뻗어 나가면서 형성시키는 모래톱을 말한다. 사취는 보통 만의 입구에서 형성되며, 이것이 길게 발달하여 만의 입구를 가로 막고 반대쪽 육지와 맞닿게 되면 사주(sand bar)가 되고, 그 안쪽에는 석호가 형성된다.

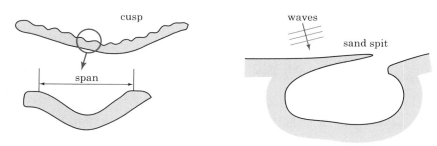

그림 8.2 **커스프와 사취**

(3) 사퇴

해안선과 떨어져 나란히 발달하는 사주를 사퇴(sand ridge 또는 sand bank)라 하고, 주로 조류와 같이 연안을 따라 흐름이 크게 발생하는 곳에서 발달한다.

(4) 커스프

사빈해안에서는 해안선이 작은 파상들의 형상을 보이는 일이 많다. 이와 같은 해안선 중 하나의 돌출 부분을 커스프(beach cusp)라 하고, 이러한 커스프가 여러 개 연속되는 형상 또한 커스프라 한다. 이 부분에서는 전빈의 경사가 급하고 저질의 입경이 크다. 커스프의 간격은 일반적으로 $10 \sim 60$ m 정도이지만, 간격이 수백 미터에 이르는 커다란 파상형상을 형성하는 경우도 있는데, 이것을 대형 커스프(maga cusp)라고 한다.

(5) 육계사주

사취와 사주가 길게 발달하여 인근의 섬과 연결되면 육계사주(tombolo)가 되고, 그 섬을 육계도라 한다. 대표적인 육계도로는 제주도 성산 일출봉, 신양리 해안 방두반도 등이 있다. 해안 가까이 있는 섬인 경우, 육계사주로 육지와 연결된 모습을 종종 볼 수 있으며, 이안제가 해안선 가까이 설치되는 경우에도 육계사주가 쉽게 형성된다. 육계사주와 유사하지만 사취와 사주가 섬이나 이안제에 완전히 연결되지 못하고 혀 모양의 퇴적지형을 형성하는 경우가 있는데, 이것을 설상사주(salient)라고 한다.

그림 8.3 **이안제에 의한 육계사주와 설형사주**

(6) 해안사구

파랑을 따라 바닷가에 밀려온 모래가 사빈에 퇴적된 후, 바다에서부터 불어오는 바람에 실려 사빈의 후면에 쌓여 형성되는 모래언덕을 사구(dune)라 하며, 주로 해안선과 나란히 형성된다. 그러나 모래가 육지 쪽으로 너무 많이 날려 이동하면 농경지가 묻히기 때문에, 이러한 경우에는 방풍림이나 방사림을 조성하여 모래의 이동을 막는다. 우리나라에도 130여 곳의 사구가 존재하는 것으로 알려져 있으며, 그중 30% 정도가 충남 태안군에 집중되어 있고, 그중에서도 가장 큰 규모의 사구가 신두리 사구이다.

(7) 석호

조류에 의해 이동한 모래, 암석 쇄설물 등이 만의 입구에 쌓여 사주나 사취가 형성되고, 사주나 사취가 발달하여 만을 바다에서 분리하게 되면 석호(lagoon)가 형성된다. 이러한 석호에 퇴적물이 점점 쌓이고 갈대 등의 식물이 자라면 석호는 습지가 되고, 그 후 물이 증발하게 되면 육지로 변한다. 우리나라 동해안에서 많이 볼 수 있으며, 대표적인 석호로 경포호, 송지호가 있다. 석호(lagoon)는 지하를 통해 바닷물이 유입되는 경우가 많으므로 염분 농도가 높고 담수호에 비해 플랑크톤이 풍부하다.

2. 암석해안

(1) 해식애

해식애(sea cliff)는 해안절벽 아래쪽 해면이 닿는 부분이 파랑작용에 의해 침식되고, 이로 인해 지지력을 잃은 침식부 위쪽이 붕괴되는 과정을 반복하면서 해안에 형성되는 낭떠러지이다.

(2) 파식대

파식대(marine terrace)는 암석해안에서 육지의 기반암이 침식과 붕괴과정을 반복하며 해식애를 형성하면서 후퇴한 뒤, 파랑의 마식작용에 의해 형성된다. 파식대의 넓이는 수 미터에서 수백 미터에 이르기까지 다양하며, 바다 쪽을 향해 완만하게 기울어진 형태를 보인다. 조차가 큰 서해안에서는 썰물 때가 되어야 파식대가 수면 위로 노출되며, 부안군의 채석강, 안면도 승언리 해안, 군산 비안도의 서쪽 해안에 넓은 파식대가 해식애 전면에 형성되어 있다. 동해안의 파식대는 수면 아래에 잠겨 있어 관찰하기가 어렵다.

(3) 해안단구

융기한 파식대지를 해안단구(coastal terrace)라고 한다. 우리나라 동해안의 강릉에서 울산에 이르는 지역과 장기곶에서 구룡포에 이르는 지역에 발달되어 있다. 미국의 캘리포니아, 오리건

주, 칠레, 지브롤터, 뉴질랜드 및 태평양의 섬들에서도 많이 발견된다.

(4) 시스텍

시스텍(sea stack)은 높은 바위라는 뜻으로, 암석이 파랑에 의한 침식을 차별적으로 받아 파식대 위에 굴뚝 형태로 형성되는 작은 돌출된 바위섬을 말한다. 대표적인 시스택은 강원도 동해시의 추암 촛대바위, 제주도 서귀포의 외돌개 등이 있다.

(5) 곶(또는 헤드랜드)

곶(cape 또는 headland)은 바다 또는 호수 쪽으로 돌출되어 나온 육지로, 삼면이 물로 둘러싸인 땅을 말한다. 갑(岬), 또는 단(端)이라고도 하며, 등대가 설치되는 경우가 많다.

8.3 모래해안의 형성

1. 저질의 특성

해빈을 구성하고 있는 자갈, 모래, 실트와 뻘 등 모든 흙을 총칭해서 저질(bed material)이라고 한다. 저질은 파랑이나 흐름 작용에 의해 항상 이동하며, 해빈에서의 저질의 이동 현상 또는 이동하고 있는 저질 자체를 표사(littoral drift or sediment)라고 한다. 해빈에 표사가 많이 쌓여 퇴적되면 해안선은 전진하고, 표사가 다른 곳으로 빠져나가 침식되면 해안선은 후퇴한다.

(1) 입도분석

어느 해안의 표사현상을 명확하게 파악하기 위해서는 저질의 물리적 성질, 즉 입도조성, 형상, 둥근 정도, 광물조성, 비중, 공극률 등을 조사해야 한다. 그 중에서도 입도조성의 분석은 필수적인 조사항목이다. 입자의 크기는 표 8.1과 같이 자갈, 모래 그리고 뻘로 크게 나눌 수 있다. 입도분석방법으로는 해양공정시험법에 제시된 건식체질법, 습식체질법, 피펫팅법 등이 있다. 저질의 입도조성을 입경에 따라 상대도수분포로 표시할 때에는 식 (8.1)에 의한 ϕ(파이) 단위가 편리하다. 여기서, 입도직경 d의 단위는 mm이다.

$$\phi = -\log_2 d = -3.32\log_{10} d \tag{8.1}$$

일반적으로 모래로 취급할 수 있는 저질입경은 0.01 mm보다 큰 것으로 보통 내부 점성을 무시할 수 있는 비점착성 토사(cohesiveless sediment)로 취급되고, 입경이 0.01 mm보다 작은 경우에는 내부 점성이 상대적으로 크게 되어 점성력을 무시할 수 없는 점착성 토사(cohesive sediment)가 된다.

저질의 물리적 특성을 나타내는 요소로는 입경, 비중, 침강속도 등이 있다. 입경은 일반적으로 모래의 체분석시험을 통해 결정되며, 그림 8.4와 같은 입경가적곡선에서 누가백분율 50%에 해당하는 중앙입경(median grain size) d_{50}, 90% 통과입경 d_{90}, 평균입경(mean grain size) d_m 등이 대표적인 입경으로 사용된다. 입도의 균일성과 관련된 지수에 따라 분급도가 달라지며, 그 값이 1에 가까울수록 저질의 입경은 균일하다는 것을 나타내고, 식 (8.2)와 같이 표시된다.

$$S_0 = \sqrt{\frac{d_{75}}{d_{25}}} \tag{8.2}$$

여기서, S_0 은 분급도이며, d_{75}, d_{25} 는 각각 누가백분율 75%, 25%에 대응하는 입경이다.

입경가적곡선의 형상과 관련된 지수인 편왜도 S_k 는 중앙입경 d_{50} 을 중심으로 입경가적곡선의 점대칭 비율을 표시하는 것으로 식 (8.3)과 같이 주어진다.

$$S_k = \frac{d_{25} \times d_{75}}{d_{50}^{\;2}} \tag{8.3}$$

표 8.1 입도 등급

입자 구분 (Size class)		입자 직경	Mesh	파이(ϕ)
자갈 (gravel)	거력(boulder)	256 mm 이상		-8
	왕자갈(cobble)	64 mm 이상		-6
	자갈(pebble)	4 mm 이상	5	-2
	왕모래(granule)	2 mm 이상	10	-1
모래 (sand)	극조립사(very coarse sand)	1 mm 이상	18	0
	조립사(coarse sand)	1/2 mm(0.5 mm) 이상	35	1
	중립사(medium sand)	1/4 mm(0.25 mm) 이상	60	2
	세립사(fine sand)	1/8 mm(0.125 mm) 이상	120	3
	극세립사(very fine sand)	1/16 mm(0.063 mm) 이상	230	4
뻘 (mud)	실트 (silt) 극조립실트(very coarse silt)	1/32 mm(0.031 mm) 이상		5
	조립실트(coarse silt)	1/64 mm(0.016 mm) 이상		6
	중립실트(medium silt)	1/128 mm(0.008 mm) 이상		7
	세립실트(fine silt)	1/256 mm(0.004 mm) 이상		8
	점토 (clay) 극세립실트(very fine silt)	1/512 mm(0.002 mm) 이상		9
	점토(clay)	1/512 mm(0.002 mm) 이하		9 이하

☯ 파이는 $-\log_2$(입자 직경)과 같이 구하고 Mesh는 길이 1인치에 들어가는 눈의 수이다.

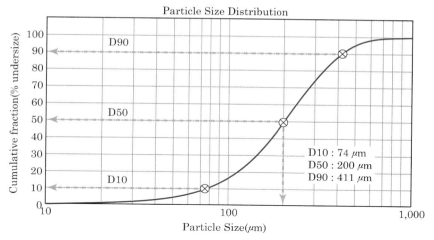

그림 8.4 입경가적곡선

(2) 침강속도

침강속도(settling velocity)는 저질의 이동 특성과 관계되는 중요한 물리량이다. 정수 중에서 사립자를 침강시키면 모래에 작용하는 중력과 침강에 대한 저항력이 균형을 이룬 상태에서 등속운동을 하게 되며, 이로부터 침강속도를 구할 수 있다. 침강속도에 대해서는 이미 다수의 추정식이 제안되어 있으며, 비점착성 토사인 저질의 침강속도 w_f는 식 (8.4)인 Rubey식이 많이 사용된다.

$$w_f = \sqrt{(s-1)gd}\left[\sqrt{\frac{2}{3} + \frac{36\nu^2}{(s-1)gd^3}} - \sqrt{\frac{36\nu^2}{(s-1)gd^3}}\right] \tag{8.4}$$

여기서, s는 저질의 비중, g는 중력가속도, ν는 물의 동점성계수이다. 석영이 주체인 모래의 비중은 평균적으로 2.65 정도이다. 그러나 저질의 조성에 따라 모래의 비중은 다양하여 산호초 해안과 같은 경우에는 대부분 석영이 주체인 해안의 모래보다 비중이 작고, 비중이 큰 경우에는 철분의 함량이 많은 저질로 비중이 3.0 이상 되는 해안도 있다.

서해안은 조석간만의 차가 크고 수심이 얕아 점착성 퇴적물로 이루어진 해안이 많다. 사질퇴적물과는 달리 입자가 미세한 점착성 퇴적물은 입경분석이 어려워 Van Rijn(1993)이 제시한 그림 8.5와 같이 부유사농도에 따라 침강속도를 산정한다. Thorn(1981)은 부유사농도가 낮은 경우에는 농도의 증가에 따라 입자의 침강속도가 증가하는 일반적인 경향을 보이지만, 고농도에서는 점착성 퇴적물의 특징인 입자 간의 부딪침으로 인한 간섭침강(hindered settling)현상과 입자가 서로 엉켜 응집되는 응집(flocculation)현상이 오히려 우월해지면서 침강속도가 감소하는 경향을 보인다고 하였다.

8.3
모래해안의 형성

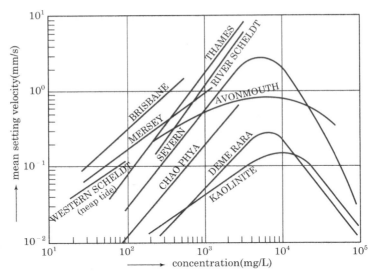

그림 8.5 부유사농도에 따른 침강속도 변화실험 (Van Rijn, 1993)

■■ 예제 8.1 ─────────────────────────────

(예제 8.1) 비중이 1.03인 20℃ 해수에서 저질의 입경이 $d=1$ cm인 경우와 $d=0.2$ mm인 경우의 침강속도를 구하시오. 그리고 수심이 10 m인 경우, 위의 두 입경의 저질이 해저면에 도달하는 데 걸리는 시간은 얼마인가? 여기서, 저질의 비중은 2.65이다.

풀이 수온이 20℃일 때, 물의 동점성계수는 약 0.010 cm²/sec이다. 해수의 비중이 주어졌으므로 저질의 비중 s에 대하여 해수 비중의 영향을 반영하면 $s=2.65/1.03=2.57$이 된다.

- 침강속도 : 식 (8.4)에 $s=2.57$과 $\nu=0.010$ cm²/sec를 적용하여, $d=1$ cm인 경우에 대한 침강속도를 구하면 32 cm/sec가 되고, $d=0.2$ mm인 경우에 대한 침강속도는 2.4 cm/sec가 된다.
- 침강시간 : 수심 10 m를 침강하는 데 걸리는 시간은 수심 10 m를 침강속도로 나누어 구한다. 따라서 $d=1$ cm인 경우의 침강시간은 31.25 sec가 되고, $d=0.2$ mm인 경우의 침강시간은 146.67 sec가 된다.

---

2. 표사수지

(1) 표사계

사질해빈의 해안선이 전진하거나 후퇴하는 것을 이해하기 위해서는 표사가 어디서 어떻게 들어오고 어디로 어떻게 나가는 지에 대해 알아야 한다. 해안선의 변화는 파랑의 조건에 따라 단기적으로 변하는 경우가 대부분이기 때문에 침식이 되었다가도 파랑이 잔잔해지면 어느새 다시 회복되기도 한다. 회복되는 기간은 고파랑인 경우에는 몇 일내로 회복되지만, 계절적인 파향의 변화가 원인인 경우에는 몇 계절이 지나서 회복되기도 한다.

그러나 오랜 기간 해안선이 전체적으로 계속 전진하거나 후퇴하고 있는 경우에는 표사수지

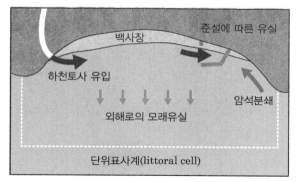

그림 8.6 대표적인 우리나라의 표사계 모식도

(sediment budget)의 평형상태가 파괴된 것으로, 유입되는 표사의 양과 유출되는 표사의 양이 달라졌다고 볼 수 있다. 이와 같은 연안에서의 모래의 양 변화를 파악하기 위해서는 그림 8.6과 같은 표사계(littoral cells)라고 하는 구획(compartment)의 설정이 필요하고, 표사계로 유입되는 모래의 양과 유출되는 모래의 양을 추정하는 모래수지(sediment budget)분석이 요구된다. 표사계는 작게는 이안류 순환체계로부터 크게는 유역(watershed) 내 전체 백사장을 포함하기도 한다.

모래수지파악을 위한 표사계의 종류에는 주표사계(main cell)와 주표사계를 여러 구획으로 나눈 단위표사계(unit-cell)가 있다. 주 표사계는 연안표사이동의 독립성이 보장되어 독립적인 표사수지분석이 가능한 최대 단위의 표사계로 정의되고, 단위표사계는 더 이상 나눌 수 없는 최소 단위의 표사계로 정의된다.

(2) 표사계로의 모래 유입

대표적인 해빈저질의 공급원(source)은 다음과 같다(부록 : 표사계별 유입하천/어항/항만).

① 하천   ② 해식애   ③ 산호초
④ 연안표사   ⑤ 양빈

①, ②, ③은 해빈저질의 3대 발생원(sand origin)이기도 하며, 성분 분석을 통하여 서로 구별된다. ④와 ⑤는 대상 해빈의 표사계를 기준으로 표사수지를 판단할 때 표사가 유입되는 추가 요인이다. 저질의 공급원을 파악하는 것은 용이하지 않으나, 대상 해빈의 표사이동 특성을 이해하는 데 있어 매우 중요하다.

하천으로부터의 토사 유입은 우리나라 표사의 최대 발생원이다. 유역에 내린 강우는 토사의 침식을 발생시키고, 침식된 토사는 하천을 통해 바다로 유입된다. 토사 유입이 많은 큰 하천의 경우에는 넓은 범위에 걸쳐 표사가 공급된다. 그러므로 가까운 작은 하천보다 멀리 떨어져 있는 큰 하천이 조사 대상 해빈에보다 큰 표사 공급원이 될 수 있다.

암질이 견고한 경우, 해식애의 붕괴는 거의 발생하지 않으며 붕락하는 암의 양도 적다. 사암, 이암, 응회암, 석회암 등 퇴적암이 융기해서 형성된 해식애는 해식작용에 의해 파도가 닿는 아래쪽부터 침식되어 위쪽이 무너지는 과정을 반복하면서 더욱 빠르게 침식이 발생하기도 한다. 그리고 주변에 경사가 급한 하천이 유입되지 않는 경우의 몽돌해빈의 주발생원은 해식애일 가능성이 크다.

산호초는 해수의 온도가 20℃ 이하로 내려가지 않는 온대 및 열대지방 천해에서 발달한다. 하천이 발달해 있지 않은 남태평양의 곱고 흰 모래는 대부분 산호초가 주발생원이다. 우리나라는 산호초 군락이 거의 없어 산호초가 공급원인 해빈이 드물지만, 제주도 우도와 금릉 해수욕장의 경우에는 인근에 산호초 서식지가 있어 산호초가 모래 발생원이 된다.

표사계 내의 순환양빈이 아닌 경우, 양빈은 대상 해빈표사계의 인위적인 공급원으로 취급된다. 최근 하천을 통한 모래의 공급이 차단되고, 해안개발로 인해 외해 쪽으로의 모래 유실이 심각해지면서 모래의 공급원이 부족해지고 있는 실정이다. 그러므로 인위적으로 해빈에 모래를 공급하는 대규모 양빈은 친환경적이고 근본적인 침식저감공법이 될 수 있다.

(3) 표사의 손실

표사의 손실은 표사가 해빈으로 다시 돌아오지 못하는 유실원(sink)과 대상 해빈의 표사계 연안 측면 경계를 벗어나 유출되는 연안표사로 나눌 수 있다. 대표적인 해빈표사의 유실원은 다음과 같이 지형에 의한 자연적 유실과 다양한 행위에 따른 인위적 유실로 구별된다.

① 해저지형 : 해저협곡(submarine canyon)   ② 해안지형 : 만(bay)/석호(lagoon)
③ 유실행위 : 준설/채굴   ④ 배후지개발 : 사구차단/매립
⑤ 이용행위 : 묻어나감   ⑥ 연안표사

한 번 진입하면 다시 되돌아오지 못하는 대표적인 유실원은 해저협곡이며, 만과 석호도 연안의 지형형태에 따라 표사가 한 번 유입되면 다시 해빈으로 돌아가기 어려운 유실원이 된다. 세계적으로 유명한 해저협곡은 미국 캘리포니아 Mugu Canyon으로, 매년 약 81만 m^{3}에 이르는 모래가 이 협곡을 통해 유실되는 것으로 추정하고 있다(Patsch와 Griggs, 2007). 일본 당산제의 해저협곡도 일본의 대표적인 해저지형에 의한 모래 유실원이다.

대표적인 해안개발 행위인 항만이나 어항의 건설도 만과 석호와 같이 표사의 고립을 초래하는 해안지형을 조성하므로 인위적인 유실원을 제공한다. 그러므로 항만과 어항은 지속적인 유지준설이 필요하며, 준설토를 해빈에 돌려보내는 순환양빈을 실시하지 않을 경우 커다란 유실원이 될 수 있다. 유실원으로 언급되지는 않았지만, 대규모 방파제나 도류제의 건설은 외해 쪽으로 향하는 흐름을 발생시켜, 마치 해저협곡과 같이 모래를 먼 바다로 유실시키는 역할을 하고 있다. 해사채굴도 대표적인 인위적 유실 행위이지만, 이에 따른 해빈침식에 미치는 영향평가는 실시하도록 되어 있지 않다. 울진군의 경우, 1999년부터 2010년까지 10여 년간의 울진군 해역 채굴

모래의 양은 연평균 약 30만 m^{3}이며, 이는 캘리포니아 최대 규모의 Mugu Canyon을 통한 모래 유실의 1/3 정도에 해당하는 양이다. 서해안은 더 이상 하천으로부터의 모래 유입이 이루어지지 않는 상태에 있으며, 옹진군에서는 수도권 17개 바다 모래 채취업체가 매년 1,600만 m^3 정도의 모래를 이 지역에서 채취해 왔다.

해안을 따라 건설되는 해안도로는 사구와 해빈을 차단하여 사구의 모래가 다시 해빈으로 돌아갈 수 있는 여지를 없앰으로써 심각한 표사유실원이 되고 있다. 강원도 주문진 소돌해변과 충남 안면도 꽃지해변의 해안도로 및 주차장 건설도 전면 해수욕장의 침식을 심각하게 유발하고 있다. 이 외에도 연안해빈이나 사구의 매립으로 인하여 해빈으로 돌아올 수 있는 표사자원이 영원히 매몰되거나 해빈과 차단되어 표사자원의 유실을 초래하고 있다. 여름철 많은 방문객이 찾는 해수욕장의 경우에도 백사장을 이용하는 이용객에 의해 적지 않은 모래의 양이 유실된다고 보고되고 있다.

(4) 우리나라 표사계의 수지불균형

표사계수지의 불균형으로 인해 심각한 침식이 초래되려면 많은 시간이 소요된다. 우리나라 해안을 조사해 본 결과, 지금까지는 아직 진행단계이기 때문에 심각하게 노출되지 않고 있지만, 다음과 같은 2가지 표사계 수지불균형이 이미 심각한 침식을 초래하고 있다.

① 해안매립에 따른 하천토사의 유입 차단
② 방파제 건설에 따른 주파향 변화로 인한 모래의 유실 심화

첫 번째 유형인 해안매립에 따른 하천토사의 유입 차단으로 침식이 심각하게 초래되는 곳은 경북 후정해수욕장과 경북 울진 산포리해안이다. 경북권의 표사계는 유역이 좁음에도 불구하고 표사수지의 불균형에 취약하여 그 영향력이 크게 나타나고 있다. 후정은 이러한 원인의 제거가 어려운 경우로, 원래의 모래 유입을 회복시켜 주기 위해서는 우회양빈이 최적의 해결방안으로 사료되며, 울진 산포리는 우회양빈보다 원인의 제거가 쉬운 모래 채굴을 줄이는 방안이나 울진 남대천과 왕피천 수중보를 철거하는 방안이 바람직해 보인다.

두 번째 유형인 방파제 건설에 따른 주파향 변화로 인한 모래 유실이 심화된 경우로는 경북 포항시의 송도해수욕장이며, 포항 신항이 건설되기 전에는 형산강으로부터 모래가 유입되는 영일만 안쪽에 위치한 자연적으로 형성된 안정적인 백사장이었다. 그러나 포항 신항의 건설로 인해 송도 해수욕장으로 유입되는 주파향선이 시계 반대방향으로 변하면서 형산강으로의 모래 유실이 초래되고, 이에 따라 유실된 모래가 송도로 유입되지 못하게 되어 예전의 훌륭한 백사장 모습이 사라지고 심각한 침식이 유발되는 해안이 되었다. 이 문제를 해결할 수 있는 방법은 형산강과 송도해수욕장 사이에 있는 도류제의 높이를 높여 모래의 유실을 차단하면 다시 원래의 해빈으로 복원될 것으로 판단된다.

8.3
모래해안의 형성

(5) 평형해안선

방파제, 방사제, 돌제와 같은 해안구조물이 해안선 가까이 축조되면 회절현상이 발생하여 연안을 따라 이동되는 연안표사이동에 영향을 미치게 된다. 거의 직선인 해안에 그림 8.7과 같은 방파제가 건설되는 경우, 회절구간으로의 표사이동으로 인해 해안이 만의 형태로 변하여 톱니형 해안(crenulate bay), 만형 해안(equilibrium bay) 그리고 나선형 해안(spiral beach)의 형상을 갖는다. 이러한 형상을 잘 재현하는 곡선식으로는 로그나선형(log spiral; Yasso 1965), 포물선형(parabolic shape; Hsu, Silvester, and Xia 1987) 그리고 쌍곡선 탄젠트형(hyperbolic tangent shape; Moreno and Kraus 1999) 등이 있다.

나선형 해안은 해안지형의 경사각이 주 파향의 파봉선과 큰 사이 각을 갖는 경우에 자주 발생하며, 식 (8.5)와 같이 표현된다.

$$R = R_o \exp(\theta \cot \alpha) \tag{8.5}$$

여기서, R은 R_0에서부터 θ에 대한 O에서부터 해안선까지 거리이며, R_0는 $\theta = 0$에 대한 O에서부터 해안선까지 거리이다. α는 회절의 영향을 받는 해안의 특성을 나타내는 특성상수로, 그

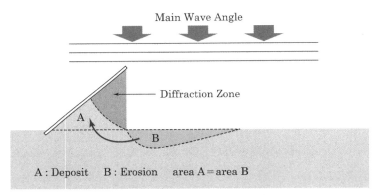

그림 8.7 회절구간 모래 포집 개념도

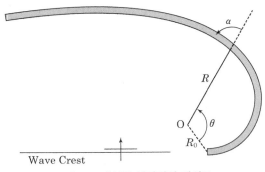

그림 8.8 나선형 해안선의 정의도

림 8.8과 같이 해안선에서부터 O 점을 바라보았을 때, 바라보는 방향과 해안선 접선 간의 사잇각을 나타내며 식 (8.6)과 같다.

$$\frac{dR}{Rd\theta} = \cot\alpha \tag{8.6}$$

Hsu 등(1987)이 제시한 포물선형의 해안형상식은 식 (8.7a), (8.7b)와 같다.

$$R(\theta) = \frac{a}{\sin\beta}\left[C_0 + C_1\left(\frac{\beta}{\theta}\right) + C_2\left(\frac{\beta}{\theta}\right)^2\right] \qquad \text{for } \theta \geq \beta \tag{8.7a}$$

$$R(\theta) = \frac{a}{\sin\theta} \qquad \text{for } \theta \leq \beta \tag{8.7b}$$

여기서, R은 포물선 초점(parabolic focus)에서부터 해안선까지의 거리, a는 초점을 지나는 주파향 파봉선(파봉기준선)과 이와 평행하게 평형기준점(control point)을 지나는 선(해안기준선)과의 이격거리, β는 파봉기준선과 초점으로부터 평형기준점을 지나는 선이 이루는 각도, θ는 파봉기준선과 초점으로부터 평형해안선을 연결한 선이 이루는 각도이며, C_0, C_1, C_2는 fitting 계수로서 양 구간이 연결되기 위해서는 계수의 합이 1이 되어야 한다.

식 (8.7a)에서부터 focus와 vertex 간의 직선거리 X_f를 구하면 식 (8.8)과 같이 된다.

$$X_f = R(\pi) = \frac{a}{\sin\beta}\left[C_0 + C_1\left(\frac{\beta}{\pi}\right) + C_2\left(\frac{\beta}{\pi}\right)^2\right] \tag{8.8}$$

백사장이 길게 발달하여 영향점이 초점에서 멀리 떨어진 경우에는 간단한 근사치를 얻을 수 있다. 이 경우에는 β의 값이 0에 가까워지면서 $\sin\beta$가 β에 수렴하고, C_0와 C_2 항은 무시할 수 있으며, C_1은 1에 수렴한다. 그러므로 focus와 vertex($\theta = \pi$) 간의 직선거리 X_f는 식 (8.9)와 같은 간단한 관계식으로 표현된다.

$$X_f = R(\pi) \simeq \frac{a}{\pi} \cong 0.32a \tag{8.9}$$

이 관계는 단일 이안제를 두는 경우, 배후에 육계사주(tombolo)의 발생 여부를 판단하는 데 유용하며, 이안제 길이 l_{DB}가 이격거리 a의 약 64%보다 긴 경우에는 육계사주가 발생할 수 있다. 이에 대한 연구에서 Gourlay(1981)는 이안제 길이 l_{DB}가 이격거리 a의 67~100% 그리고 Suh와 Dalrymple(1987)은 100% 이상에서 육계사주가 발생하는 것을 조사하였다.

식 (8.9)는 평형기준점이 상당히 먼 경우의 결과로 육계사주 형성에 있어 최젓값으로 간주되며, 오히려 설형사주(salient)와 육계사주 형성의 임계조건 하한치로 더 의미가 있다. 따라서 식 (8.9)에 안전율로 2배를 곱한 값을 임계조건 상한치로 생각한다면, 아래의 조건은 기존의 연구결과와 유사하면서도 수학적으로 의미 있는 조건이 될 수 있다.

$$\frac{l_{DB}}{a} < \frac{2}{\pi} \cong 0.64 \qquad\qquad \text{for salient formation} \qquad\qquad (8.10a)$$

$$0.64 \leq \frac{l_{DB}}{a} \leq 1.28 \qquad\qquad \text{for transition} \qquad\qquad (8.10b)$$

$$\frac{l_{DB}}{a} > \frac{4}{\pi} \cong 1.28 \qquad\qquad \text{for tombolo formation} \qquad\qquad (8.10c)$$

동일한 방법으로 초점 바로 배후에서 해안선이 얼마나 전진하게 되는지를 판단할 수 있는데, 이는 $\theta = \pi/2$일 때 $R(\pi/2)$에서부터의 전진거리로 식 (8.11)과 같다.

$$Y = a - R\left(\frac{\pi}{2}\right) \simeq a - \frac{2a}{\pi} = a\left(1 - \frac{2}{\pi}\right) \qquad\qquad (8.11)$$

이로부터 이격거리 a의 약 34% 정도의 해안선이 초점 배후에서 전진하는 것을 알 수 있으며, 동일한 경우에 초점 배후에서의 해안선의 기울기를 구하면 식 (8.12)와 같다.

$$\frac{\partial R}{R \partial \theta}\bigg|_{\theta = \frac{\pi}{2}} = -\frac{2}{\pi} \qquad\qquad (8.12)$$

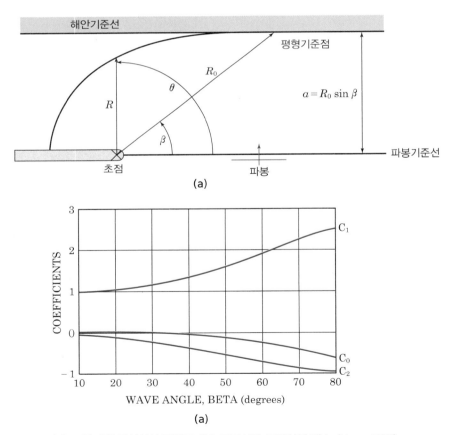

그림 8.9 **(a) 포물선형 곡선식의 정의도 (b) 포물선형 곡선식의 계수** (Hsu, 1987)

Hsu 등(1987)이 제시한 포물선형의 해안형상식은 식 (8.7b)가 의미하듯이 근본적으로 직선형 해안에 적용 가능한 식이다. 그러나 대부분의 해안선 형상은 직선형이기보다 곡선형이므로 이러한 곡선형 해안 선을 fitting하고, 원의 중심에 대하여 식 (8.7)을 극좌표계(r, ϕ)로 변환시키면 식 (8.13)과 같이 된다.

$$r = r_f + R\sin\theta \quad \text{and} \quad \phi = \tan^{-1}\left[\frac{R\cos\theta}{r_f + R\sin\theta}\right] \tag{8.13}$$

여기서, r_f는 fitting하는 원의 중심에서부터 초점까지의 거리이다.

포물선형 평형해안선식의 타당성을 살펴보기 위하여 그림 8.10과 같이 방파제로 인해 해안선변화가 발생한 국내 동해안, 서해안, 제주도 해안에 적용하여 보았다. 이 경우, 주입사파향은 방파제의 영향을 받지 않는 해안선에 대해 적용하였으며, 포물선의 초점(focus)은 방파제 심해 쪽 끝단에 적용하였다.

(a) 강원 속초항

(b) 강원 원평항

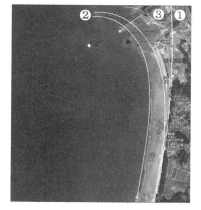

(c) 충남 꽃지해수욕장

(d) 제주 화순항

그림 8.10 포물선형 곡선식의 적용 예

[①번 선 : 회절영향을 받지 않는 해안선의 fitting 원호, unfilled circle '○' : digitizing 점,
②번 선/③번 선 : 회절영향에 의한 평형해안선, filled circle '●' : 초점, 'x' : 평형기준점]

직선적인 해안에 이격거리 100 m인 지점에 해안선과 평행하게 이안제가 설치될 경우, 육계사주(tombolo)가 생기게 할 수 있는 이안제의 최소 길이를 포물선형 평형해안선식을 사용하여 추정하시오. 여기서, β는 40°이며, 안전율은 2를 적용한다.

풀이 이안제 길이의 반이 parabola 식의 vertex와 focus 사이의 거리보다 길면 tombolo가 발생할 수 있다. β가 40°인 경우, 그림 8.9b로부터 $C_0 = 0$, $C_1 = 1.3$, $C_2 = -0.3$로 추정하고, $\beta/\theta = 40/180$ 값을 식 (8.8)에 적용하면, 이안제의 반길이에 해당하는 vertex와 focus 사이의 거리는 약 32 m가 되고 이안제 길이는 64 m가 된다. 따라서 안전율 2를 적용하여 길이 128 m 이상의 이안제가 설치되면 육계사주가 생길 가능성이 있다.

3. 해빈의 단면형상

(1) 해빈의 구분

그림 8.11은 우리나라 동해와 서해 사질해안의 일반적인 단면형상을 나타낸 것으로, 해안에 가까워질수록 수심이 얕아지는 특징이 있다. 이 같은 형상을 갖게 되는 이유는 대표적인 외력인 파랑이 해안으로 진입하면서 모래를 해안 쪽으로 서서히 이동시키기 때문이다. 조차가 적은 동해안은 강원도 경포 백사장의 해빈단면과 같이 뚜렷한 연안사주가 발달하고 있다. 그러나 조차가 큰 서해안은 충청남도 태안 백사장의 해빈단면과 같이 파랑의 작용에 의해 발생한 연안사주가 조석의 작용으로 인해 금방 소멸되기 때문에 연안사주가 크게 발달하지 못하고 있다.

해빈(beach)은 단면이 겪는 환경에 따라 4가지 영역으로 분류되며, 파랑이 해안으로 전파되는 원빈(offshore), 수심이 얕아 파랑이 부서지는 근빈(nearshore), 파랑으로 인하여 해수가 적셔지는 전빈(foreshore), 파랑의 영향을 받지 않으나 파랑에 의해 밀려온 모래가 쌓인 후빈(backshore)으로 구성된다. 해안선은 전빈에 위치하며 약최고만조 시의 평균해수면을 의미한다. 해수면 아래에 있는 해빈단면은 주로 쇄파가 발생하는 연안사주 기점을 경계로 구분된다. 연안사주 기점에서부터 외해 쪽을 원빈이라 하고, 해안선까지를 근빈이라 한다. 해수가 진입하는 영역 밖에 있는 해빈은 평탄한 해빈단과 경사가 있는 모래 언덕인 사구로 구별된다.

① 원빈

파랑이 거의 부서지지 않고, 해저면의 변화가 크지 않은 부분을 원빈(offshore)이라 한다. 그러나 파랑의 지속적인 전파에 따라 해저면에서 형성되는 경계층에 의해 streaming flow가 해안 쪽으로 작용한다.

② 근빈

해안선에서 연안사주 기점까지의 부분을 근빈(nearshore 또는 inshore)이라 하며, 파랑이 쇄파되는 쇄파대(surf zone)가 형성되고, 해저면 변화가 심한 곳이다. 쇄파로 인하여 표사가 부유되고, 해저면에서 해향저류(undertow)라고 하는 외해를 향하는 흐름이 발생하며, 그 영향으로 근빈 내측에는 상대적으로 트러프(trough)라고 하는 깊은 골이 발달한다. 그리고 해향저류가 쇄파기점에서 소멸됨에 따라 트러프에서 부유된 대부분의 표사가 이곳에 퇴적되어 연안사주(longshore bar)라고 하는 사퇴가 트러프와 동시에 발달한다. 또한 근빈은 파랑에 의한 연안표사가 주로 발생하는 곳이다. 그러나 서해안의 경우에는 강한 조류로 인해 표사이동이 근빈을 넘어 원빈에서도 발생하는 특징이 있다.

③ 전빈

전빈(foreshore)은 파랑으로 인해 해수가 반복적으로 적셔지는 영역으로, 4개의 해빈 영역 중에서 제일 급한 경사를 보이며, 저조 시 포말대 하부에서부터 고조 시 포말대 상부까지로 정의된다. 포말대(swash zone)는 파랑의 처오름이 이루어지는 곳으로, 포말대 하부는 처내림의 끝이고 포말대 상부는 처오름의 끝이다. 서해안은 조차가 크고 경사가 완만하여 전빈이 넓게 형성되고 근빈과의 구별이 어려워, 해빈단면은 원빈, 근빈/전빈, 후빈으로 구성되는 경우가 많다.

④ 후빈

후빈(backshore)은 해빈의 육상지역으로 대부분 평탄한 지형을 이루는데 이를 해빈단(berm)이라 하고, 모래가 쌓여 언덕이 형성되는 곳을 사구(dune)라 한다. 사구는 주로 오랜 기간 동안 해빈단의 모래가 강한 바람에 의해 운반되어 형성되는 곳이다. 고파랑에 의해 해빈단이 침식되면 높이 1~2 m 정도의 붕괴가 발생할 수 있는데 이것을 빈애(beach scarp)라고 한다.

(2) 해빈폭의 변화

근빈에서는 파랑의 조건에 따라 연안사주와 트러프가 형성되기도 하고 소멸되기도 한다. 고파랑이 진입하여 해빈에서 큰 규모로 쇄파되면, 쇄파로 인해 해향저류가 발달하고 쇄파 기점에서 연안사주와 트러프가 성장한다. 그러나 고파랑이 소멸하고 파랑이 잔잔해지면 연안사주의 모래가 파랑의 전파에 따라 점차 해안 쪽으로 이동하여 트러프에 쌓이게 된다. 연안사주가 있는 지형을 bar형 해빈 또는 폭풍해빈이라고 하고, 연안사주가 발달하지 못한 해빈단면 형상을 스텝형 해빈 또는 정상해빈이라 한다.

연안사주의 형성은 식 (8.14)와 같이 침강속도를 무차원화 한 W값에 의해 판단된다.

$$W = \frac{H}{w_f T} \tag{8.14}$$

여기서, H는 파고, T는 파랑의 주기, w_f는 침강속도이다. W가 1.5~2보다 작으면 사주가 형성되지 않고, 이 보다 크면 사주가 형성된다(Allen, 1998; Wright 등, 1987).

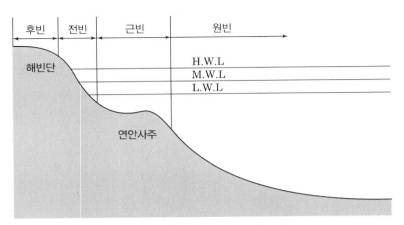

후빈　전빈　근빈　원빈

H.W.L
M.W.L
L.W.L

해빈단

연안사주

그림 8.11 해빈단면의 일반적인 형상

■■■ **예제 8.3** ━━

식 (8.14)를 이용하여 연안사주를 발생시킬 수 있는 파고의 범위를 추정하시오. 여기서, 쇄파대 해저질의 입경은 0.2 mm이고, 파고와 주기의 관계는 다음과 같다.

$$T(\text{sec}) = 1.21H(\text{m}) + 6.92$$

풀이 (예제 8.1)에서 $d=0.2$ mm인 경우, 침강속도는 2.4 cm/sec로 산정되었다. 연안사주가 발생하려면 $W=2$ 이상이 되어야 하므로, 식 (8.14)에서부터 H/T는 0.048 m/sec 이상이 되어야 한다. 이 조건을 주어진 파고와 주기의 관계에 대입하면 $H=0.35$ m가 되고, 따라서 파고가 0.35 m보다 크면 연안사주가 발생할 수 있는 조건이 된다.

대부분의 해안은 파랑이 크지 않아 쇄파대가 좁게 형성되는 기간이 길다. 이러한 경우, 연안사주는 소멸하게 되고, 해빈단면은 그림 8.12와 같이 해빈단(berm) h_B와 수심이 거의 변하지 않는 이동한계수심(depth of closure) h_C 사이에서 변하며, 평균적인 해빈단면은 수심이 점진적으로 깊어지는 해빈단면으로 변화한다. 그리고 해안선 부근인 전빈에서 가장 급한 경사가 나타나고, 이동한계수심과 해빈단에서는 비교적 경사가 작게 나타난다.

이러한 표사계의 모래수지가 변하는 경우, 해빈폭의 변화는 해빈단에서부터 이동한계수심까지 일정하게 수평 이동한다고 생각할 수 있다. 즉, 모래의 공급량이 감소되거나 유실량이 커져 해안선이 후퇴하는 경우에는 그림 8.12와 같이 평형해빈의 형상은 그대로 유지되면서 해빈만 후퇴한다고 생각할 수 있다. 해빈단 h_B와 이동한계수심 h_C가 결정되고, 전 해빈에서 동일한 해빈폭 ΔW 만큼 후퇴가 발생한다면, 백사장의 폭 L에 대해 유실되는 모래의 체적 ΔV는 도형적으로 식 (8.15)에서부터 계산할 수 있다.

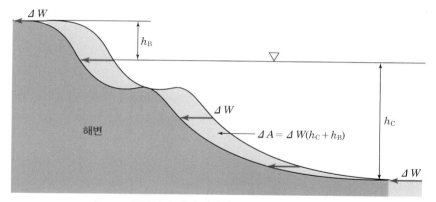

그림 8.12 해빈단면 면적 변화와 해안선 변화와의 관계

$$\Delta V = \Delta AL = \Delta WL(h_B + h_C) \tag{8.15}$$

그러므로 모래의 유입 감소 또는 유실 증가가 ΔV 만큼 발생할 경우, 해빈단면에서의 평균적인 해빈폭의 감소는 식 (8.16)에 의하여 추정할 수 있다.

$$\Delta W = \frac{\Delta A}{(h_B + h_C)} = \frac{\Delta V}{L(h_B + h_C)} \tag{8.16}$$

Bruun(1954)은 이러한 해빈단면 개념을 그림 8.13과 같은 해수면상승 ΔS에 의해 해빈이 침식되는 폭 ΔW를 계산하는 식에 적용하였으며, 해빈형상과 모래수지가 그대로 유지될 경우, 해수면상승으로 인한 해빈의 폭 감소는 식 (8.17)에서부터 추정할 수 있다.

$$\Delta W = \Delta S \frac{W}{(h_B + h_C)} \tag{8.17}$$

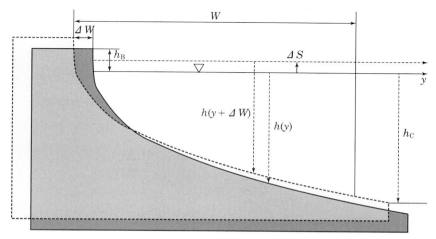

그림 8.13 해수면상승에 따른 해안선 후퇴 (Bruun, 1954)

8.3
모래해안의 형성

(3) 모래의 이동한계수심

해저질의 이동 한계는 주로 파고에 따라 달라지나, 저질의 입경과 파랑의 주기에 따라서도 변한다. 저질의 입경과 파랑의 주기에 의한 영향은 파고에 비해 작지만, 저질의 입경과 파랑의 주기가 커짐에 따라 이동한계수심도 증가한다. Hallermeier(1979) 이후 해저질의 이동한계수심에 대한 많은 관계식이 제시되고 있지만, 식 (8.18)은 이동한계수심을 추정하는 데 있어 간단하면서도 가장 널리 사용되는 식이다.

$$h_C = kH_s \tag{8.18}$$

여기서, H_s는 연평균 유의파고이며, k는 상관계수로서 저질의 입경과 유의파주기에 따라 다르지만 일반적으로 4.5가 적용된다. 일반적으로 이동한계수심은 5 m(예: Point Mugu California)~12 m(예: SE Australia) 정도로 알려져 있다.

■■■ **예제 8.4** ─────────────────────────────────────

해빈단과 이동한계수심의 수직거리가 10 m이고 수평 거리가 250 m인 해안에서 해수면 상승이 1 m 발생할 때, Bruun의 식에 의하여 예상되는 침식폭은 얼마인가?

풀이 주어진 조건을 식 (8.16)에 적용하면 $\Delta W = 25$ m가 된다.

■■■ **예제 8.5** ─────────────────────────────────────

연평균 유의파고가 2 m일 때, 이동한계수심은 얼마로 추정되는가?

풀이 식 (8.18)에서 $k = 4.5$를 적용하면 이동한계수심은 9 m가 된다.

---

(4) 해빈축척계수

해빈의 단면은 외해 쪽으로 갈수록 수심이 서서히 감소하는 경향이 있고, 이러한 경향을 수식으로 표현하고자 하는 연구가 수리실험, 현장관측 및 이론적인 접근을 통해 오랫동안 수행되어왔다. 근본적인 접근방법으로는 이안방향(cross-shore)에 대한 표사량을 관측하고 이에 기초한 수심 변화를 추정하는 방법이 있으나, 쇄파대 내에서의 난류, 침·퇴적과정 등이 복잡하여 용이하지 않다. 가장 단순하면서도 보편적인 해빈단면곡선식은 Bruun과 Dean 등이 실측된 단면형상에 2/3승 법칙을 적용하여 수립한 평형단면식이며, 식 (8.19)와 같다.

$$h = Ay^{2/3} \tag{8.19}$$

여기서, h는 수심, y는 해안선에서부터의 이안거리, A는 해빈축척계수(beach scale factor)로 저질의 입경에 의존하는 계수이며 단위는 $m^{1/3}$이다. 식 (8.19)는 쇄파에 의해 손실되는 단위체적당 에너지(에너지손실률) D_{eq}가 쇄파대 내에서 일정하다고 가정한 식 (8.20)에서부터 도출된다.

$$D_{eq} = \frac{1}{h} \frac{d(EC_g)}{dy}$$
(8.20)

여기서, E는 파랑에너지이며, C_g는 군속도로 천해파 근사식을 적용하고 식 (8.21)와 같으며, 파고 H는 식 (8.22)와 같다.

$$C_g = \sqrt{gh}$$
(8.21)

$$H = \kappa h$$
(8.22)

여기서, κ는 쇄파대 내의 수심에 대한 파고비로 일정하다고 가정한다.

파랑에너지 관계식과 식 (8.21) 및 식 (8.22)를 식 (8.20)에 대입하여 정리하면 계수 A에 대한 식 (8.23)을 구할 수 있다.

$$A = \left(\frac{24 D_{eq}}{5 \rho g^{3/2} \kappa^2} \right)^{2/3}$$
(8.23)

식 (8.23)은 쇄파대 내에 D_{eq}가 일정하다는 가정 하에 성립되는 것이지만, Dean 등은 실제 많은 해안에 식 (8.23)을 적용하여 계수 A가 해안을 구성하는 저질의 입경과 침강속도에 관계가 있다는 것을 입증하였다. 표 8.2는 저질의 중앙입경에서부터 쉽게 A를 구할 수 있는 표이나, 절대적인 값을 의미하지 않으며, 해안의 조건과 저질의 특성에 따라 달라질 수 있다.

표 8.2 중앙입경별 해빈축척계수

Summary of recommended A values (Units of A parameter are $m^{1/3}$)									
d (mm)	0.00	0.01	0.02	0.03	0.04	0.05	0.06	0.07	0.08	0.09
0.1	0.063	0.0672	0.0714	0.0756	0.0798	0.0840	0.0872	0.0904	0.0936	0.0968
0.2	0.100	0.1030	0.1060	0.1090	0.1120	0.1150	0.1170	0.1190	0.1210	0.1230
0.3	0.125	0.1270	0.1290	0.1310	0.1330	0.1350	0.1370	0.1390	0.1410	0.1430
0.4	0.145	0.1466	0.1482	0.1498	0.1514	0.1530	0.1546	0.1562	0.1578	0.1594
0.5	0.161	0.1622	0.1634	0.1646	0.1658	0.1670	0.1682	0.1694	0.1706	0.1718
0.6	0.173	0.1742	0.1754	0.1766	0.1778	0.1790	0.1802	0.1814	0.1826	0.1838
0.7	0.185	0.1859	0.1868	0.1877	0.1886	0.1895	0.1904	0.1913	0.1922	0.1931
0.8	0.194	0.1948	0.1956	0.1964	0.1972	0.1980	0.1988	0.1966	0.2004	0.2012
0.9	0.202	0.2028	0.2036	0.2044	0.2052	0.2060	0.2068	0.2076	0.2084	0.2092
1.0	0.210	0.2108	0.2116	0.2124	0.2132	0.2140	0.2148	0.2156	0.2164	0.2172

8.3
모래해안의 형성

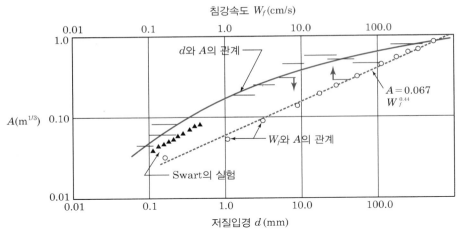

그림 8.14 **저질의 침강속도와 계수** A**의 관계** (Dean, 1987)

그림 8.14에 도시된 바와 같이 실험 자료를 통하여 침강속도 w_f와 A에 대한 관계를 회귀식으로 표현하면 식 (8.24)와 같이 된다.

$$A = 0.067 w_f^{0.44} \qquad\qquad\qquad (8.24)$$

여기서, w_f는 침강속도이며, 단위는 cm/sec이다.

예제 8.6

어느 해빈의 해저질의 평균침강속도가 $10 \, \mathrm{m/sec}$라면, 해빈축척계수 A는 얼마가 되겠는가?

풀이 식 (8.24)으로부터 해빈축척계수 $A = 0.18 \, \mathrm{m}^{1/3}$이 된다.

8.4 해안에서의 모래이동

해안에서 모래를 이동시키는 주요 외력은 파랑과 해수의 흐름이다. 파랑은 해수의 주기적인 운동을을 발생시키는 요인으로 중심 이동이 없다고 간주하나, 해저면에서부터 해수면에 이르기까지 경계조건과 비선형 현상으로 인해 중심이 이동하는 흐름을 발생시킨다. 수심이 감소함에 따라 해안선 가까이에서 부서지는 쇄파는 파랑에너지가 난류에너지로 변환되는 과정에서 해저면에 퇴적되어 있는 모래를 지속적으로 부유시킬 뿐만 아니라, 상당한 순환흐름을 발생시켜 모래를 다른 곳으로 이동시키는 중요한 역할을 한다. 여기에 더불어 조류나 해류와 같은 해수의 흐름이 영향을 미치게 되면 상당히 복잡한 표사이동현상이 나타나게 된다. 우리나라 동해안은 파랑에 비해 조차가 1 m 이내로 작아 조류의 영향이 비교적 적은 편이나, 서해안은 조차가 4 m 이상으로 조류가 크게 발달하여 상당히 복잡한 표사이동현상을 발생시킨다. 공기 중에 노출된 모래는 바람에 의해 이동되며, 바람에 의해 이동하는 모래를 비사라 한다. 비사도 넓은 의미에서는 표사이동현상의 하나이나 여기에서는 취급하지 않기로 한다.

해빈의 변형을 수치계산에 의해 예측하고자 하는 시도는 1950년대 후반부터 시작되었고, 1970년대에 실용화 단계에 접어들었다. 이러한 해안선변화예측모형은 해안에서 외해방향으로의 단면변화는 무시하고 해안선의 전진이나 후퇴만을 예측하는 데 국한되었다. 1980년대에 이르러서 연안사주의 소멸·발생 등도 예측할 수 있는 해빈단면변화모형이 개발되기 시작하였고, 현재에도 꾸준히 연구가 진행 중에 있다. 여기에서는 해안선변화예측모형과 해빈단면변화모형에 대한 개요를 소개하기로 하겠다.

1. 해안선 변화

해안에서의 모래의 이동현상은 상당히 복잡하지만, 우리가 관심을 갖는 해안선은 파랑의 해저질 폄 현상(smoothing process)과 모래의 에너지 완충현상(buffering process) 때문에 그리 복잡하게 변화하지는 않는다. 파랑의 모래저질 폄 현상은 파랑의 굴절현상에 의해 기인하며, 해안선을 따라 등수심이 해안선과 평행하도록 한다. 즉, 수심이 상대적으로 낮은 곳에서는 파랑이 집중하여 파고가 높아져 해저면을 펴고, 수심이 상대적으로 깊은 곳에서는 파고가 낮아져 모래가 퇴적하는 평활화 현상이 일어난다. 모래의 에너지 완충현상은 백사장이 최적의 파랑에너지 소멸현상을 일으키도록 하여 해안에 가까워질수록 등수심이 점점 낮아지도록 한다. 그리고 에너지가 큰 파랑이 유입하는 경우, 대부분의 파랑에너지는 포말대에서 보다 연안사주가 형성되는 쇄파대에서 소멸되도록 한다. 그러므로 섬이나 암초의 영향을 받지 않는 해안선은 거의 부드러운 곡선 형상을 띄게 되며, 입사파의 크기, 방향, 주기에 따라 서서히 변화하는 특징이 있다.

그러나 암초나 해안구조물이 놓인 해안에서는 고파랑의 유입으로 인해 상대적으로 큰 표사이동이 발생하며, 이에 따라 심각한 hot spot 침식(erosional hot spots)이 발생하기도 한다. 또한 지속적이지는 않지만 계절적 변화에 따라 파향이 단기적으로 변하는 경우에는 동일표사계에서 침식과 퇴적이 비슷한 규모로 자연스럽게 발생할 수 있다. 이러한 경우의 해안선은 몇 일, 몇 개월 또는 몇 년이 지나 다시 자연스럽게 회복될 수 있으므로 섣부른 처방을 하는 것은 오히려 악영향을 미칠 수 있다.

해안선 침식의 원인은 회복가능한 침식과 회복불가능한 침식으로 구분된다. 회복 가능한 침식은 배후지의 영향을 전혀 받지 않는 고파랑에 의한 단기적인 침식이 대부분이며, 회복 불가능한 침식은 회복되지 않고 장기적인 침식이 지속되어 특별한 조치를 취하지 않으면 재산상 피해를 일으킬 수 있는 침식이다.

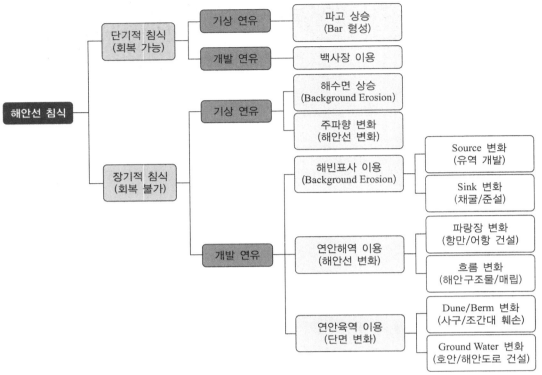

그림 8.15 침식요인 분류체계

회복불가능한 침식은 ① 연안표사 변경에 따른 침식, ② 해빈단면 잠식에 따른 변화, ③ 표사 수지 변화에 따른 침식 3가지로 분류할 수 있다. 그림 8.15는 침식의 원인을 규명하기 위해 FTA 의 예를 통하여 수립된 침식요인 분류체계를 보여주는 것이다. 그러나 대부분의 침식은 주요인으로 인하여 침식이 진행되는 동안 다른 요인이 개입되어 침식을 더욱 촉진시키는 경우가 많다.

연안환경의 변화로 인하여 발생하는 해안선침식률을 표사수지의 변화, 입사파고의 변화, 연안 표사의 변화 3가지 종류로 나누어 추정하면 다음과 같다.

(1) 표사수지의 변화

해안의 침식이란 평형상태를 유지하고 있던 해안선이 후퇴하는 현상이다. 돌제나 항만 등 인위적인 해안구조물이 설치되지 않고, 하천으로부터의 토사 유입이 유지되는 해안은 장기적으로 유입되는 모래와 유실되는 모래의 양이 같은 평형상태에 있는 해안으로 간주한다. 그러나 전 해안에서 침식이 동시에 진행되는 경우에는 유입되는 모래의 양보다 유실되는 모래의 양이 많기 때문에 해당 표사계의 표사수지의 변화로 인한 침식으로 간주된다. 표사수지의 변화로 인해 발생하는 해안선의 침식폭에 대한 추정은 경사해안과 만해안으로 나누어 분석한다. 우리나라 동해안과 남해안은 대부분 경사해안이며, 서해안도 태안반도, 변산반도 등 반도를 따른 해안은 경사해

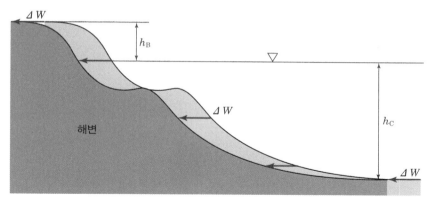

그림 8.16 표사의 유입 감소에 따른 경사해빈의 해안선 후퇴 모식도

안이고, 경기만, 군산만 등과 같이 만 내 수심의 변화가 적은 평지와 같은 해안은 만내해안으로 취급한다.

해빈단에서부터 이안 쪽으로 수심이 점진적으로 증가하는 경우에는 그림 8.16과 같이 동일한 침식폭이 전 해빈단면에서 일정하게 이루어진다고 가정할 수 있다. 그러므로 전 표사계 해안의 길이가 L_B이고 해안에서의 연간 모래 유입량 감소율이 ΔV인 경우, 평균해안선 침식폭 ΔW는 식 (8.25)에 의하여 추정할 수 있다.

$$\frac{\Delta W}{\Delta t} = \frac{1}{L_B(h_C + h_B)} \frac{\Delta V}{\Delta t} \tag{8.25}$$

▬ 예제 8.7

울진군에 위치한 한 해수욕장의 길이가 670 m인 표사계 내에 면적 8,500 m²인 어항이 있다. 이 어항에서 연간 50 cm의 모래가 유실되고 있는 경우, 백사장의 연간침식률을 추정하시오. 여기서, 해빈단 높이에서부터 이동한계수심까지의 수직거리는 7 m이다.

[풀이] 식 (8.25)을 적용하여 계산하면 아래와 같이 연간 0.9 m의 침식이 발생할 수 있다.

$$\frac{\Delta W}{\Delta t} = \frac{1}{L_B(h_C + h_B)} \frac{\Delta V}{\Delta t}$$

$$= \frac{1}{670 \text{ m} \times 7 \text{ m}} \times \frac{8,500 \text{ m}^2 \times 0.5 \text{ m}}{1 \text{ yr}} \cong 0.9 \text{ m/yr}$$

(2) 입사파고의 변화

입사파고가 증가하면 쇄파로 인해 해향저류(undertow)가 증가하게 되어 바닷가의 모래가 이안방향으로 이동하면서 그림 8.17과 같이 연안사주가 형성된다. 그러므로 유입되는 파랑의 강도

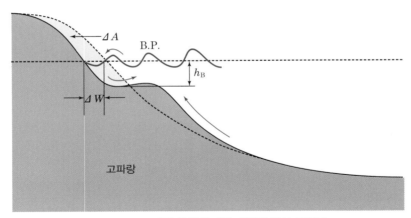

그림 8.17 **고파랑 유입에 따른 해안선 침식 모식도**

가 커짐에 따라 이로 인해 해안선의 후퇴가 종종 발생한다. 여기에서는 백사장 잠식의 영향을 반영하지 않고 고파랑에 의한 회복가능한 침식만을 추정하지만, 백사장의 잠식으로 인한 대부분의 침식은 완전히 회복되지 못하고 장기적인 침식률을 유발하므로 특별히 유의할 필요가 있다.

그림 8.17과 같이 해빈단면이 쇄파시점(BP : Break Point)의 수심까지 그 형태를 그대로 유지하면서 수평 이동한다고 가정하면, 전체 침식된 면적 ΔA는 $h_s + h_B$와 ΔW의 곱으로 나타낼 수 있으며, 이 면적은 연안사주를 형성하는 면적과 같다. 이 침식 면적이 파랑의 에너지를 그대로 흡수하면서 생긴 결과라고 생각할 때, 쇄파고로 표현된 파랑에너지로 인한 해안선의 침식폭 ΔW는 식 (8.26)과 같다.

$$\frac{dW}{dt} = K_V \frac{H_b^2}{(H_b + \gamma h_B)} \exp(-K_d t) \tag{8.26}$$

여기서, K_V는 해빈의 침식취약계수(erosion vulnerability factor)이고, K_d는 침식이 이루어진 후 해빈의 회복계수(beach recovery factor)이다. 침식취약성계수는 해저질 특성과 해빈경사에 따라 결정되며 침식취약성이 큰 해빈에서는 큰 값을 가지고 취약성이 작은 해빈에서는 작은 값을 가진다. 식 (8.26)에서 파고가 해빈단 높이(berm height)보다 충분히 크다면 침식 폭은 쇄파고와 비례하는 결과를 도출한다.

이렇게 추정된 결과는 더 이상의 해빈단면 변화를 보이지 않을 정도로 파랑에너지의 영향이 충분히 지속된 경우의 결과로, 평형에 도달되지 전의 단기간에 이루어지는 침식폭보다 크게 산정될 수 있다. 그러나 다시 파랑이 잔잔해지면 해안선은 다시 복원되므로 장기적인 측면에서는 크게 우려되는 침식요인이 아니라고 할 수 있다. 그러나 매립이나 해안도로 등의 건설로 인해 호안과 같은 배후시설까지 해빈침식이 발생할 경우에는 연안사주의 복원이 점점 어려워지므로 배후의 해빈폭을 충분히 확보할 필요가 있다. 서해안의 경우에는 큰 조차로 인해 일정한 수위에서 고파랑이 오래 지속되지 못하므로 입사파고에 따른 침식은 시간 제한적이다.

(3) 연안표사량의 변화

연안표사량의 변화가 발생하는 경우는 입사파향이 변화하거나 해안구조물이 설치되는 경우이다. 연안표사량의 변화가 발생하면 해빈단면적의 변화가 발생하게 되며, 표사수지의 변화와 유사하게 식 (8.27a)에서부터 해안선의 변화폭을 추정할 수 있다.

$$Q_{out} - Q_{in} = \Delta Q = \frac{\Delta V}{\Delta t} = \frac{\Delta A \Delta L}{\Delta t} = \frac{\Delta W(h_C + h_B)\Delta L}{\Delta t} \tag{8.27a}$$

여기서, ΔA는 해빈단면적의 변화이다. 그러므로 단위시간당 해안선의 변화는 식 (8.27b)와 같이 된다.

$$\frac{dW}{dt} = \frac{1}{(h_C + h_B)} \frac{dQ}{dL} \tag{8.27b}$$

연안표사는 해안선과 입사파향이 빗각을 갖는 경우에 파랑의 작용으로 인해 연안을 따라 이동한다. 전체 해빈단면을 따라 적분된 전 연안표사이동량 Q_y(total longshore sediment transport rate)는 식 (8.28)과 같다.

$$Q_y = \frac{I_y}{(\rho_s - \rho)(1-p)g} \tag{8.28}$$

$$I_y = K(EC_g)\cos\alpha_b \sin\alpha_b = \frac{K}{16}\rho g H_b^2 \sqrt{gh_b}\sin 2\alpha_b \tag{8.29}$$

여기서, I_y는 파력의 크기, ρ_s는 표사의 밀도, ρ는 해수의 밀도, p는 0.3~0.4의 값을 갖는 토사 공극률(sediment porosity), α_b는 해안선과 쇄파 파봉선과의 사잇각, H_b는 쇄파고, h_b는 쇄파수심이다. K는 연안표사계수로서 표사량 조건에 따라 0.04에서부터 1.1까지 다양한 값을 가질 수 있지만 보통 0.77이 적용된다. 식 (8.28)은 미공병단에 의하여 제안된 식으로 CERC(Coastal Engineering Research Center)식이라고도 한다. 식 (8.28)에서 $H_b = \kappa h$로 두고, 파랑조건과 관계없는 표사의 단위중량, 공극률 등을 관련 계수 C'로 두고 정리하면, 식 (8.30)과 같이 연안표사량(longshore sediment transport rate) Q_y를 구할 수 있다.

$$Q_y = C' H_b^{5/2} \sin 2\alpha_b \tag{8.30}$$

여기서, $C' = K\sqrt{g/\kappa}/16(s-1)(1-p)$로서 $K=0.77$, $\kappa=0.78$, 그리고 대부분의 해사에 적용되는 비중 $s=2.57$, 공극률 $p=0.35$를 적용하여 약 0.167 값을 얻는다.

심해파랑자료에서부터 해안선 방향에 따라 발생하는 연안표사량에 대한 정보를 제공하는 연안표사도(littoral drift diagram)는 임의의 해안에서 해안선 방향에 대한 정보만 있으면 연간 발생하는 표사량을 추정하는 데 상당히 유용한 도구로 활용될 수 있다.

2. 해안선변화예측모형(shoreline change model)

해안선변화예측모형에서는 그림 8.18과 같이 해빈단면이 그 형상을 바꾸지 않고 일정한 상태로 전진 혹은 후퇴한다고 가정한다. 즉, 해안선의 변화를 지배하는 것은 이안방향 표사량보다 연안방향 표사량에 의한 것으로 가정한다. 그러므로 해안선의 위치를 결정하는 지배방정식은 식 (8.27)과 유사하게 해빈단과 이동한계수심 사이에서 연안을 따라 이동하는 표사량의 차이에 의해 도출되며 식 (8.31)과 같다.

$$\frac{\partial x}{\partial t} + \frac{1}{h_C + h_B}\frac{\partial Q}{\partial y} = 0 \tag{8.31}$$

여기서, Q는 단위시간당 표사이동량으로 식 (8.30)에 의해 추정할 수 있다.

식 (8.30)에서 입사각 변위에 대한 근사식을 식 (8.31)에 적용하고 $\partial x / \partial y \ll 1$이라고 가정하면, 식 (8.31)에 대한 근사식으로 Pelnard-Considere식인 식 (8.32)와 같은 확산방정식을 구할 수 있다.

$$\frac{\partial x}{\partial t} = G\frac{\partial^2 x}{\partial y^2} \tag{8.32}$$

여기서, G는 연안확산계수(longshore diffusivity)로 식 (8.33)과 같다.

$$G = \frac{K H_b^{5/2}\sqrt{g/\kappa}\,\cos 2\alpha_b}{8(s_s - 1)(1 - p)(h_C + h_B)} \tag{8.33}$$

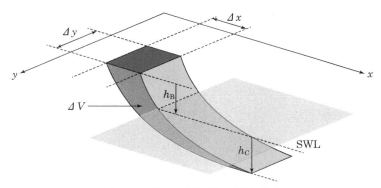

그림 8.18 해안선변화예측모형의 개념도

쇄파 파봉선이 해안선과 나란히 입사하는 경우 $\cos 2\alpha_b \cong 1$이 되므로 G는 $0.002 \sim 0.014$ m²/sec 정도의 값이 된다. 식 (8.32)에 대해서는 다양한 해석해가 제시되고 있으며, 이러한 수학적 해를 통해 해안선 변형에 관한 기본적인 이해가 가능하다. 이에 대한 대표적인 적용 사례로는 Bakker(1968), Le Méhauté and Soldate(1978), Walton and Chiu(1979) 그리고 Larson, Hanson, and Kraus(1987) 등에 의한 것들이 있으나, 여기에서는 양빈과 돌제 주변에서의 해석해만을 제시하기로 하겠다. 그러나 공학적인 응용을 위해서는 파랑 및 경계조건 그리고 해안과 파랑의 상호작용 등과 같은 실제적인 상황에 대한 해석이 필요하기 때문에 수치해석적인 방법을 사용해야 한다.

양빈 후 해안선 확산은 양빈 길이 L, 양빈폭 W에 대한 양빈의 중심 $y=0$에 대하여 대칭적인 이론해인 식 (8.34)과 같은 error function 함수로부터 구할 수 있다.

$$x(y, t) = \frac{W}{2} \left[\mathrm{erf} \left\{ \frac{L}{4\sqrt{Gt}} \left(\frac{2y}{L} + 1 \right) \right\} - \mathrm{erf} \left\{ \frac{L}{4\sqrt{Gt}} \left(\frac{2y}{L} - 1 \right) \right\} \right] \qquad (8.34)$$

식 (8.34)에서부터 양빈이 이루어진 길이 L 영역에서 남겨진 면적비 M을 구하면 식 (8.35)와 같이 된다.

$$M(t) = \sqrt{\frac{4Gt}{\pi L^2}} \left[e^{-L^2/(4Gt)} - 1 \right] + \mathrm{erf} \left(\frac{L}{\sqrt{4Gt}} \right) \qquad (8.35)$$

$M=0.5$인 시점이 반감기(half life)에 해당되므로 식 (8.35)로부터 반감기 시점을 구하면 다음과 같다.

$$t_{50\%}(\mathrm{sec}) = 0.231 \frac{L^2}{G} \qquad (8.36)$$

■■■ 예제 8.8

직선형 해안에서 이동한계수심과 해빈단 높이의 합이 8 m이고 쇄파고가 0.5 m일 때, 양빈폭이 1 km에 대한 반감기를 계산하시오. 여기서, $K=0.77$, $s=2.65$, $p=0.35$, $\kappa=0.78$이다.

$\boxed{\text{풀이}}$ 식 (8.33)에 주어진 조건을 대입하면 $G = 0.04 H_b^{5/2} = 0.007$ m²/s가 되므로, 양빈폭 $L=1$ km인 경우의 반감기는 아래와 같다.

$$t_{50\%} = 0.231 \frac{L^2}{G} = 0.231 \times \frac{1,000^2}{0.007} = 3.3 \times 10^7 \mathrm{sec} \cong 1 \mathrm{yr}$$

---

(1) 유한차분방정식

식 (8.31)은 유한차분식으로 전개시킬 수 있으며, 그림 8.19는 모형의 차분 개념을 나타낸 것이다. 해빈을 연안방향을 따라 Δy 구간으로 분할하고, 그 구간에 연안방향으로 유입·유출되는 표사량수지에 따라 그 구간의 토사량이 증감한다고 생각한다. 또한 그림 8.19의 격자망(i는 격자번호)과 같이 $\{x\}$와 $\{Q\}$는 교차적으로 정의되는 'staggered grid'를 사용하여 차분화시킨다. 연안방향 표사이동량 Q는 각 격자의 경계선상에서 정의되는 반면, 해안선의 위치는 격자의 중앙에서 정의된다. 차분식 표현의 편의를 위하여 위 첨자 $n+1$은 다음 시간단계에서의 미지값을 의미하며, n은 현재 시간단계에서의 기지값이라 정의한다. 그러므로 i번째 격자에서 다음 시간단계 $n+1$의 해안선 위치 x_i^{n+1}은 식 (8.37)과 같다.

$$x_i^{n+1} = x_i^n + \frac{\Delta t}{h_C + h_B}\frac{Q_{i+1} - Q_i}{\Delta y} \tag{8.37}$$

여기서, Δt는 시간간격이며, Δy는 연안방향 격자간격이다.

앞에서와 같이 양해법은 새로이 결정되는 해안선의 위치를 구하기 위해 과거의 값을 사용하게 된다. Δt는 임의로 선택할 수 있으며, Δt가 길어질수록 전체적인 계산시간은 짧아진다. 그러나 너무 긴 Δt를 사용하면 수치적 및 물리적 정확성이 떨어지게 되므로 6~24시간 정도가 적당하다.

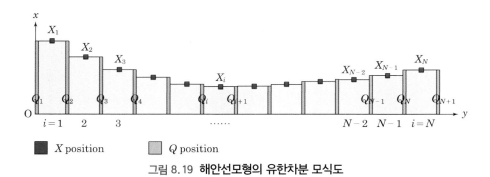

그림 8.19 해안선모형의 유한차분 모식도

(2) 수치모의결과

양빈 후 해안선의 퍼짐현상은 식 (8.31)의 해안선 변화 지배방정식을 이용하여 재현할 수 있다. 직선형 해안에 길이 100 m, 폭 50 m의 양빈이 이루어졌을 때, 100시간 간격으로 한 달 동안 해안선이 어떻게 변화하는지를 살펴보았다. 여기서, 파랑은 정면으로 입사하는 것으로 가정하였으며, 식 (8.30)에서 $C'H_b^{5/2} = 0.02$를 적용하였다. 격자간격 $\Delta y = 10$ m, 시간간격 $\Delta t =$

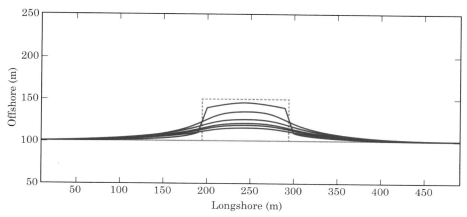

그림 8.20 양빈 후 해안선 변화 수치모의결과(회색파선 : 초기 양빈 해안선)

3,600 sec에 대하여 수치모형결과는 그림 8.20과 같으며, 시간에 따라 양빈사가 사방으로 퍼져나가는 현상이 잘 재현되고 있다.

3. 이안방향 해빈단면 변화

이안방향으로의 해빈단면 변화는 복잡한 파랑의 쇄파과정으로 인해 연안방향 표사이동에 의한 해안선 변화보다 좀 더 복잡한 해석이 필요하다. 특히, 쇄파는 해저질을 부유시키고 동시에 해향저류를 발생시키므로 부유된 토사가 퇴적하여 연안사주를 형성하는 데 있어 큰 영향을 미친다. 이안방향으로의 해빈단면 변화를 예측하기 위한 수치모형을 수립하는 데 있어 쇄파대 내에서의 해저질의 부유, 부유사의 이동 및 퇴적 등의 복잡한 현상을 제대로 규명하는 것은 어려우므로, 주어진 파랑조건에서 평형상태를 찾아가는 이른바 '평형단면'으로 수렴하도록 하는 단순 모형들이 개발되었다. 여기에서는 해빈단면의 단순 모형 중 하나인 평형단면모형을 소개하고자 한다.

평형단면해빈으로 수렴하도록 표사이동을 유도하는 해빈단면모형은 다음과 같다. 이안방향 단위 폭당 표사량 q는 식 (8.38)과 같이 단위면적당 평형에너지소산(equilibrium energy dissipation) D_{eq}와 실제 수심에서의 단위면적당 에너지소산 D의 차이에서 산출한다.

$$q = \begin{cases} K(D - D_{eq})^n & \text{for } D > D_{eq} \\ 0 & \text{for } D < D_{eq} \end{cases} \tag{8.38}$$

여기서, q는 이안방향으로 작용하며, 쇄파시점에서는 0으로 한다. Froude 차원에서 $n = 3$일 경우에 더욱 적절하고 나은 결과가 산출되지만, 여기에서는 편의상 $n = 1$을 적용한다. 그리고 K는 표사이송률계수(transport rate coefficient)로 $K = 0.77$이 보편적으로 사용된다. 평형에너지소산 D_{eq}와 실제 수심에서의 에너지소산 D는 식 (8.39)와 식 (8.40)과 같이 근사적으로 표현된다.

$$D_{eq} = \frac{5}{24} \rho g^{3/2} \kappa^2 A^{3/2} \tag{8.39}$$

$$D = \frac{1}{h} \frac{\partial EC_g}{\partial y} = \frac{1}{8} \frac{\rho g^{3/2} \kappa^2}{h} \frac{\partial h^{5/2}}{\partial y} \tag{8.40}$$

그러므로 수심의 변화는 이안방향으로 토사보존법칙(conservation law of sediments)에 의해 식 (8.41)과 같이 구해진다.

$$\frac{\partial h}{\partial t} = \frac{\partial q}{\partial y} \tag{8.41}$$

식 (8.41)에 식 (8.39)와 식 (8.40)의 관계를 적용시키면 식 (8.42)과 같이 된다.

$$\frac{\partial h}{\partial t} = \frac{\partial}{\partial y} \left[\frac{\delta}{h} \frac{d(h^{5/2})}{dy} - \delta_{eq}(d) \right] \tag{8.42}$$

여기서

$$\delta = K \rho g^{3/2} \kappa^2 \tag{8.43}$$

$$\delta_{eq} = K D_{eq}(d) = \frac{5}{24} K \rho g^{3/2} \kappa^2 A(d)^{3/2}$$

식 (8.42)을 'staggered grid' 기법으로 유한차분시키면 식 (8.44)와 같이 된다.

$$h_i^{n+1} = h_i^n + \Delta t \left[\frac{(q_{i+1}^n) - (q_i^n)}{\Delta y} \right] \tag{8.44}$$

여기서

$$q_i^n = \frac{\delta}{h_i^n} \left[\frac{(h_{i+1}^n)^{5/2} - (h_i^n)^{5/2}}{dy} \right] - \delta_{eq} \tag{8.45}$$

식 (8.44)는 쇄파대 내에서의 수심 변화이므로 수심이 쇄파시점(breaking point)의 수심보다 크면 $q = 0$으로 두어 단(step)이 형성되도록 하였다. 초기의 일정한 경사조건에서 해빈단면의 변화를 수치모의한 결과는 그림 8.21과 같으며, 시간이 경과함에 따라 초기에 주어진 일정한 경사가 $A = 0.17\,\mathrm{m}^{1/3}$에 해당되는 평형단면해빈으로 수렴하는 결과를 보이고 있다.

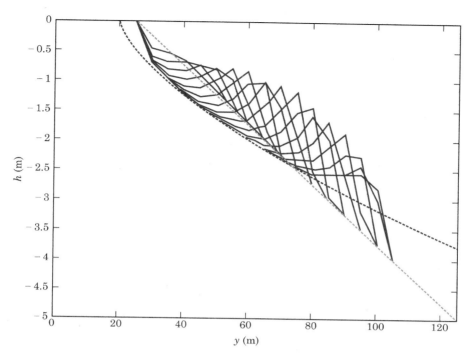

그림 8.21 표사이동모형에 의한 단면변화

[회색파선 : 초기경사, 파란파선 : 평형단면곡선($A = 0.17 \, \mathrm{m}^{1/3}$)]

8.4
해안에서의 모래이동

PART 3

항만공학

Chapter 09
항만

Chapter 10
항만의 계획, 건설, 시공 및 유지관리

Chapter 11
항만 리모델링과 워터프론트

Chapter 09

항만

홍남식
동아대학교 공과대학 토목공학과 교수

윤한삼
부경대학교 환경해양대학 생태공학과 교수

9.1 항만의 정의 및 기능

항만(port 또는 harbor)은 천연적으로 또는 인공을 가하여 선박이 안전하게 출입하고 정박, 계류할 수 있도록 조성한 수역으로, 화물을 적하하고 승객이 승하선 할 수 있는 항만시설, 후방지역으로 수송할 수 있는 교통시설, 화물을 쌓아두고 보관할 수 있는 보관시설 등을 갖추어야 한다. 또한 항만은 해상교통과 육상교통의 접속지이며 관문으로서 육지 – 해상 양면으로 입지조건이 좋아야 한다.

항만은 각종 물류활동이 행해지는 공통접속 영역으로서 국제교역 기능과 배후지의 경제발전을 위한 기지로서의 역할을 수행한다. 항만은 해상운송의 기종점이며, 항공, 철도, 수로, 해상항로 등의 교통수단을 통해 각 항만, 도시, 공장 등과의 화물의 흐름을 연결해 주는 연결점(node)으로서 다음과 같은 주요 기능을 가진다.

- 승객 및 무역량 수송을 위한 해상·육상의 연결지점
- 자원의 세계적 배분을 위한 국제 간 연결 교차지점
- 교역증대, 교통, 배분, 고용창출, 무역창출, 국방, 도시개발, 공업생산 증대, 서비스산업 증진(창고, 금융, 보험, 대리점), 통관 등

(a)   (b)

그림 9.1 **인천항 갑문(좌)과 부산항(우)** [(a) itour.visitincheon.org (b) news.busan.go.kr]

항만의 지형적 조건으로는 수심이 깊고, 항내는 외해로부터 보호되어야 하며, 출입구는 선박의 입출항이 용이하도록 충분히 넓어야 한다. 또한 부두시설을 축조할 수 있도록 지반이 양호해야 하고 넓은 묘박장소와 묘박하기 적당한 저질 및 기후가 좋은 곳을 선정한다. 이런 모든 조건을 천연적으로 갖춘 곳은 드물며, 일반적으로는 인위적으로 방파제를 만들고 준설을 하여 이상적인 항만을 건설한다. 환경적 조건으로는 육지 – 해상 접속지로서 배후도시 및 해양에서 적절한 거리에 있어야 한다.

항구가 내륙 깊숙이 있는 경우에는 좁은 수로를 이용해야 하므로 해양에서 멀수록 대형선에 의한 대량운송의 이점이 줄어든다. 내륙 항만은 수심을 충분히 확보하기 위해 준설을 해야 하고, 항로표지를 설치, 유지하는 등 항만 유지비용이 많이 든다. 근래에는 선박의 대형화, 운송의 신속화로 인해 재래의 내륙 항만은 기능이 저하되고 있으며, 현대식 항만이 수심이 깊고 넓은 해안 가까이 축조되고 있는 추세이다.

9.2 항만의 종류

항만은 기능에 따라 크게 무역항, 연안항, 어항으로 구분할 수 있다. 무역항은 외국으로 수출입되는 화물을 싣고 내리는 선박이 이용하는 항, 연안항은 우리나라의 한 항만에서 다른 항만으로 화물을 실어 나르는 선박이 이용하는 항, 어항은 수산업의 근거지로서 어선이 이용하는 항에 해당한다. 그 외 항만의 위치, 구조형태, 사용목적, 항만법, 적하의 종류 및 관세행정상에 따라 분류될 수 있다.

1. 위치에 따른 분류

(1) 연안항(coastal harbor)

해안에 인접한 항으로, 거의 모든 항이 이에 속함

(2) 하구항(estuary harbor)

하구에 위치한 항(예 : 신의주, 화란의 로테르담 등)으로, 하천수류와 파랑이 모두 작용하므로 항만으로서의 유지가 어려운 점은 있으나, 하천이 운하로 이용되는 장점이 있어 항만으로 이용되는 경우가 많음

(3) 하천항(river harbor)

하천에 위치한 항(예 : 영국의 런던, 독일의 함부르크, 중국의 한구(漢口) 등)

(4) 운하항(canal harbor)

운하에 있는 항(예 : 영국의 맨체스터 등)

(5) 호항(lake harbor)

호수에 있는 항으로 수위의 변화가 적고 공사가 용이함(예 : 미국의 밧포로)

(6) 그 외, 산호초로 둘러싸인 항(coral reef harbor)

방파제의 역할을 하는 섬으로 둘러싸인 항(island harbor) 등이 있으나 모두 특수한 경우임

2. 구조형태에 의한 분류

(1) 폐구항(closed harbor)

조차가 큰 해안에 위치하며 항구에 갑문(lock)을 설치하고 조차를 극복하여 선박을 출입시키는 항(예 : 인천항, 런던항 등)

(2) 개구항(open harbor)

조차가 그다지 크지 않은 해안에 항구가 항상 열려 있는 항

3. 사용목적에 의한 분류

(1) 무역항(commercial harbor 또는 상항)

외국과의 무역 또는 국내 상거래를 주로 하는 항

(2) 공업항(industrial harbor)

공업원재료나 제품의 수출입을 주로 하는 항으로, 업종에 따라 석유터미널(oil terminal), 제철항만, 석탄항, 목재항이 있고, 이와 같은 항에는 전용화물부두(terminal wharf)가 있음

(3) 어항(fishery harbor, fishing harbor)

어선이 정박하고, 어획물을 양륙하며 이것을 소비지로 수송하는 항

(4) 피난항(refuge harbor)

항행하는 선박이 폭풍우 등의 악천후 시 피난하여 정박하는 항

(5) 검역항(quarantine harbor)

해외로부터의 전염병 유입을 저지할 목적으로 선박을 검역하는 항으로, 외국무역을 허락하는 개항에서는 그 항만의 일부를 검역항으로 하는 경우가 많음

(6) 기타 특수항

군항(military harbor, naval harbor or base), 요트항(yacht harbor), 연료보급항(bunkering harbor), 공항(air port), 관광항, 해양개발기지, 공사용 기지 등이 있음

4. 항만법에 의한 분류

우리나라 항만법(제2조 제1호)에는 「"항만"이란 선박의 출입, 사람의 승선·하선, 화물의 하역·보관 및 처리, 해양친수활동 등을 위한 시설과 화물의 조립·가공·포장·제조 등 부가가치 창출을 위한 시설이 갖추어진 곳을 말한다」라고 정의하고 있다.

(1) 무역항

국민경제와 공공의 이해에 밀접한 관계가 있고 주로 외항선이 입항·출항하는 항만

① 국가관리무역항
국내외 육·해상 운송망의 거점으로서 광역권의 배후화물을 처리하거나 주요 기간산업 지원 등으로 국가의 이해에 중대한 관계를 가지는 항만

② 지방관리무역항

지역별 육·해상 운송망의 거점으로서 지역산업에 필요한 화물처리를 주목적으로 하는 항만

(2) 연안항

주로 국내항 간을 운항하는 선박이 입항·출항하는 항만

① 국가관리연안항

국가안보 또는 영해관리에 중요하거나 기상악화 등 유사시 선박의 대피를 주 목적으로 하는 항만

② 지방관리연안항

지역산업에 필요한 화물의 처리, 여객의 수송 등 편익 도모, 관광활성화 지원을 주 목적으로 하는 항만

5. 적하의 종류에 의한 분류

① **여객항**(passenger harbor) : 승객을 대상으로 하는 항
② **화물항**(cargo harbor) : 화물을 대상으로 하는 항
③ **화객항**(cargo and passenger harbor) : 화물 및 승객을 대상으로 항
④ **우편물항**(packet harbor) : 우편물을 취급하는 항
⑤ **벙커항**(bunkering harbor) : 선박용 연료를 취급하는 항

6. 관세행정상의 분류

① **개항**(open port) : 외국과의 무역이 허가된 항
② **불개항**(non-open port) : 외국과의 무역이 금지된 항
③ **자유항**(free port) : 세관법을 적용하지 않는 항

9.3 우리나라 항만현황

우리나라에는 그림 9.2와 같이 해양수산부 장관이 건설하고 운영하는 부산, 광양, 울산, 포항, 인천, 평택 등 31개의 무역항(동해안 7개, 서해안 10개, 남해안 14개)과 해양수산부 장관에 의해 건설되고 시·도지사에 의해 운영되는 29개의 연안항(동해안 5개, 서해안 10개, 남해안 14개)이 있다.

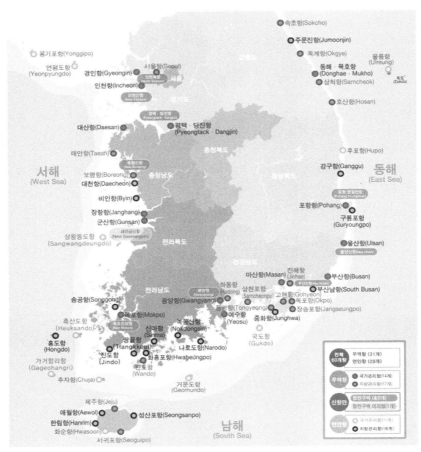

그림 9.2 전국 지정항만 위치도 (www.mof.go.kr)

9.4 항만시설

항만의 구역은 항만의 기능상 필요한 범위인 수역(水域)과 육역(陸域)이 있으며, 그 범위는 항만마다 다르다. 항만시설이란 항만의 기능을 충족시키기 위해 필요한 모든 시설로서 수역시설(항로, 박지, 선회장 등), 외곽시설(방파제, 방조제, 방사제 등), 계류시설(안벽, 잔교, 돌핀 등), 임항교통시설(도로, 철도, 교량, 운하 등), 항행보조시설(항로표지, 통항신호시설, 통신시설 등), 하역시설(하역용 크레인 등), 보관시설(창고, 야적장 등), 보급시설(선박의 급수, 급유 등), 여객시설(여객의 승강, 대기실 등) 등이 있다.

1. 항만법에 의한 항만 및 어항시설

항만법 및 어촌·어항법에서 규정하는 시설물의 분류는 표 9.1과 같다.

표 9.1 항만법 및 어촌·어항법에 의한 시설물의 분류

항만법 (제2조 제5호)	어촌·어항법 (제2조 제5호)
(1) 기본시설 ① 수역시설 : 항로·정박지·선유장·선회장 등 ② 외곽시설 : 방파제·방사제·파제제·방조제·갑문·호안 등 ③ 임항교통시설 : 도로·교량·철도·궤도·운하 등 ④ 계류시설 : 안벽·물양장·잔교·부잔교·돌핀·선착장·램프 등 (2) 기능시설 ① 항행보조시설 : 항로표지·신호·조명·항무통신 관련시설 등 ② 하역시설 : 하역장비, 화물이송시설, 배관시설 등 ③ 여객이용시설 : 대합실, 여객승강용 시설, 소하물 취급소 등 ④ 화물 유통·판매시설 : 창고, 야적장, 컨테이너 장치장, 사일로, 저유시설, 화물터미널 등 ⑤ 선박보급시설 : 급유/급수시설, 얼음의 생산공급시설 등 ⑥ 관제·홍보·보안시설 ⑦ 공해방지시설 : 방음벽·방진망·수림대 등 ⑧ 항만시설용 부지 ⑨ 「어촌·어항법」 제2조 제5호의 기능시설 및 어항편익시설 (3) 지원시설 ① 배후유통시설 : 보관창고, 집배송장, 복합화물터미널, 정비고 등 ② 선박기자재, 선용품 등을 보관·판매·전시시설 ③ 화물의 조립·가공·포장·제조를 위한 시설 ④ 항만이용업무용 및 후생·편의시설 : 휴게소·숙박시설·진료소·위락시설·연수장·주차장·차량통관장 등 ⑤ 항만 관련 연구시설 : 신·재생에너지, 자원순환 및 기후변화대응방재시설 등 (4) 항만친수시설 ① 해양레저시설 : 낚시터, 유람선, 낚시어선, 모터보트, 요트, 윈드서핑용 선박 등 ② 해양문화교육시설 : 해양박물관, 어촌민속관, 해양유적지, 공연장, 학습장, 갯벌체험장 등 ③ 해양공원시설 : 해양전망대, 산책로, 해안녹지, 조경시설 등 ④ 인공시설 : 인공해변·인공습지 등 (5) 항만배후단지	(1) 기본시설 ① 외곽시설 : 방파제·방사제·파제제·방조제·도류제·수문·갑문·호안·돌제·흉벽 등 ② 계류시설 : 안벽·물양장·계선부표·계선말뚝·잔교·부잔교·선착장·선양장 등 ③ 수역시설 : 항로·정박지·선회장 등 (2) 기능시설 ① 수송시설 : 철도·도로·다리·주차장·헬리포트 등 ② 항행보조시설 : 항로표지, 신호·조명시설 등 ③ 어선·어구보전시설 : 어선건조·수리장, 어구건조·제작·수리장, 선양시설, 야적장, 기자재창고 등 ④ 보급시설 : 급수·급빙·급유시설, 전기수용설비·선수품보급장 등 ⑤ 수산물유통·판매시설 : 수산물시장·위판장·직매장·집하장, 활어일시보관시설 등 ⑥ 수산물처리·가공시설 : 하역기계, 제빙·냉동·냉장시설, 수산물가공공장 등 ⑦ 어업용 통신시설 : 육상무선전신·전화시설, 어업기상신호시설 등 ⑧ 해양수산 관련 공공시설 : 어항관리시설·해양관측시설, 선박출입항 신고기관 등 ⑨ 어항정화시설 : 오수·폐수 처리시설, 도수시설, 폐유·폐선 처리시설 등 ⑩ 수산자원육성시설 : 종묘생산시설·배양장 등 (3) 어항편익시설 ① 복지시설 : 진료시설·복지회관·체육시설 등 ② 문화시설 : 전시관·도서관·학습관·공연장 등 ③ 어항환경정비시설 : 광장·조경시설 등 ④ 레저용 기반시설 : 유람선·낚시어선·모터보트·요트·윈드서핑 등 ⑤ 관광객이용시설 : 지역특산품판매장, 생선횟집 등 ⑥ 휴게시설 : 숙박시설·목욕시설·오락시설 등 ⑦ 기타 대통령이 정하는 주민편익시설 (4) 위의 각 기설을 조성하기 위한 부지와 수역

2. 수역시설

수역시설로는 항로, 박지, 선회장, 선류장 등이 있다.

항로는 선박의 항행을 위하여 필요한 소정의 수심과 폭이 있는 수로로 항행기능상 다음과 같은 조건을 충족해야 한다.

- 법선이 직선에 가까워야 한다.
- 항로의 측벽과 해저면 형상, 항주파 영향 등이 고려되고 폭이 넓으며 수심이 충분해야 한다.
- 바람, 조류, 그 외의 기상·해상조건이 양호해야 한다.
- 항로표지, 신호설비 등이 잘 정비되어 있어야 한다.

항로의 설정은 유사한 항만을 참고로 하고, 입출항 선박의 항적 등에 관한 검토를 할 필요가 있다. 또한 해사관계자의 의견을 청취할 필요가 있으며, 당해 항만에서의 항로표지의 정비상황, 항행관제의 시행상황, 항로의 분리방법(대형선·소형선별, 왕복별), 인접한 박지로부터 떨어진 거리, 항입구에의 진입각도, 끌배 사용의 유무 등을 고려할 필요가 있다. 그리고 전용 선박이 항행하는 수역은 항로가 지정되어 있지 않더라도 이 수역 내에서 선박이 정박, 선회할 수 있도록 해야 한다.

박지는 안전한 정박, 조선의 용이, 하역의 효율성, 기상, 해상조건, 항내 반사파, 항주파 등의 영향, 관련시설 등을 고려하여 설치하며, 묘박지, 부표 박지 이외에 선류장 등의 수면을 포함하고, 기능상 다음과 같은 조건을 충족해야 한다.

- 정온하고 충분한 수면을 가져야 한다.
- 저질이 닻 놓기에 좋아야 한다.
- 부표가 정비되어 있어야 한다.
- 바람, 조류 등의 기상과 해상조건이 좋아야 한다.

선회장은 선박이 부두에 접안할 때 또는 이안 후 항행을 위해 방향을 바꾸거나 회전할 때 필요한 수역으로, 바람 및 조류의 영향, 예인선의 유무 등을 고려하여 안전한 항행이 될 수 있도록 충분한 넓이로 계획되어야 한다.

선류장은 소형 선박을 계류하기 위한 항내의 정온수면으로, 선류장의 면적은 선박의 점유면적, 항로 및 선회장을 고려하여 정하고 있으며, 악천후 시 대피실태를 고려하여 충분한 수면적을 확보하는 것이 좋다. 선류장의 형상은 파랑에 대해 정온도를 유지할 수 있게 해야 하고, 선박 간의 접촉사고, 계류삭의 절단 등이 발생하지 않도록 해야 한다. 휴식시설에 있어서는 이용실태를 고려한 적절한 여유폭(선박 상호 간의 간격)을 고려하고, 이용자가 지장을 받지 않도록 해야 한다.

3. 외곽시설

외곽시설로는 방파제, 방조제, 호안, 방사제, 돌핀, 도류제 등이 있다. 외곽시설의 기능으로는 항내의 정온도 확보, 수심의 유지, 고조에 의한 수위상승 억제, 고파랑과 쓰나미에 의한 침입파 감쇄, 그리고 항만시설 및 배후지를 고조, 파랑, 쓰나미로부터 방호하는 것이다.

4. 계류시설

계류시설은 선박이 육지에 접안하여 화물을 적하하고 승객이 승강을 하는 접안시설로, 안벽, 잔교, 부잔교, 돌핀, 계선부표, 시버스, 물양장, 이안식 부두 등이 있다. 계류시설의 규모는 출입 여객, 화물의 종류, 수량 및 포장상태와 육·해상의 운송체계의 추이를 고려하고, 장차 화물량의 증가 추세, 선형의 변화 등을 고려하여 합리적으로 결정해야 한다.

5. 기타 항만시설

기타 항만시설은 임항교통시설, 하역시설, 보관시설, 선박역무용시설, 여객시설 등이 있다.

임항교통시설은 도로, 주차장, 철도, 헬리포트, 터널, 교량, 운하 등으로, 항만을 출입하는 차량 등이 안전하고 원활하게 이용할 수 있어야 한다.

하역시설은 하역장, 하역기계, 창고 등으로, 선박으로부터 하역작업을 원활하고 안전하게 수행 할 수 있도록 해야 한다,

보관시설은 위험물적치장, 저유시설, 창고, 야적장 등으로, 화물이 안전하고 원활하게 입·출 고되고 보관되도록 시설한다.

선박역무용시설은 선박을 위한 급수시설, 급유시설, 급탄시설, 선박수리시설, 선박보관시설 등 이 있다.

여객시설은 여객승강용시설, 여객터미널 등으로, 선박의 동요, 바람 등에 대해 안정한 구조로 하여 여객이 승강할 때 안전하고 원활하게 이용할 수 있어야 하고, 여객이 편리한 여행을 할 수 있는 시설을 갖추어야 한다.

6. 항로표지시설

항로표지시설은 항구, 만 및 기타 연안수역을 항행하는 선박의 지표로 하기 위해 설치하는 시 설로, 등광, 형상, 색채, 음향, 전파 등의 수단을 이용한 광파표지(등대, 등표, 도등, 조사등, 지향 등, 등주, 교량등, 등부표 및 등선), 형상표지(입표, 도표, 및 부표), 음파표지(에어 사이렌, 모터 사이렌, 전기혼, 다이아폰 및 종), 전파표지(라디오비콘, 레이다비콘, 로란, 데카, 위성항법 정보

시스템 및 레이다국) 및 특수신호표지(조류신호표지, 선박통항신호표지(VTS) 및 기상신호표지)
가 있다.

항로표지를 사용 목적에 따라 분류하면 다음과 같다.

(1) 항양표지

해안선에서 50마일 이상 떨어진 해양을 항행하는 선박이 육상의 물표를 이용하여 위치측정이
불가능할 때, 선위를 정확하게 결정할 수 있도록 하기 위하여 설치하는 장거리용 표지를 말한다.
이러한 표지는 주로 전파를 이용한 표지로서 출력 200 W 이상의 전파표지, 로란, DGPS 등이
이에 속한다.

(2) 육지초인표지

해안선에서 20마일 이상의 해양을 항행하는 선박에게 육지를 초인하게 하거나 선위를 확정함
에 이용할 수 있도록 설치하는 것을 말한다. 광원은 1 kW 이상, 광달거리 30마일 이상, 광력
80만 cd 이상의 등광, 출력 100~200 W의 전파료지 등이 이에 속한다.

(3) 연안표지

해안선에서 20마일 이하의 해양을 항행하는 선위를 확정하는데 필요한 표지시설을 말한다. 광
달거리 20마일 이상, 광력 20만 cd 이상의 등광, 회전무선표지, 레이마크비콘, 음달거리 5마일
정도의 음파표지 등이 이에 속한다.

(4) 항만인지표지

선박에서 항만의 소재를 확인할 수 있도록 표지를 설치함으로써 항만 접근 시에 선박의 위치
를 확실히 결정할 수 있고, 안전확보에 필요한 표지를 말한다.

(5) 유도표지

해협, 수도, 소해수로, 관제항로(준설항로 포함), 항만 등 협소 또는 위험한 해면을 항해하는
선박을 안전하게 목적지에 유도하기 위하여 설치하는 것을 말한다. 도등, 도표, 등부표 등이 있는
데 측방표지, 항로우선표지, 중앙분리표지 등과 50 W 이하의 초단파, 극초단파를 이용한 코스비
콘(Course Beacon) 등이 이에 속한다.

(6) 장애표지

선박이 항해에 장애가 되는 천소, 암초, 침선 등을 표시하기 위하여 설치한다. 등표, 등부표 등으로서 방위표지, 고립장애표지, 특수표지, 측방표지와 레이콘 등이 이에 속한다고 할 수 있다. 이 표지는 경제효과가 크도록 설치되어야 하는데 항만표지에 준한다. 이러한 표지는 경제적 효과의 대소, 출입 선박수, 출입 화물량 및 정박의 난이도, 항만 자체의 중요성 등에 따라 설치된다.

표 9.2 해상 부유식 표지의 종류, 의미, 도색, 형상 및 등질 (www.molit.go.kr)

종류 type		표체 body			형상 shape of mark				등색 color of light
		도색 color	두표도색 color	두표형상 shape	등부표 lighted	부표 unlighted	등표 fixed		입표 beacon	
측방표지	좌현표지 port hand mark	녹색 G	녹색 G	원통형 can						녹색 G
	우현표지 stardoard-hand	홍색 R	홍색 R	원추형 cone						홍색 R
	좌항로우선표지 mark for preferred channel to port	홍색바탕 녹색횡대 R with horizontal G band	홍색 R	원추형 cone						홍색 R
	우항로우선표지 mark for preferred channel to starboard	녹색바탕 홍색횡대 G with horizontal R band	녹색 G	원통형 can						녹색 G
방위표지	북방위표지 north cardinal	상부흑색 하부황색 B about Y	녹색 G	원통형 can						백색 W
	남방위표지 south cardinal	상부흑색 하부황색 B about Y	녹색 G	원통형 can						백색 W
	동방위표지 east cardinal	흑색바탕 황색횡대 B with Y band	녹색 G	원통형 can						백색 W
	서방위표지 west cardinal	흑색바탕 흑색횡대 Y with B band	녹색 G	원통형 can						백색 W
고립장해표지 Isolated danger		흑색바탕 홍색횡대(1) B with R band	흑색 B	구형(2) spheres(2)						백색 W
안전수역표지 safe water mark		홍백종전 R & W vertical stripes	홍색 R	구형(1) spheres(2)						백색 W
특수표지 special purpose		황색 Y	황색 Y	X형(1) X						황색 Y

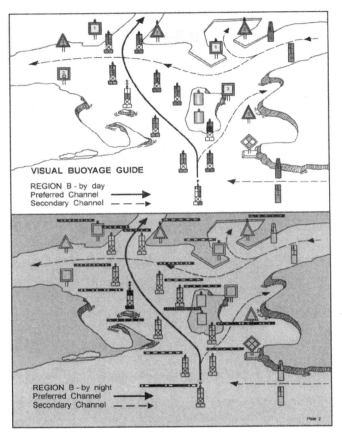

그림 9.3 해상 부표방식도 (navyadministration. tpub. com)

7. 초대형 석유탱커용 시설

　초대형 석유탱커용 시설은 중량톤수 10만 톤급 이상의 초대형 석유탱커가 이용하는 항만시설로, 수역시설, 계류시설, 하역시설 등과 이들의 부대시설에 의해 구성되는 모든 시설을 말한다. 이는 위험물을 취급하는 시설을 대상으로 하므로 시설기준에 적합하도록 건설, 개량, 유지되어야 하고, 안전이 확보되어야 한다. 초대형 석유탱커용 시설에서의 송유용 도관계의 기립부 및 해상 도관은 해저 파이프라인(pipeline) 규정을 따라야 한다. 해저 파이프라인은 고전압 송전선 및 석유, 가스 등의 수송을 위해 해면 하에 부설되는 파이프라인 전부를 말한다.

　그림 9.4에 제시된 초대형 석유탱커용 계류시설의 구조형식에 있어 고정식 계류시설은 해저에 고정된 구조물을 사용하여 탱커를 계류하는 시설을 말한다. 또한 부표식 계류시설은 부표를 사용하여 탱커를 계류하는 시설을 말한다. 부표식 계류시설에 있어 일점계류 부표식 계류시설은 한 개 또는 여러 개의 앵커 체인 등으로 한 개의 부표에 계류삭 등으로 탱커를 계류하는 시설로,

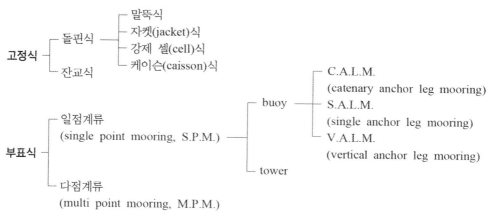

그림 9.4 초대형 석유탱커용 계류시설의 구조형식

탱커가 부표의 둘레를 자유롭게 회전할 수 있는 기구를 가진 것을 말하며, 다점계류 부표식 계류 시설은 한 개 또는 여러 개의 앵커 체인 등으로 여러 개의 부표를 배치하여 계류삭 등으로 탱커 를 계류하는 시설을 말한다.

8. 전문부두

전문부두는 특정 화물만을 전적으로 취급하는 부두로, 컨테이너부두(container terminal), 석탄 부두(coal terminal), 유류부두(oil terminal), 광석부두(ore terminal), 양곡부두(grain terminal), 시멘트부두(cement terminal), 페리부두(ferry terminal), 여객부두(passenger terminal) 등이 있다.

컨테이너부두(container terminal)는 해상수송과 육상수송의 접점으로 국내 및 배후지역의 컨 테이너 화물수요, 선사(船社)의 컨테이너 항로망의 운용, 배후의 교통흐름, 인근 컨테이너부두의 상황 등을 고려하여 부두가 효과적으로 이용될 수 있는 위치에 배치한다.

컨테이너부두는 항만을 이용하는 선사, 항로, 입출항하는 선박의 규모, 취급 품목 및 화물량, 배후수송시설의 종류 등에 따라 규모와 형태가 달라진다. 컨테이너를 취급하는 부두에는 전적으 로 컨테이너 화물만을 취급하는 전문부두와 컨테이너 화물과 그 외의 다른 화물도 같이 취급하 는 다목적 부두가 있다.

컨테이너부두는 컨테이너 화물의 입출입, 하역 및 보관이 원활해야 하고, 부두가 효율적으로 운영될 수 있도록 제반시설을 갖추어야 한다. 또한 이들 제반시설이 효율적으로 제 기능을 발휘 할 수 있도록 배치되어야 하고, 충분히 넓은 부지가 확보되어야 한다.

컨테이너부두는 주로 다음과 같은 시설로 이루어지며 그림 9.5에 그 예를 나타내고 있다.

- 안벽(berth) : 컨테이너 전용선이 접안하는 곳으로, 30,000 DWT(dead weight tonnage, 적 재중량톤) 이상의 대형 선박이 접안하기 위해서는 12 m 이상의 수심과 250 m 이상의 안벽

길이가 필요

- 에이프런(apron) : 안벽에 접한 약 30~40 m의 육지부로, 컨테이너 크레인(container crane)이 설치되어 화물의 적하가 이루어짐
- 마샬링 야드(marshalling yard) : 에이프런의 안쪽에 위치하며, 선적 예정 컨테이너를 쌓아 두는 장소
- 컨테이너 야드(container yard, CY) : 마샬링 야드의 안쪽에 위치하며, 빈 컨테이너와 화물이 내장되어 있는 컨테이너를 집적 보관하면서 컨테이너를 주고받는 야적장
- 컨테이너 프레이트 스테이션(container freight station, CFS) : 수출하는 화물을 목적지별로 분류하여 컨테이너에 적입하며, 수입의 경우에는 혼적화물을 수화주별로 분류하여 인도하는 장소
- 사무동(office) : 컨테이너 부두의 행정을 담당하는 곳
- 게이트(gate) : 수출입하는 컨테이너에 대한 필요한 서류를 접수하고 직인 및 손상의 유무를 검사하는 곳

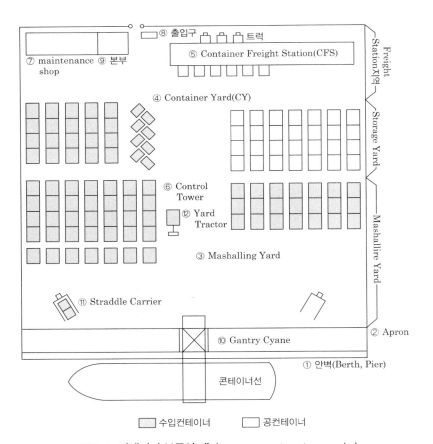

그림 9.5 컨테이너 부두의 예 (www.exportcenter.go.kr)

• 정비공장(maintenance shop) : 하역장비를 정비 또는 수리를 하는 곳

석탄부두는 평행식 부두 또는 돌제식 부두가 있으며 배후에 저탄장, 철도 등이 있고, 하역은 벨트 컨베이어(belt conveyer)와 크레인 등에 의해 이루어진다.

유류부두는 유류를 주로 취급하는 부두로서 하역은 주로 관(pipe)에 의해 하게 되므로 육상에서 떨어진 해상에 돌핀, 잔교 등을 설치하여 선박을 정박시키고 관에 의해서 육상의 저유시설과 연결하게 된다.

광석부두는 광석을 하역하는 대형 기계와 배후지에 넓은 저광장이 필요하다. 광석부두는 상재하중이 대단히 크므로 설계 시 이를 고려하여야 한다.

양곡부두는 대형 사이로가 있어야 하고, 곡물은 일반적으로 압축공기 컨베이어(pneumatic conveyer) 또는 체인 컨베이어(chain conveyer)에 의해 하역된다. 곡물부두는 곡물을 포대에 넣고 보관하는 작업용 및 보관용 구역이 필요하다.

시멘트부두에는 시멘트 사이로가 있어야 하고, 양곡부두와 유사한 시설을 갖추어야 한다.

페리부두는 자동차 또는 객화차를 배에 싣고 내리는 부두이며, 도로 또는 철도가 부두와 연결되어야 한다. 수위와 조위의 변화 때문에 부두와 선박 사이에 가동교를 설치한다. 가동교의 경사는 자동차의 경우 1/10 이하로 해야 하며, 철도의 경우는 45/1,000 이하로 하는 것이 좋다.

여객부두에는 여객의 승강에 필요한 시설과 대합실, 사무실을 갖춘 건물이 필요하다.

9. 마리나

마리나(marina)는 스포츠 또는 레크리에이션(recreation)용 요트, 모터보트 등의 선박을 위한 항구로, 마리나의 위치는 대상 선박 또는 계획규모에 맞추어 자연조건, 사회조건, 환경, 경관, 경제성 등과 마리나 입지의 적합성, 플레저 보트(pleasure boat)의 활동성, 마리나 시설의 건설 적정성 등을 고려하여 선정한다. 마리나의 배치는 각 시설의 계획규모에 기반하여, 각 시설 간의 동선, 상호 연관성 등을 충분히 검토한 후, 마리나 전체의 안전성, 편리성, 효율성 및 장래의 발전 가능성을 고려하여 결정한다.

마리나에는 플레저 보트를 계류, 보관할 수 있는 수역시설, 외곽시설, 계류시설 및 육상보관시설이 필요하고, 이용자에게 편의를 제공할 수 있는 보급시설, 선박수리시설, 클럽하우스, 주차장 등 외에 위락시설, 연수시설, 녹지공간 등이 있어야 한다.

Chapter 10

항만의 계획, 건설, 시공 및 유지관리

홍남식
동아대학교 공과대학 토목공학과 교수

윤한삼
부경대학교 환경해양대학 생태공학과 교수

10.1 항만기본계획

항만기본계획의 수립 목적은 첫째, 항만물동량 증가 추세에 대응한 장기적·체계적인 항만개발계획을 수립함과 동시에 미래 지향적인 항만발전 방향을 제시하고, 둘째, 항만 개발, 관리 및 운영에 관한 장기적·효율적·종합적인 정책방향을 설정함으로써 국가경쟁력 제고 및 경제발전에 기여하는 것이다.

1. 항만기본계획의 수립

항만기본계획은 항만건설 이전에 그 건설에 대한 타당성 여부, 추진방법, 유·무형의 결과 및 이해관계를 검토하는 것으로, 광범위한 국가정책 내에서 종합적으로 검토되어야 한다. 이러한 항만기본계획은 새로운 시설을 대상으로 하는 중·장기계획과 기존항만의 시설과 운영을 개선하는 단기계획으로 분류할 수 있다.

장기계획(기본계획)은 전국 항만계획 내에서 10~20년을 대상기간으로 하여 확정되어야 하고, 3~5년마다 수정·보완한다. 계획수립 시 고려되어야 할 사항으로는 항만의 역할, 항만개발의 책

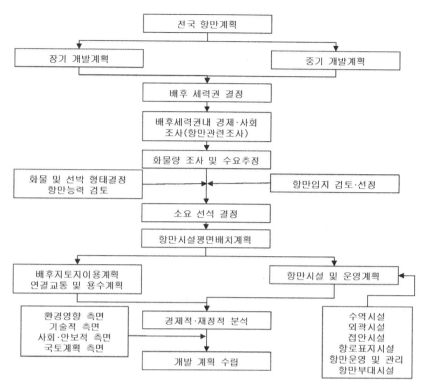

그림 10.1 항만기본계획 수립의 일반적인 순서도
[실무자를 위한 항만 및 어항공학, 2006년 (도서출판 한림원)]

임 범위, 임항지역 및 토지이용대책, 항만의 재정정책 등이 있다. 중기계획(타당성 조사)은 장기계획과 일관성 있게 계획한다. 단기계획은 중·장기계획과는 무관하게 기술 및 운영의 측면에서 필요에 따라 수시로 시설을 개선하는 계획으로, 저장시설의 확장, 하역장비의 추가 도입, 예선 및 조명시설의 도입 등이 이에 해당한다. 그림 10.1은 항만기본계획 수립의 흐름을 나타낸 것이다.

2. 항만계획에서의 검토항목

항만계획은 항만의 개발, 이용, 보전 등을 기본으로 하여 일반적으로 다음 사항을 검토해야 한다.

- 자연조건, 지리조건, 경제조건, 사회조건 등을 조사·파악하고, 국내외 무역항만, 유통항만, 공업항만 등의 항만의 기본적인 성격을 토대로 계획방침을 설정한다.
- 목표 연도에서의 취급화물량, 여객수, 입항선박수 등을 설정하여 항만규모 및 수용능력을 설정한다.

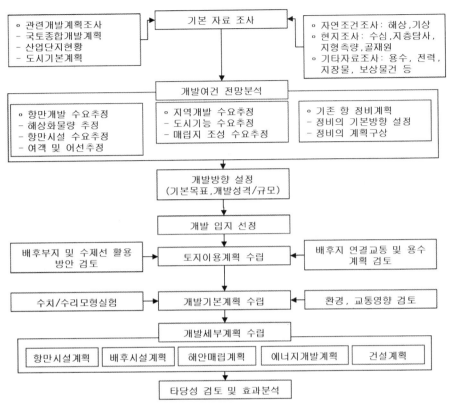

그림 10.2 항만개발을 위한 일반적인 순서도
[실무자를 위한 항만 및 어항공학, 2006년 (도서출판 한림원)]

- 육지와 바다의 이용, 토지의 조성 및 이용, 항만시설의 이용 등 항만의 이용계획을 검토한다.
- 수역시설, 외곽시설, 계류시설, 임항교통시설, 여객시설, 하역시설, 보관시설, 항만지원시설 항만시설의 배치계획을 검토한다.
- 폐기물처리, 항만공해방지시설, 항만환경정비시설, 항만친수시설 등 항만의 환경 및 친환경성을 고려하여 환경친화적인 항만개발을 검토한다.

그림 10.2는 항만개발을 위한 일반적인 순서를 나타낸 것이다.

항만계획을 수립, 작성할 때에는 항만의 입지 또는 공간적 위치를 분석하여 항만의 개발 및 발전 방향을 검토할 필요가 있다. 항만이 발전하고 성장하면 배후도시도 이에 따라 발전하고 상호 간에 영향을 미쳐 그 기능이 확대되고 복잡해지는 것이 일반적이다. 항만계획에 있어 항만의 장래 발전 방향에 대한 검토 시에는 항만의 기능과 성격을 파악하고 분석할 필요가 있다. 항만계획에 있어서는 수송체계, 항만입지, 생활기반, 국토 및 해양이용, 개발계획 등이 검토되어야 하며, 이러한 상세 항목별 항만이 가지는 성격요소와 주요 검토항목을 요약하면 표 10.1과 같다.

표 10.1 항만의 성격요소와 주요 검토항목

항만의 성격요소		자연조건, 지리조건	경제조건, 사회조건	기타 조건
상항적 요소	주요항	광대한 배후권, 충분한 수심, 차폐가 용이한 수면과 부두용지 확보 여부	일정 규모 이상의 도시기능, 특히 상업기능의 집적이 가능	대규모로는 경제, 사회조건이 충족, 국가와 지역의 정책, 역사적 배경이 중요
	연안항	상당한 배후권확보, 어느 정도의 수심, 정온한 수면과 부두용지 확보 여부	어느 정도의 도시기능과 배후권 필요, 지역정책과 부합	소규모일수록 자연조건이 지배
공업항적 요소		광활한 토지, 풍부한 수량이 필요, 자연, 지리조건이 약간 미흡해도 개발가능, 장래 공업도시로의 발전가능성 여부	소비지와 연관공업과의 관계가 중요, 신규이고 큰 규모인 경우 지역개발과 부합, 지역개발의 기동력이 크고 비교적 단기간에 항으로서 성장가능성	
특수화물 취급항적 요소		화물의 발생원이 비교적 가깝고, 공사비가 저렴	총 수송비가 저렴	요소의 특수조건 활용
연락항적 요소		전적으로 지리적 조건에 좌우, 장거리 카페리는 상항의 특수형태로 고려	어느 정도 도시에 근접	철도연락항과 카페리는 다름
어항적 요소		어장이 가깝고, 대규모인 경우 대 소비지와 멀지 않아야 하며, 정온한 박지가 필요	대규모로는 어느 정도의 상항기능과 수리, 보급기능 구비	대규모는 어업기지로서의 역할
피난항적 요소		항로에 가깝게 위치, 경제적인 공사비, 악천후 시에도 안전한 박지가 필요		
관광, 레크리에이션 항적 요소		바다의 좋은 경관, 정온한 수면, 아름다운 자연조건	주말형으로는 대도시권에서 가까운 시간 거리	요트, 모터보트의 해역과 어선, 일반선박과의 항로가 격리
도시항만적 요소		용지조성이 용이	충분한 도시기능	상항적 요소와 거의 유사

3. 항만건설의 입지조건

항만을 건설하는 경우, 우선 입지조건을 충분히 검토해야 한다. 항만의 입지는 항만의 종류, 규모 및 목적에 따라 달라지며 자연적인 인자에 의해 지배되는 경우가 많다. 입지조건이 좋은 곳은 이미 항만이 건설·운영되고 있는 경우가 많으며, 최근 매립, 준설 등을 통해 입지조건을 개선하여 항만을 건설하는 추세이다.

항만의 입지검토에 있어 자연 및 지리조건에 대한 조사내용은 다음과 같다.

- 수심, 박지면적이 충분한 곳인가?
- 지반이 양호하고 항만구조물을 만드는 데 적합한 곳인가?
- 육상시설을 충분히 설치할 수 있고, 장래에 확장이 가능한 곳인가?
- 파랑, 조석 등이 외곽시설을 건설하는 데 양호한 곳인가?
- 표사에 의하여 항구 및 항내 매몰의 염려가 없는 곳인가?
- 안개, 바람 등의 기상조건이 좋은 곳인가?

그리고 경제 및 사회조건에 대한 조사내용은 다음과 같다.

- 상대항에 대해 선박의 기항이 용이한 곳인가?
- 항만세력권의 규모가 크고, 장래발전이 가능한 곳인가?
- 도시산업이 발전하고 용수, 에너지 등의 확보가 용이한 곳인가?
- 철도, 도로 등 육상교통수단이 용이한 곳인가?
- 도시계획과의 관계가 원만한 곳인가?
- 공사용 재료확보가 용이한 곳인가?

4. 항만이용률

항만의 입지검토 시 항만건설에 따른 이용률을 검토하여 가장 경제적이고 이용률이 높은 지점을 선정하는 것이 좋다.

항만의 이용구역에는 항만배후의 육상구역인 배후구역(back land), 항로에 따른 경로구역(junction part) 그리고 두 항만 간의 기점/종점의 전향구역(discharging part)이 있다. 이 구역들을 총괄하여 항세권이라 하며, 항만이용률의 향상에 있어 중요하다. 항만이용률은 항만배후의 이용현황뿐만 아니라 다른 지역, 도서를 연결하는 도로, 철도, 항로 등의 수송기관과 다른 항만과의 관계도 포함된다. 그러므로 이와 같은 이용률을 추정하여 외곽시설, 접안시설, 하역시설 등을 계획해야 하며, 향후 항만의 발전 가능성 또한 추정하여 항만의 확충 등을 고려해야 한다.

5. 항만계획에서의 조사항목

항만계획 시에는 항만계획의 성격에서부터 개별 시설의 배치계획까지 각 단계별 검토나 결정을 위한 다방면의 조사와 분석을 수행하고, 필요에 따라 항만건설, 관리, 운영에 관련된 추가 조사가 요구된다. 조사범위는 자연조건, 지리조건, 경제조건, 사회조건 등 광범위하다. 그 외 환경영향평가를 수행하여 환경보전대책을 수립하며, 해양레저 기반시설, 문화·교육시설, 해양공원 등의 친환경 및 친수시설에 대한 조사, 항만배후부지의 공간이용계획 수립에 필요한 조사도 수반되어야 한다.

(1) 자연조건 및 지리조건 조사

자연조건은 외곽시설 등 항만시설의 배치계획 시 결정적인 영향을 미칠 수 있다. 자연조건은 해양환경을 비롯하여 도로, 철도 등 배후 수송시설과 배후지 또는 인근 도시와의 지리적 관계에도 많은 영향을 받는다. 자연조건, 지리조건의 주요 조사항목은 표 10.2와 같고 우리나라 해안별 주요 특징과 고려사항을 정리하면 표 10.3과 같다.

표 10.2 항만시설 배치계획에서의 자연 및 지리조건 조사항목

분류		조사항목
지세	육상지형	육상지형, 해안지형, 지형변화
	해저지형	해저지형, 심천, 지형변화
	하천	유속, 유량, 유향, 유출토사량 등
지질	지반의 종류	사질, 점성, 암반
	지반의 두께	지층의 두께와 깊이
	토질정수	N값, 전단강도, 압축강도, 점착력, 압밀계수 등
기상	바람	풍향, 풍속
	기후	강우, 강설, 안개, 결빙
	태풍	빈도, 경로, 크기
해상	조석	조위, 조류, 고조
	파랑	파고, 주기, 파향, 부진동 등
	흐름	연안류, 이안류 등
	표사	표사량, 표사원, 입경 등
지리적 조건		도시, 항만, 교통

표 10.3 우리나라 해안별 주요 특징과 고려사항

구분		동해안	남해안	서해안
해안의 특성	지형	해안선이 단조롭고, 해저지형은 급경사를 이루고 있으며 배후지가 좁다.	해안선의 굴곡이 심하며, 많은 섬들로 다도해를 이루고, 서해에 비하면 해저지형은 급한 편이다.	해안선의 굴곡이 심하며, 많은 섬들이 산재해 있고 해저지형은 완만하다.
	토질	사질해빈을 이루고 있으며, 기반암이 얕게 분포되어 있다.	해저에 암반이 많으나 항에 따라서는 두껍고 연약한 퇴적층도 보이고 있다.	연약한 퇴적층이 두껍게 분포되어 있고, 그 아래에 풍화암이 분포되어 있는 예가 많다.

(계속)

10.1
항만기본계획

구 분		동해안	남해안	서해안
해안의 특성	조위/ 조류	0.2~1.0 m의 작은 조차를 보이고 조류속 역시 미약하다.	1.0~0.4 m의 조차를 보이고, 조류속은 대략 1~2 knot 정도이다.	4.0~9.0 m의 큰 조차를 보이고 이로 인한 조류속도 3~4 knot 를 나타내는 곳이 많다.
	파랑	지형적으로 수심이 깊고 긴 대안 거리에 노출되어 있어 파고가 높으며, 긴 주기의 심해파($H_{1/3}$=7~8 m, T=12~14 sec)의 영향을 받고 있다. 이 파랑은 동계 북동계절풍 및 태풍에 의해서 발생되며, 주파향은 북동 및 남동방향이다.	심해에서 태풍에 의한 파랑이 내습하고 있으므로 높은 파고($H_{1/3}$=7~9 m)와 긴 주기(T=13~15 sec)의 심해파의 영향을 받고 있다.	대개 북서계절풍에 의해서 발생되는 파랑으로서 섬들로 둘러싸인 항이 대부분이어서 짧은 대안거리로부터 $H_{1/3}$=3~4 m의 파고(T=6 sec)를 보이고 있다.
항만 및 해안시설의 계획, 설계		• 동해안은 파랑이 크고 지형이 단조로워 외곽시설(방파제)이 가장 중요한 시설이 되며, 항로와 수심확보에는 큰 문제점이 없다. • 포항항과 같이 방파제 시설 비용을 최소화할 수 있도록 사빈해안을 굴입식으로 축조되는 항만계획이 유리할 때도 있다. • 또한 동해안의 해저토질조건은 대부분 사질이므로 파랑에 의한 표사문제를 특별히 고려해야 하며, 세굴로 인한 구조물의 안정에 유의해야 한다.	• 남해안은 파랑이 커서 외곽시설의 비중이 큰 경우가 많으므로 가능한 한 굴곡이 심한 지형을 이용함으로써 외곽시설의 비중을 줄인다. • 이러한 지형에서는 항로계획에 유의해야 한다.	• 서해안은 파랑은 작으나 조차가 크고, 조류속이 크며 두꺼운 연약지반 때문에 외곽시설보다는 접안시설의 계획이 더 큰 비중을 차지한다. • 이로 인하여 하역능력이 저하되는 문제도 발생하게 되므로 인천지역과 같이 조차가 심한 지역에서는 외곽시설로서 갑문을 계획하기도 한다. • 특히, 지형적인 여건 때문에 항로계획에 유의해야 한다. 연약지반상의 기초는 조류에 의한 세굴대책도 고려해야 한다.
항만 및 해안시설의 시공		동해안은 시공 중 내습파랑으로 인한 피해에 대비하여 시공계획을 수립해야 한다. 해상장비는 가급적 큰 것으로 준비하여 해상작업시간을 최소화하도록 한다.	남해안은 태풍시기인 8~9월을 피하여 시공계획을 수립해야 하며, 특별한 Concrete 공정을 제외하고는 동계시공도 가능하다.	서해안은 시공계획수립 시 간만의 차를 이용하여 그 이점을 활용토록하고, 북서계절풍이 강하게 부는 동계의 시공은 가능하면 피하는 것이 좋다.

(2) 경제조건 및 사회조건조사

경제조건과 사회조건은 항만개발을 구체화하고, 항만의 성격, 규모, 토지이용 등을 검토하는 전제로서 필요하며, 항만배후권과 전국적인 상황도 포함될 수 있다. 일반적으로는 각종 통계 자

표 10.4 항만계획에서의 경제 및 사회조건 조사항목

구 분		조사항목
항만·도시활동	여객·화물유통	수송기관별 여객, 화물수송(국제, 국내)
	기업의 입지	기업입지현황, 공업용지현황, 연료원, 수송기관별 의존도
	항만이용현황	항만시설현황, 이용현황, 항만취급화물량, 선박여객수, 입항선박수
	항만의 문제점	시설정비량, 이용효율, 안전성, 환경성
	주민의 인식	항만에의 요청, 평가
관련도시시설	토지이용	토지이용계획, 도시계획
	주요시설 정지현황	도로, 철도, 공항, 유통터미널, 상·하수도, 공원녹지 등
	주요시설 정비계획	도시계획, 정비계획 등
항만발전의 경위·역사	항만계획의 경위	과거의 항만계획경위(동기, 목적, 내용, 실현과정 등)
	항만발전의 경위	항만정비, 항만이용의 추이와 원인
	도시발전의 경위	도시의 규모, 기능, 산업구조 등의 추이와 원인, 토지이용의 변화, 도시계획 등의 추이
	역사, 풍토	역사적 유산 등
해면이용	어업	어업권현황, 어획량
	위락시설	선박항행현황, 해난발생현환
	항로	선박항행현황, 해난발생현황
이해관계자의 동향		항만이용자, 운송업체, 해사관계자, 항만근로자, 어민, 주민, 관계 행정기관

료를 참조하여 분석하며, 지역적인 산업구조 등과 같은 배후권에 대한 상세한 조사가 필요한 경우도 있다. 경제조건과 사회조건에 대한 조사항목은 표 10.4와 같다.

10.2 항만의 설계

항만의 설계에 있어 검토되어야 하는 조건들을 살펴보면 다음과 같다.

1. 자연조건

(1) 기상

풍향과 풍속으로 표현되는 바람은 지역에 따라 매우 다양하게 변한다. 어떤 지역에서의 지배적인 풍향은 한 방향 또는 두 방향이 될 수도 있고, 때로는 상반되는 풍향이 나타나기도 하는데, 이러한 경우의 풍향은 선박의 접안과 이안에 있어서 지대한 영향을 미칠 수 있다. 선석은 가능한 한 지배적인 풍향과 평행으로 배치하는 것이 좋다. 컨테이너 크레인과 같은 고정 하역장비들은 강한 바람에 민감하여 작업능력이 감소되거나 작업이 중단될 수도 있다.

바람에 관한 풍향과 풍속의 평균발생빈도는 통계적인 분석과 천기도에서 얻을 수 있다. 바람에 관한 통계는 지역적인 바람의 특성을 파악하는 데 유용하며, 일반적으로 시각적인 관찰보다는 실제적 측정에 근거를 둔다. 천기도는 파랑추정방법을 통해 파랑을 계산하거나, 바람과 기압의 영향으로 발생하는 고조(surge)와 흐름을 계산하는 데 이용된다.

또한 항만운영에 악영향을 미치고 하역능률을 저하시키거나 중단시키는 주요 요인은 이상적인 온도, 강우, 습도 등이다. 기온이 30℃ 이상이거나 5℃ 이하일 때에는 콘크리트의 타설과 양생 등에 있어 특별한 주의를 필요로 하며, 이상 강우현상은 집중호우에 대한 배수와 배수관의 설계를 좌우한다.

(2) 파랑

파랑은 방파제와 외해에 노출된 접안시설에 직접적인 영향을 미치고, 계류된 선박의 거동을 발생시키며, 표사의 이동, 침식 및 퇴적 등에 영향을 주는 등 항만의 배치와 항만구조물 설계에 있어 지대한 영향을 미치는 요소이다.

(3) 조석, 고조 및 부진동

조석은 천체의 운행에 의해 발생하는 규칙적인 해수면의 상하 변동으로 장기간의 관측자료를 바탕으로 설계조위를 결정하여 항만구조물 설계에 반영한다. 그리고 태풍, 저기압의 통과 시 기상의 급격한 변화 등에 의해 수위가 이상 상승하는 고조와 항내 공진에 의해 발생하는 부진동 등도 항만구조물과 화물의 적하에 큰 영향을 미치는 중요한 요소이다.

(4) 흐름

조석에 의한 조류, 바람에 의한 흐름, 쇄파대 해안측 수역에서 발생하는 연안류 등의 흐름은 이동 중 또는 계류된 선박에 영향을 미치며, 표사의 침식 또는 퇴적을 발생시키는 원인이 된다.

(5) 표사이동

파랑과 흐름에 의한 모래해안과 하구에서의 표사이동은 항만계획에 있어 중요한 문제를 제기한다. 표사의 이동, 침식 및 퇴적은 대단히 복잡한 현상이어서 아직도 정확한 예측이 어렵다. 그러므로 상당한 표사이동이 있는 지역에서의 항만계획은 신중한 판단을 필요로 한다.

(6) 결빙

결빙이 잦은 수역에 항만구조물을 설치할 때에는 바람이나 흐름에 의해 표류하는 얼음덩어리 또는 구조물이 닿아 있는 상태에서 바람이나 흐름에 의해 힘을 발휘하는 얼음덩어리를 구조물 설계에 반영해야 한다.

(7) 지형 및 수심

항만건설을 위한 대량의 토사 및 암석의 제거, 운반, 적치에는 많은 비용이 소요되며, 항내 적정 수심을 확보하기 위한 준설 또한 많은 유지비용을 필요로 한다. 그러므로 항만건설은 깊은 수심을 가진 넓은 수역에 배후에 넓고 잘 정지된 육지가 이용가능할 때 매우 효과적이다. 이러한 이유로 항만건설을 위한 부지선정에 있어서는 지형도나 수심도를 이용하여 육지의 지형조건과 인접해안의 수심조건을 조사하고, 양호한 입지여건을 갖추고 있는지를 사전에 검토해야 한다.

(8) 지역 지질

항만의 계획과 설계에 있어서는 그 지역의 지질에 대한 조사가 초기 단계에 이루어져야 한다. 기존의 자료, 현장조사 등을 통하여 내인성암과 외인성암의 분포를 파악하는 것이 중요하며, 지표면 부근의 암석뿐만 아니라 파랑에 대한 내구성을 알 수 있는 노출된 해안절벽의 암석도 조사의 대상이 된다.

(9) 해안지형

미약한 지진에 의해서도 발생할 수 있는 사면 활동과 경사가 급한 절벽에서의 사면붕괴 등이 조사되어야 하고, 지진발생 시 액화현상을 일으킬 수 있는 느슨한 세사층의 존재 여부 또한 조사되어야 한다.

(10) 토질

구조물의 배치 형태나 형식, 시공방법 등은 그 지역 토질의 현장조사, 실내시험 등을 통해 신중하게 결정해야 한다.

2. 접근항로 및 수역시설조건

접근항로는 항만에 선박이 안전하고 편리하게 항행할 수 있도록 적정한 수심과 폭을 가진 수로를 말하며, 대부분의 경우 쌍방향 통항, 즉 교행이 가능한 폭을 확보하고, 최대 선박 그리고 가장 흘수가 큰 선박의 항행에 맞게 설계되어야 한다. 기동성이 떨어지는 선박, 바람에 민감한 선박 또는 위험물 전용 적재선박에 대한 수역시설은 그 특수성을 배려할 필요가 있다. 그러므로 항로는 정해진 표준절차를 따르기보다는 주어진 요건에서 여러 가지 비교안들을 검토한 후 설정한다. 또한 항로, 박지 등에 문제가 있는 수역에서는 선박의 안전한 항행, 하역의 안정성 및 효율성 등을 확보할 수 있는 방파제, 도류제 등의 적절한 시설을 설치할 필요가 있다.

(1) 항로

항로는 선박의 안전한 항행, 지형, 기상 및 해상조건 등과 항로표지, 신호설비 등의 관련 시설이 잘 조화되도록 고려하여 설정한다.

항로폭(channel width)은 대상 선박의 최대 선폭(beam), 선박항행, 통항량, 조류와 파랑작용, 기상 및 해상 등을 고려하여 적정한 여유폭을 두고 설정한다. 항로수심(cannel depth)은 선박의 항행 중 선저(船底)가 해저면에 충돌하거나 좌초되는 사고가 발생하지 않도록 설정되어야 하며, 항행 중 선박의 프로펠러에 의해 해저물질이 심하게 교란되어 생태계에 손상을 입히지 않는 수심을 유지해야 한다. 그러므로 항로수심은 대상 선박의 적재 흘수(drift)와 선저에서부터 항로 바닥까지의 여유고에 의해 결정된다.

항로의 평면배치(layout)는 선박의 항행이 가장 용이하고 안정적 및 경제적이도록 계획한다. 또한 조석, 파랑, 바람, 해저지형, 가시성 등의 자연적인 조건이 적합하고, 준설 및 퇴적이 최소화되는 곳을 선정함으로써 항로 개설의 공사비와 유지관리비용이 적게 소요될 수 있도록 계획한다. 항로의 방향은 일반적으로 등수심선에 직각이 되도록 배치하는데, 이는 항로 개설을 위한 준설량을 적게 하고, 선박 항행의 안정성을 확보하기 위해 항로 길이를 최소화하는 데 그 목적이 있다. 항로를 계획할 때 불가피하게 곡선항로를 피할 수 없는 경우에는 곡선부의 숫자가 최소가 되도록 하고, 곡률반경을 크게 두어 선박이 완만하게 회전하도록 설정한다.

(2) 항 출입구 배치

일반적으로 항 입구의 방향은 주 풍향을 등지게 하고 위치하는 것이 이상적이다. 불가피하게 주 풍향을 등지지 못하는 경우에는 방파제 양끝단을 서로 엇갈려 겹쳐지게 하여 항 입구를 배치한다. 항 입구에 설치되는 방파제의 배치형식으로는 그림 10.3과 같이 해안선의 육지부에서부터

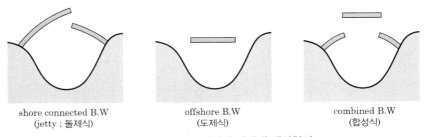

shore connected B.W   offshore B.W   combined B.W
(jetty ; 돌제식)   (도제식)   (합성식)

그림 10.3 항 입구에서의 방파제 배치형식

바다로 돌출시킨 돌제식 방파제(jetty type breakwater), 항 입구 중간에 일자형 제방을 축조한 도제식 방파제(offshore breakwater), 그리고 이 두 형식을 조합한 형식(combined breakwater) 이 있다.

(3) 항 수역시설

이상적인 수역시설은 외해로부터 진입하는 파랑을 효과적으로 제어하고, 조차와 조류속(항 입구의 조류속은 2.5~3.5 knot를 넘지 않아야 함)이 크지 않으며, 항내 부진동이 작고 안개가 많이 끼지 않아야 한다. 그리고 선박이 항내를 안전하게 입출항 할 수 있어야 하고, 양하역 또는 정박 시 안전성이 확보되어야 한다.

항만수역은 기능에 따라 선박의 기동수역(maneuvering area), 선회수역(turning area), 정박수역(anchorage area), 그리고 접안수역(berthing area)으로 분류된다. 항만의 평면계획(layout)에 있어 수역계획 수립 시에는 그 수역의 수리, 지형 및 구조물 특성, 현지여건, 확장 한계 등과 같은 요소들이 고려되어야 하며, 이로부터 몇 가지 안을 수립하여 3차원 수리실험과 수치모형실험을 수행한 후 최적안을 선택한다.

수역시설은 선박이 안전하고 원활하게 항행할 수 있도록 자연상황과 시설의 이용상황에 따라 적절한 기준에 의해 유지관리되어야 한다. 하구항 또는 표사가 많을 것으로 예상되는 해빈부에 있는 수역시설을 계획할 경우는 홍수 시 하천으로부터 유입되는 토사량 또는 파랑이나 조류에 의한 표사량을 추정하여 유지준설에 대한 대책을 수립한다. 또한 매몰 우려가 있는 수역시설은 주기적인 정기점검을 시행함과 동시에 필요에 따라 이상 시 점검을 시행하고, 수심이나 소요폭이 확보되지 않을 우려가 있을 경우에는 이에 대한 대책을 강구한다. 정기점검이란 실시 시기와 구역을 정하여 시행하는 것이며, 이상 시 점검이란 이상기상 등에 의해 매몰이 예상되는 경우에 시행하는 점검이다.

3. 외곽시설조건

외곽시설은 항내 정온도 확보, 수심 유지, 고조에 의한 제체내의 수위상승 억제 그리고 고파랑과 쓰나미 등에 의한 침입파 감쇄 및 항만시설과 배후지 방호 등을 위해 설치된다. 일반적으로 외곽시설은 이들 기능 중 몇 개를 겸해 설치되는 경우가 많으므로 외곽시설은 이러한 각각의 기능을 충분히 발휘할 수 있도록 설계되어야 한다. 또한 근래에는 바다의 경관을 확보하고 자연미를 보전하기 위한 친수성도 요구되고 있다.

외곽시설의 배치, 구조 등의 설계 시에는 수역시설, 계류시설 및 기타 시설과의 관계 그리고 외곽시설 축조 후 부근의 수역, 시설, 지형, 해류, 환경 등에 미치는 영향과 항만의 장래 발전방향을 충분히 고려해야 한다. 외곽시설에 의해 발생되는 영향으로는 다음과 같은 것이 있다.

- 모래해안에 외곽시설을 설치할 경우, 주변 토사의 퇴적 또는 침식에 의한 지형 변화
- 방파제의 축조에 따라 항외 측으로 발생하는 반사파로 인한 파랑의 증대
- 외곽시설에 의한 항내 측 다중반사, 부진동 등에 의한 항내 정온의 교란
- 외곽시설의 축조에 의한 주변 조류 또는 하천류의 유출상황 변화 및 국소적인 수질 변화

항만 및 항로의 매몰이 예상되는 경우에는 매몰 원인을 충분히 조사한 후, 매몰 대책공이 유발시킬 수 있는 영향 등을 고려하여 매몰 대책을 수립해야 한다. 매몰을 방지하는 방법으로는 돌제와 같은 연안표사방지공, 도류제와 같은 하천유하토사방지공, 그리고 방사림과 같은 비사방지공이 있다.

방파제 건설에 있어서는 자연조건, 시공조건, 경제성 등을 고려해야 하며, 다음과 같은 사항에 유의해야 한다.

- 파랑의 집중을 발생할 수 있는 형상을 피할 것
- 가급적 시공하기 용이한 지반이 있는 위치를 택할 것
- 곶, 섬 등 지형적으로 활용가능한 것은 최대한 활용할 것
- 모래해안에서는 항내로 표사가 퇴적되지 않도록 배치할 것
- 방파제 설치 후 인접수역 및 해안에 대한 영향을 충분히 고려할 것
- 수질악화 등 항내 해수가 정체하지 않도록 해수교환에 유의할 것

그림 10.4는 대형 항만의 방파제 배치 개념도를 나타낸 것으로, 방파제는 외부 방파제와 내부 방파제로 나뉘어 설치되어 있다. 외부 방파제는 외해로부터 진입하는 파랑을 제어하기 위해 설치되며, 내부 방파제는 외부 방파제를 지나 진입해 오는 파랑, 항내 선박의 항행에 의해 발생하는 항주파, 항내 바람에 의해 발생하는 파랑, 그리고 부진동 등으로부터 일정 수역을 보호하기 위해 축조된다.

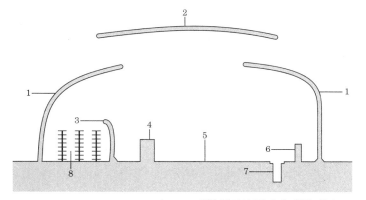

1, 2, 3. 방파제
4. pier
5. wharf
6. dry dock
7. small craft harbor

그림 10.4 대형 항만의 방파제 배치 개념도
[항만의 이해와 시설계획, 2005년 (도서출판 청동거울)]

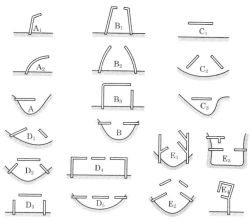

그림 10.5 외부 방파제의 배치형식

[연안·항만공학, 2005년 (도서출판 새론)]

외부 방파제를 배치형식에 따라 분류하면 그림 10.5와 같다. A와 B 형식은 돌제식이며, C 형식은 도제식이며, 나머지는 A와 B 형식이 조합된 형식이다.

방파제, 방조제, 방사제 등의 외곽시설은 해안공학편을 참조하기 바란다.

4. 계류시설조건

항만시설 중 계류시설과 접안시설인 부두는 여객이 승강하고 화물을 싣고 내리는 시설로, 그 규모는 출입여객, 화물의 종류, 수량 및 포장상태, 육·해상 운송체계, 장래 화물량의 증가추세 등을 고려하여 합리적으로 설계해야 한다.

접안시설의 단면형상은 크게 직립식(vertical type), 부분경사식(partly sloped type) 및 경사식 (sloped type)으로 나뉘며 표 10.5와 같다.

표 10.5 접안시설의 대표적 단면형상

직립식 (vertical type)	부분경사식 (partly sloped type)	경사식 (sloped type)
• 가장 일반적인 단면 • general-cargo 부두 또는 컨테이너부두	• 강이나 하구지역 등 조위 변화를 고려한 절충형 • 소형선이나 여객선 접안을 위한 일부 구간	• 지반지지력 미흡 등을 고려한 가장 경제적이고 단순한 구조형식 • 돌핀이나 플랫폼과 조합하여 대형 화물선 접안에 적용

10.2
항만의 설계

선석(berth)의 길이는 특정한 대상선박이 정해진 경우에는 특정 선박의 전장에 선박의 계류에 필요한 길이를 더한 값으로 하며, 선석의 수심은 대상선박의 만재 흘수 등의 최대 흘수에 여유수심을 더한 값으로 한다. 단, 특정한 대상선박이 정해져 있지 않은 경우에는 선박의 이용에 지장이 없는 적절한 길이와 수심으로 한다.

안벽, 잔교, 부잔교 등의 계류시설은 해안공학편을 참조하기 바란다.

5. 기타 항만시설조건

기타 항만시설로는 임항교통시설, 하역시설, 보관시설, 선박역무용시설, 여객시설, 항행보조시설 등이 있다.

(1) 임항교통시설

임항교통시설은 도로, 주차장, 철도, 헬리포트, 교량, 터널, 운하 등으로 항만을 출입하는 차량, 기차 등이 안전하고 원활하게 이용할 수 있어야 한다. 임해교통시설의 본래 기능은 항만 내의 수송, 항만과 배후지 사이의 여객 및 화물 수송, 항만과 관련된 통근 및 업무 등을 위한 수송시설이지만, 도시의 확대와 항만의 발전과 더불어 도시 내 수송과 간선도로의 일부로서의 역할을 하게 됨에 따라 이와 같은 기능 또한 적절하게 고려해 설계할 필요가 있다.

임항도로는 도시 내 교통에 부담을 주어서는 안 되며, 도로의 구조는 교통발생량, 계획교통량, 도로계획지역의 지형, 다른 도로와의 원활한 접속, 도로의 이용상황 등을 고려해 적절히 결정한다. 임항도로가 수역을 횡단하는 경우에는 주변 토지의 이용현황, 접속도로와의 제약, 공사중의 항행제한, 환경에 대한 영향, 공사비, 공사기간 등을 검토한 후 교량 또는 수중터널을 설치해야 한다. 교량이 항로, 박지 등의 수역시설 상공을 횡단하는 경우, 교량의 보는 선박의 안전을 위해 적절한 높이로 가설해야 하며, 교각 및 보 등에 선박이 충돌하는 것을 방지하기 위해 표지 또는 표시등을 설치해야 한다.

주차장은 항만과 국도 등을 연결하는 도로, 하역지, 창고 등에서 차량의 출입에 지장을 주는 장소, 위험물을 취급하는 지구와 인접한 장소에는 설치하지 않는다. 카페리 전용주차장은 카페리의 차량적재대수, 이용률 등을 고려해 충분한 부지를 확보해야 한다.

임항철도에 의한 화물수송은 예전에 비해 아주 많이 감소되고 있는 실정이다. 그러나 화물의 수송특성 등을 고려해 볼 때 차량에 의한 수송보다 철도에 의한 수송이 더 적합하고 많이 예상될 경우에는 임항철도를 계획하는 것이 타당하다.

임항교통시설로서 운하는 유럽 등의 일부 국가에서 운영하고 있으나, 차량수송의 발달과 함께 쇠퇴되어 최근에는 거의 계획되지 않고 있다.

(2) 하역시설

하역시설은 하역장, 하역기계(고정식과 궤도주행식), 창고 등이 있다.

화물하역장은 취급화물의 종류 및 수량, 그리고 취급상황에 따라 적절한 넓이를 갖추어야 하고, 도로의 폭과 굴곡은 차량이나 하역기계가 안전하고 원활하게 주행할 수 있어야 한다. 하역장은 콘크리트, 아스팔트 등으로 포장하고, 배수구 등의 배수설비를 갖추어야 한다.

하역기계는 해당시설의 이용형태에 가장 적합한 구조와 능력을 가져야 하고, 구조적인 안정성, 분진이나 소음 등의 공해방지기능을 갖추어야 하며, 하역작업을 원활하고 안전하게 수행할 수 있어야 한다. 항만 하역기계의 종류와 특성은 표 10.6 및 그림 10.6과 같으며, 하역장비는 표 10.7과 같다.

표 10.6 주요 항만 크레인의 종류와 특성

종 류	특 성	취급화물
집 크레인	집(jib)의 선단에 화물을 매다는 집이 부착된 크레인	잡화, 목재
더릭 크레인	상단이 지지된 마스트를 갖고, 마스트 또는 붐의 선단에 하물을 매다는 집이 부착된 크레인	잡화, 살화물, 중량물
교량형 크레인	레일을 주행하는 다리가 있는 트롤리 또는 집이 부착된 크레인이 있는 크레인	살화물
컨테이너 크레인	컨테이너 전용의 크레인으로 특수한 구조의 크레인	컨테이너

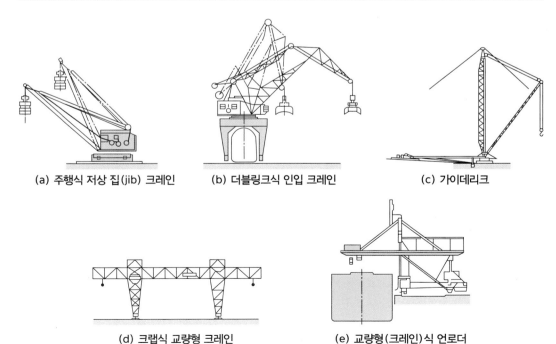

(a) 주행식 저상 집(jib) 크레인   **(b) 더블링크식 인입 크레인**   **(c) 가이데리크**

(d) 크랩식 교량형 크레인   **(e) 교량형(크레인)식 언로더**

(계속)

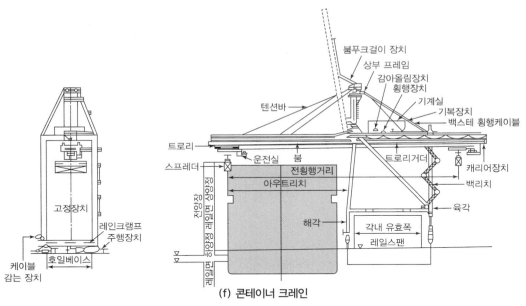

(f) 콘테이너 크레인

그림 10.6 항만 하역기계의 종류

[최신 항만공사 시공실무 편람, 2007년 (도서출판 신기술)]

창고는 선박의 출입항 전후에서 화물의 적하를 원활하게 하기 위해 설치된다. 창고의 규모는 취급화물의 종류, 양 및 취급상황을 고려하여 결정하고, 창고 내 통로의 폭과 굴곡은 하역기계가 안전하고 원활하게 주행할 수 있도록 설정한다.

표 10.7 항만 하역장비

장비명	용 도
컨테이너 하역장비 (Container Stevedoring Equipment)	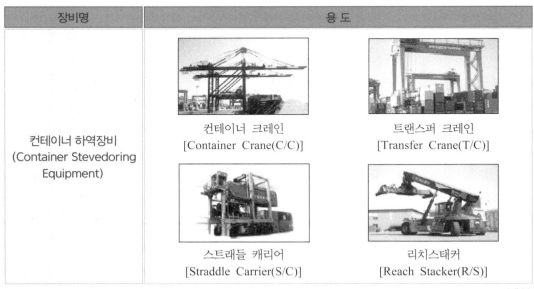 컨테이너 크레인 [Container Crane(C/C)]　　트랜스퍼 크레인 [Transfer Crane(T/C)] 스트래들 캐리어 [Straddle Carrier(S/C)]　　리치스태커 [Reach Stacker(R/S)]

(계속)

장비명	용도	
컨테이너 하역장비 (Container Stevedoring Equipment)	탑 핸들러(Top Handler)	야드 트랙터(Yard Tractor)
	야드 샤시(Yard Chassis)	스프레더(Spreader)
일반 하역장비 (General Stevedoring Equipment)	하버 크레인[Harbour Crane(H/C)]	지브 크레인(Jib Crane)
	로딩 머신(Loading Machine)	로그 그랩(Log Grab)
	로그 그랩(Log Grab)	버킷 그랩(Bucket Grab)
	휠 로다(Wheel Loader)	호퍼(Hopper)
특수 기계화 장비 (Special Machinery)	버킷 컨베이어식 언로다 (Bucket Conveyor Unloader)	진공 흡입식 언로다 (Vacuum Ship Unloader)

(계속)

10.2
항만의 설계

장비명	용도	
특수 기계화 장비 (Special Machinery)	셀프 언로다(Self Unloader)	쉽 로다(Ship Loader)
	LLC Level Luffing Crane	BTC Bridge Type Crane
	스태커 리클레이머 (Stacker Reclaimer)	마그네트 (Magnet)
육상 하역 및 기타 장비 (Land Stevedoring and Other Equipment)	지게차(Forklift)	로그 로다(Log Loader)
	굴삭기(Excavator)	불도저(Bulldozer)
	백도저(Back Dozer)	해상 크레인(Floating Crane)
	엘리베이팅 트럭(Elevating Truck)	모듈 트레일러(Module Trailer)

㈜ 자료 : 「한국의 항만」, 해양수산부, 2009

(3) 보관시설

보관시설은 위험물 적치장, 저유시설, 창고, 야적장 등으로 화물유통창고의 기준에 준하여 안전하고 원활한 입·출고 및 보관이 되도록 시설한다. 위험물 적치장 및 저유시설은 집약하여 설치하고 위험물의 종류, 시설의 구조 등에 따라 적절한 부지를 확보해 두어야 한다.

(4) 선박역무용시설

선박역무용시설은 선박을 위한 시설로 급수시설, 급유시설, 급탄시설, 선박수리시설, 선박보관시설 등이 있으며, 각 시설의 기능을 원활하게 수행할 수 있도록 시설의 구조를 적절히 설정한다.

(5) 여객시설

여객시설은 여객승강용시설, 여객터미널 등이 있다. 여객승강용시설은 선박의 동요, 바람 등에 대해 안정한 구조로 하여 여객이 승강할 때 안전하고 원활하게 이용할 수 있게 해야 하며, 차량승강용시설과는 별개의 시설로 한다. 여객터미널은 여객의 출발·도착 시 수속기능, 여객의 편의를 제공하는 서비스기능, 여객선의 운항에 관련된 업무수행기능 등을 갖추어야 하고, 여객이 안전하고 편리한 여행을 할 수 있게 배려해야 한다.

(6) 항행보조시설

항행보조시설로는 항로표식, 선박의 입출항을 위한 신호시설, 조명시설, 항무통신시설 등이 있다. 항행보조시설은 선박의 항행에 있어 안전을 확보하고, 선박의 운행능률을 증진시키기 위한 국제적으로 표준화된 시설로, 항로표식법에 따라 필요한 장소에 설치하여 이용하기 쉽게 한다.

항로표식으로는 등대, 등표, 입표식, 부표, 안개신호소, 무선방위신호소 등이 있으며, 설치위치와 기능에 따라 항만 내 항행용 항만표식, 연안항해용의 연안표식, 암초와 같은 장해물표식 등으로 분류된다. 기타 항행보조시설로는 레이더, 카메라 등으로 선박 교통이 폭증하는 해역에서의 교통상황을 수집하여 그 정보를 제공하거나 또는 문의가 있을 때 무선전화로 선박에게 통보하는 선박통항신호소, 조류가 강한 수역에서 조류의 방향 및 유속을 형상, 등빛 또는 전파로 선박에게 통보하는 조류신호소 등이 있다.

(7) 항만환경정비시설

항만환경정비시설이란 해변, 녹지, 광장, 식재, 휴게소 등 항만의 환경정비를 위한 시설로 항만과 배후도시의 지형, 지세 등의 자연조건, 생성과정, 풍토 등의 사회조건, 토지이용, 산업활동 등의 경제조건을 고려하여 그 항만에 가장 적합하도록 규모를 설정하고 배치한다. 그러나 모든 항만에 있어 획일적으로 정비해서는 안 되며, 그 항만의 개성에 맞고 여러 가지 기능을 가질 수 있게 정비해야 한다.

1. 항만공사의 시공계획

일반적으로 항만공사는 계획, 설계 및 시공의 과정으로 나뉘며, 목표로 하는 공사의 품질과 공사기간을 충족시키고 보다 경제적이고 안전하게 공사를 수행하기 위해서는 이 세 과정을 세심하게 검토하여 수행해야 된다. 최근 항만공사가 대형화, 다양화됨에 따라 업무가 전문화, 분업화되어, 각 과정에서 보다 면밀한 연계가 이루어져야 한다.

시공계획은 일반적으로 공사단계에서 하는 것이지만, 기본계획 단계에서 과거의 공사를 참고로 개략적인 시공계획을 세우고, 공사의 난이성, 안전성, 공사비 및 공사기간을 평가한다. 이러한 평가를 토대로 기본계획을 다시 검토하고 보다 합리적인 시공계획을 수립한다.

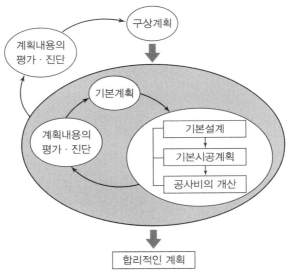

그림 10.7 항만공사의 시공계획 흐름도
[최신 항만공사 시공실무 편람, 2007년 (도서출판 신기술)]

(1) 항만공사의 시공계획 시 유의점

① 해상조건의 파악

항만공사는 해상의 영향을 많이 받으므로 해상의 조건을 충분히 파악해야 한다. 해상조건은 내만 등의 폐쇄성 해역, 넓은 내해 또는 개방된 만내 등의 개구성 해역, 외해 등의 외양성 해역에 따라 크게 다르고 계절에 따라 변하므로, 시공계획에 있어서는 이러한 해역들에 대한 해상조건을 충분히 파악하여 항만가동률 등을 산정해야 한다.

② 시공방법

항만공사에 있어서는 기상, 해상의 조건에 따라 공법, 공사장비의 효율 등이 달라지므로 이에 유의하여 시공방법을 선정해야 한다.

③ 작업기지의 선정

항만공사를 원활하게 진척시키기 위해서는 자재의 반출, 제조, 거치, 작업선의 계류 및 대피 등을 위한 작업기지가 필요하다. 작업기지의 규모와 위치는 공사비, 공사기간 등의 전체적인 공사계획에 영향을 미치므로, 작업기지의 규모, 공사기간 등을 적절히 예측하여 작업기지 후보지를 선정한 후 공사계획을 입안해야 한다. 일반적으로 기존의 용지나 설비를 이용하는 것이 경제적이나, 공사에 필요한 규모의 기지를 확보할 수 없을 경우 또는 공사계획지점 인근에 기존의 용지나 설비가 없을 경우에는 기존의 기지를 개조 또는 신규로 건설하여 작업기지로 이용해야 한다.

(2) 항만공사의 시공계획 입안과정

시공계획 입안은 그림 10.8의 시공계획 입안과정에 따라 진행한다.

① 계획조건의 설정

계획조건의 설정과정에서는 공정계획 및 실시계획 작성에 필요로 하는 환경정보, 설계정보, 경험정보를 수집하고 처리한다.

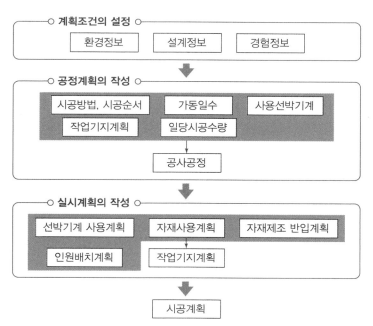

그림 10.8 항만공사의 시공계획 입안과정

[최신 항만공사 시공실무 편람, 2007년 (도서출판 신기술)]

10.3
항만공사의 시공

환경정보는 공사계획지점의 지형, 지질, 기상, 해상 등의 자연환경정보, 항행선박이나 어업에 관한 제규제 등의 사회환경정보 및 작업기지 후보지와 규모, 자재 공급 후보지와 능력, 투입가능 선박기계의 종류와 수량, 대피항 등의 시공환경정보를 말한다. 이중에서 특히 해상조건이 중요하며, 계획지점에 대한 신뢰할 수 있는 정보를 얻을 수 없을 경우에는 그 지역의 자료를 수집하여 비교·검토한다. 또한 자재 공급능력에 있어서는 자재의 반입 방법 등과 계절적, 사회적 변동에 대해서도 검토해야 한다.

설계정보는 계획위치, 평면계획, 구조제원, 공사기간, 제약조건 등을 말하며, 이미 의사가 결정된 조건이라고 볼 수 있다.

경험정보는 과거의 공사실적 전반에 걸친 정보를 말하며, 각종 시공법과 그 특징, 공종별, 기종별 가동 한계조건 등이 있다.

② 공정계획

공정계획과정은 시공의 구상화 과정으로 앞에서 설정한 계획조건과 함께 시공방법, 시공순서, 선박기계, 작업기지 등을 구상하여 공사기간에 맞는 개략적인 시공안을 도출한다.

시공방법은 공사의 공정을 좌우하므로 과거의 실적을 고려하고 신공법에 대해서도 조사하여 현지에서 충분히 적용가능한지를 검토하여 선정한다.

시공순서는 계획평면도, 구조물 단면도를 토대로 시공의 효율성을 고려하여 선정한다.

선박기계는 시공방법에서 어느 정도 결정되지만 선박기계의 종류에 따라 경제성, 능률 및 안전성에 있어 큰 차이가 발생하므로, 자연조건, 시공수량, 공사기간, 과거의 실적 등을 검토하여 선정할 필요가 있다. 그리고 앞에서 선정된 시공방법 및 선박기계를 토대로 사이클 타임과 공종별 일당 시공수량을 산정한다.

작업기지는 시공수량, 선박기계, 공사기간 등을 토대로 작업기지 전체의 규모를 예측하여 작업기지 후보지를 선정한다.

기상, 해상 통계결과와 공종별, 기종별 가동한계조건에서 공종별, 기종별 가동일수를 산정하고, 이상 파랑이 발생하는 기간이 있을 경우에는 그 기간을 작업정지기간으로 설정하는 것도 필요하다.

이상과 같은 검토 결과와 공종별 시공수량 및 시공순서를 토대로 공사기간에 맞는 공정안을 작성하여 실시계획에 반영한다. 실시계획에 있어 변경사항이 생길 경우에는 공정계획 또한 변경해야 하므로, 공정의 크리티컬 패스와 각 공정의 여유시간을 검토하여 변경이 가능한 범위를 미리 파악할 필요가 있다.

③ 실시계획

실시계획과정에서는 작성된 공정계획에 따라 인원, 기자재, 작업기지 측면에서 실시계획을 작성한다. 실시계획으로는 자재 사용계획, 자재 제조 및 반입 계획, 인원 배치계획, 선박기계 사용계획, 작업기지계획 등이 있다.

(3) 항만공사의 시공관리

시공계획에 따라 공사의 질을 높이고, 공사를 보다 안전하고 경제적이며 그리고 신속하게 시공하기 위해 공정, 원가, 안전, 품질의 시공관리가 요구된다.

① 공정관리

공정관리는 노동력, 기계설비, 자재 등의 생산요소를 가장 효과적으로 활용하는 것으로, 시공계획에 있어 품질, 원가, 안전 등 공사관리에 관한 요건들을 종합적으로 조정하여 기본공정계획을 바탕으로 실시한다. 공정관리는 공사의 진척관리로서 시공계획을 입안(plan)하고 시공계획을 실시(do)하는 통제기능과 작업개선으로서 시공 중 계획과 실적을 평가(check)하고 개선할 것을 처리(action)를 하는 개선기능으로 나눌 수가 있다. 공정관리에서는 공사의 진척상황을 면밀히 파악하면서 계획과 실시 사이에서 발생하는 차질을 조기에 발견하여 적절한 시정조치를 하는 것이 중요하다. 진척상황 파악을 위해서는 공사의 시공순서와 진척속도를 나타내는 몇 가지 공정표를 이용하며, 이중 막대그래프 공정표(바차트), 공정곡선, 네트워크식 공정표가 가장 많이 사용된다.

② 원가관리

원가관리에는 코스트 컨트롤(cost control)과 코스트 매니지먼트(cost management)가 있다. 코스트 컨트롤은 일정한 품질의 재료, 설비와 노동력으로 현재의 조건 하에서 최저의 원가로 최고의 결과를 도출하는 것이며, 코스트 매니지먼트는 제조방식의 변경, 용량의 변경 등을 통해 원가의 표준 그 자체를 인하하여 관리하는 것이다. 토목공사에서의 공사원가관리는 가장 경제적인 시공계획을 세우고, 이에 따른 원가의 표준(실행예산)을 설정하는 것이며, 설정된 실행예산을 기준으로 원가를 통제한다. 실행예산과 실제로 발생하는 원가에 차이가 있을 경우에는 그 원인을 분석·검토하여 원가관리를 개선한다.

③ 안전관리

공사 중 재해의 발생은 공정의 지연, 경비의 손실, 작업원의 사기 저하 등 유·무형의 손실을 초래한다. 그러므로 공사관리자는 시공에 있어 재해를 방지하고 작업원의 안전을 확보할 수 있는 안전대책을 강구해야 한다. 토목공사의 재해는 불충분한 사전조사, 부적절한 시공계획, 불량한 시공관리 및 안전관리 등에 의해 발생하므로 이에 유의해야 한다.

④ 품질관리

품질관리는 계약약관, 설계도서 등에 제시된 규격에 만족할 수 있도록 구조물을 가장 경제적으로 시공하는 것으로, 시공계획 입안단계에서 공사관리 특성을 검토하여 그것을 시공단계에서 수행하는 프로세스 관리(process management)이다.

2. 항만건설, 구조물 및 운영에 의한 해양환경에의 영향

항만시설, 방파제 등의 항만공사에 따른 해수의 순환장애, 매립용 토사의 투입, 해역의 준설 등에 따른 부유물질 등은 해양오염을 발생시키며, 이로 인해 자연적인 정화능력 또한 크게 감소된다. 이와 같은 항만시설, 항만개발 등은 해양환경에 직·간접적으로 영향을 미치는데, 해양환경에 미치는 영향을 정리하면 표 10.8과 같다.

표 10.8 항만시설과 해양오염에의 영향

시설의 종류	주요시설	해양환경에 미치는 영향	
		오염 외적 (오염가중) 요인	오염요인
수역 시설	항로, 박지, 선회장		• 준설사업에 따른 부유물질 확산 • 선박폐유 등 오염물질 배출
외곽 시설	방파제, 방사제, 방조제, 수문, 호안, 돌제 등	• 해수의 통수단면 축소 • 해류 및 조류의 유황 변경 • 토사 이동 및 퇴적 • 해수교환율 저조	
계류 시설	호안, 잔교, 물양장, 선양장 등	위와 동일(다만, 시설이 항내에 설치되므로 외곽시설에 비하여 영향은 적음)	• 선박폐유 등 오염물질 배출 • 선박수리 등에 따른 폐유 배출
화물처리 시설	고정 하역기계, 궤도 주행식 하역기계, 화물처리장 등		• 석탄, 시멘트 등 화물의 양하, 운반 등에 따른 해양 유입 • 하역기계, 설비 등의 운영에 따른 폐유 등 오염물질 배출
여객 시설	여객승강용 고정시설, 소화물취급소, 대합실 등		• 오수, 분뇨, 폐기물 등 오염물질 배출
선박보급 시설	선박용 급유, 급수시설		• 유류유출사고에 따른 유류오염 • 선박폐유 발생
항만후생 시설	선박승무원, 부두노동자 및 항만이용자 휴게소, 치료 및 후생시설, 숙박소		• 오수, 분뇨, 폐기물 등 오염물질 배출

❀ 자료 : 해양환경보전편람

(1) 항만건설로 인한 해양환경에의 영향

① 해양수질에 대한 영향

말뚝관입, 사석투입, 매립, 준설 등의 항만 건설작업은 해저면의 침전물을 부상시키며, 그 결과 유해한 수중 부유물이 증가하고 햇빛이 차단된다. 또한 작업 선박의 유류 및 폐기물 유출, 수중

콘크리트 타설 등도 해양수질에 악영향을 미친다. 그러므로 항만건설로 인해 야기되는 해양수질 오염을 최소화하기 위해서는 해양환경에 영향을 덜 미치는 말뚝관입 및 준설장비를 선택하고, 매립과 준설 시 오탁방지막을 설치하는 등의 조치가 필요하다.

② 연안흐름에 대한 영향

준설은 조류, 해류 등의 연안흐름을 변화시킬 수 있으며, 그 결과 연안침식 또는 퇴적이 발생한다. 그리고 준설토의 육상 투기는 지하수 오염, 연안육역에서의 배수 등에 영향을 미칠 수 있다.

③ 해저오염에 대한 영향

항만건설 및 준설은 해저면의 퇴적물을 교란시켜 퇴적물의 부유, 확산 및 재퇴적을 초래한다. 또한 준설토의 투기는 해저질의 특성과 생태계를 변화시키고 유해·독성물질을 확산시킨다. 그러므로 준설을 하는 경우에는 해저면 퇴적물에 의한 오염 여부를 조사하고 오염을 최소화할 수 있는 적정한 준설방법을 선택하며, 오염물질이 발견될 경우에는 해당 처리지침에 따라 처리한다.

④ 해양생태계에 대한 영향

항만건설은 수산자원 및 해저생물군을 변화시킨다. 준설 및 준설토 투기는 해저생물군에 치명적인 영향을 미치며, 건설로 인해 발생하는 부유물은 해초 등의 해저식물의 광합성을 방해하고, 유해·독성물질의 확산은 수산자원에 악영향을 미친다. 그러므로 항만건설 시에는 해양생태계에 대한 세심한 조사를 사전에 수행하고, 이를 토대로 해양생태계 영향을 최소화할 수 있는 시공방법 및 장비 등을 모색해야 한다.

⑤ 대기에 대한 영향

항만공사에 이용되는 장비, 선박, 차량 등의 배기가스와 공사로 인해 발생하는 먼지는 대기오염의 원인이 되며, 대기오염 저감을 위해서는 공사현장에서의 물 살포, 적정 운송수단(컨베이어 벨트 등)의 선택, 먼지차단막 설치 등이 필요하다. 또한 공사장과 인근지역 사이의 녹지대는 효과적인 완충기능을 담당할 수 있고, 공사장의 임시도로포장은 상당한 먼지의 발생을 감소시킬 수 있다.

⑥ 소음 및 진동

건설장비, 차량, 작업선 등은 소음 및 진동을 발생시킨다. 소음 및 진동의 저감을 위해서는 저소음장비의 사용, 소음차단막 설치 등이 필요하며, 주민의 민원을 최소화하기 위해서는 심야 작업 금지, 작업시간 제한 등의 조치가 필요하다.

⑦ 폐기물

항만건설과정에서 발생하는 주요 폐기물은 준설토이다. 준설토의 육상투기는 식물에 악영향을 미치며, 오염물질, 염류 및 악취를 확산시키고, 자연경관을 훼손한다. 해상투기 역시 해양수질 및 생태계 등에 악영향을 미친다. 그러나 오염되지 않은 준설토는 항만부지 조성을 위한 해양매립 등에 이용할 수 있는 유용한 자원이 된다. 준설토를 매립토로 이용할 경우에는 차단벽, 침전연못, 매립지 덮개 등을 설치하여 환경에 대한 부정적 영향을 최소화해야 한다.

(2) 항만구조물에 의한 해양환경에의 영향

① 해양수질에 대한 영향

방파제, 매립지 등은 조류, 연안류 등의 흐름의 방향을 바꾸고 정체시킨다. 그 결과 배후도시, 산업단지 등으로부터 유입되는 질소(N), 인(P) 등의 영양염류가 축적되어 식물성 플랑크톤이 급격히 증가하고, 이에 따라 용존산소가 감소하여 심각한 해양수질오염이 발생할 수 있다. 이러한 해양수질에 대한 영향을 최소화하기 위해서는 항만의 부지선정 및 설계에 있어 해수의 정체가능성을 최소화할 수 있는 방안을 강구해야 하며, 만일 오염수준이 한계점을 초과할 경우에는 하수처리체계를 갖추어야 한다.

② 연안흐름에 대한 영향

항만구조물에 의한 연안흐름의 변화는 해안선의 침식 또는 퇴적을 유발시키고, 하구에서의 하천류의 흐름에 있어서도 큰 영향을 미친다. 이러한 항만건설로 인한 인근수역에서의 흐름 변화는 수리모형실험과 수치모형실험을 통해 검토할 수 있고, 그 결과를 항만설계에 반영함으로써 어느 정도 감소시킬 수 있다.

③ 해저오염에 대한 영향

항만구조물에 의해 연안흐름이 정체되는 수역에서는 퇴적이 가속화되는 한편, 해저퇴적물에 의해 오염이 발생한다. 또한 해수의 부영양화로 인해 치사한 플랑크톤의 퇴적은 해저에 유기물질의 양을 증가시키며, 연안매립은 해저생태계의 서식처를 파괴하고 어족자원을 감소시킨다. 그러므로 이러한 경우에는 오염된 퇴적물을 준설하거나, 깨끗한 토양으로 해저면을 덮어 해저퇴적물로부터 야기되는 오염을 차단해야 한다.

④ 해양생태계에 대한 영향

항만구조물은 연안흐름의 변화, 수질오염, 퇴적물오염 등을 발생시켜 해양생태계에 악영향을 미친다. 그 결과 어족자원은 감소되고, 때로는 바람직하지 않은 생물군의 증가가 초래되기도 한다. 수질악화는 해양생물종의 수적 감소를 초래하고, 일정 수준을 초과할 경우에는 모든 종류의 해양생물이 사라질 수도 있다. 그러므로 해양생태계의 산란, 서식을 방해하지 않고 해양생태계를 보존하기 위해서는 해당 수역의 생태적 특성에 대한 면밀한 검토가 선행되어야 한다.

⑤ 경관에 대한 영향

항만경관은 항만구조물, 설비 및 조명, 그리고 기타 시각적 방해물 등에 의해 다르게 나타나며, 일반인들에게 불쾌하게 비춰질 수도 있다. 항만개발에 따른 시각적 악영향을 최소화하기 위해서는 주변 환경과 조화된 항만설계가 요구되며, 항만의 시설물, 표지판 등에 대해서도 세심한 배려가 필요하다. 주변 녹지대의 조성 등은 항만경관 개선에 도움이 된다.

⑥ 사회·문화적 영향

항만의 건설 또는 확장은 지역사회의 재배치를 필요로 하게 되며, 항만운영으로 인한 산업화 및 현대화는 지역사회의 사회·문화적 전통을 변화시키기도 한다.

(3) 선박통항 및 오염물배출에 의한 해양환경에의 영향

① 해양수질에 대한 영향

선박의 빌지 워터(bilge water), 밸러스트 워터(ballast water), 폐유, 하수, 쓰레기 등의 해상투기와 연료유, 윤활유, 유성액체 등의 누출은 해양수질오염의 주요 원인이 된다. 유류 또는 유류화합물이 해상에 유출하게 되면 해수면에 얇은 기름막을 형성 그리고 확산되며, 열대 및 온대지역에서는 생분해과정에 의해 점차 덩어리로 형성되어 해저에 침전된다. 그러나 어느 정도의 유출사고는 피할 수 없기 때문에 이에 대비한 비상계획을 수립하고 복구선, 오일펜스, 처리약품 등을 확보해 두어야 한다. 선박폐기물 투기를 최소화하기 위해서는 폐기물 감시체제 및 관련법규를 구축·강화하고, 처리시설의 설치 및 정비가 필요하며, 부유쓰레기 제거를 위한 정기적인 청소작업도 필요하다.

② 해양생태계에 대한 영향

유류, 유성폐기물 등의 유출은 수산자원, 해양생물군 및 생태계에 치명적인 영향을 미친다. 미생물에 의한 유류분해과정에서 발생되는 유독성 물질은 해양생물군에 피해를 주고, 어패류를 오염시켜 우리의 식생활을 위협하기도 한다.

③ 대기에 대한 영향

선박에서 배출되는 가스, 연기 등은 대기를 오염시킨다. 특히, 이산화질소(NO_2), 이산화황(SO_2) 등은 선박의 항해 또는 정박 중 발생하는 대표적인 오염물질이다. 선박으로 인한 대기오염을 최소화하기 위해서는 오염물질 배출에 대한 적절한 규제와 감시체제가 필요하며, 오염수준이 지나치게 높은 항만에 대해서는 항만활동을 제한하는 등의 조치가 필요하다.

④ 폐기물

선박에서 발생되는 빌지 워터, 밸러스트 워터, 윤활유 등의 유성폐기물, 하수 및 쓰레기, 목피 등과 같은 화물 잔류물 등의 오염물질은 해양수질의 오염, 악취 발생 등과 같은 해양오염을 발생시킨다. 선박폐기물에 의한 해양환경오염을 방지하기 위해서는 폐기물의 규제, 국제협약규정에 따른 선박폐기물 처리시설 설치 등의 조치가 필요하다.

⑤ 사회·문화적 영향

선박으로부터의 오염물 배출은 주변의 해양레저활동과 관광산업에 부정적인 영향을 미칠 수 있다. 또한 선박 통항이 증가하게 되면 레저용 요트 및 보트, 어선 등의 활동과 조업이 위축된다. 그러나 선박의 입출항 증가는 도선, 예인선, 하역, 연료 및 선박용품 공급 등의 관련업종의 활성화를 가져올 수 있고, 이에 따라 인근주민의 소득과 생활유형에도 큰 변화를 가져 올 수 있다.

(4) 화물취급 및 연안산업활동에 의한 해양환경에의 영향

① 해양수질에 대한 영향

저장된 원자재의 유실, 사고에 의한 각종 유해·유독물질의 유출, 바람에 의한 먼지 등은 해양수질을 악화시킬 수 있다. 특히, 유황, 보크사이트, 인광석, 질소비료, 석탄, 금속광 등은 유독·유해물질을 함유하고 있으며, 유기물은 무기물로 분해되는 과정에서 용존산소를 소모하고 부영양화를 유발시킨다. 이를 방지하기 위해서는 저장된 원자재에 덮개 또는 차단막을 설치하고, 먼지의 발생을 막기 위해 물을 뿌려주며(곡물, 시멘트 등 습기를 피해야 하는 화물 제외), 화물의 취급·운반 시 특수장비(덮개 있는 컨베이어 등)를 사용하고, 바람이나 비의 영향을 줄일 수 있는 방법 등을 강구해야 한다. 또한 에이프런의 경사를 해양의 반대방향으로 설치하여 빗물이 바다에 직접 흘러 들어가는 것을 방지하는 방식, 배출수에 잔존하고 있는 부유물을 정화연못에서 침전시킨 후 바다에 방류하는 방식 등이 채택되어야 한다. 또한 연안산업단지의 하수에 대한 규제 및 감시를 강화하고, 산업단지의 하수가 항만수역으로 유입되지 않게 하는 조치도 필요하다.

② 해저오염에 대한 영향

부두 야적장으로부터의 화물의 유실, 산적화물의 작업 시 화물의 누출, 바람에 의한 먼지의 발생, 배후산업단지로부터의 오염물질 유출 등은 해저오염의 주요 원인이 된다. 이러한 경우에 대한 대응 방법으로는 앞의 ①에서 언급된 내용이 적용될 수 있다.

③ 해양생태계에 대한 영향

화물 취급·저장시의 유출, 배후산업단지로부터의 오염물질 배출 등은 해양수질 및 해저를 오염시켜 해양생태계와 수산자원에 부정적인 영향을 미친다. 또한 대기 중 먼지의 확산은 인근 육상식물을 뒤덮음으로써 서식처를 파괴하고, 부두노동자들의 건강에 위해를 가할 수 있다. 이러한 경우에 대한 대응방법으로는 앞의 ①에서 언급된 내용이 적용될 수 있다.

④ 대기에 대한 영향

산적 화물, 하역장비 및 배후 산업단지에서 발생하는 먼지와 가스, 액체화물의 증발, 가스누출 사고 등은 대기오염의 주요 원인이 된다. 이에 대한 대응 방법으로는 배후산업단지의 오염물질 배출에 대한 규제가 이루어져야 하며, 오염물질 배출의 허용한도와 대기질의 감시체제가 확립되어야 한다. 먼지의 발생을 저감시키기 위해서는 덮개, 차단막의 설치, 물뿌리기 등의 방법이 고려될 수 있다.

⑤ 소음과 진동

하역장비의 운전 및 화물운송은 소음 및 진동을 발생시키는 주요 원인이 된다. 이에 대한 대응방법으로는 저소음장비의 사용, 소음차단막 설치, 녹지대 설치, 주민의 민원을 최소화하기 위한 심야작업 금지 등의 조치가 필요하다.

⑥ 폐기물

화물취급 및 배후산업활동에 의해 각종 폐기물이 발생하며, 그중 상당 부분은 항만지역 또는 해양에 투기된다. 그러나 이들 폐기물 중 무해한 화물잔류물이나 산업폐기물 등은 항만지역의 해양매립에 이용될 수 있다. 폐기물로 인한 해양환경에의 영향을 저감시키기 위해서는 소각로의 설치가 필요하며, 항만활동에 의해 발생하는 하수 및 폐기물은 시 당국의 처리시설이나 항만 자체의 처리시설을 이용하여 처리한다.

⑦ 경관에 대한 영향

야간작업을 위한 조명은 인근주민으로부터의 민원을 야기할 수 있으며, 항만활동에서 발생하는 폐기물, 선박의 연기, 산적 화물더미, 항만에 적하된 자재 등은 주변의 경관을 해친다. 이러한 경관에 대한 악영향을 최소화하기 위해서는 항만부지의 선정에서부터 세심한 검토가 있어야 하며, 야적장에 대한 차단막 설치, 도로와 인근민가 사이의 녹지대 조성 등의 조치가 필요하다.

⑧ 사회·문화적 영향

항만 및 산업활동은 필요한 노동력, 자재 및 용품공급 등으로 주민의 고용증대, 경제활성화, 주변 지역의 산업화 및 도시화를 촉진시킨다. 그러나 외부로부터 유입된 노동력은 지역사회의 갈등 요인이 되기도 한다.

10.4 항만시설의 유지관리

최근 항만시설의 양적 확대와 질적 다양화로 인해 체계적이고 정기적인 점검에 의한 시설물의 유지관리가 필수적이다. 또한 항만시설의 기능을 양호한 상태로 유지하고 손상을 미연에 방지하기 위해서는 항만의 특성에 따른 점검, 평가, 보수, 보강 등의 종합적인 유지관리가 필요하다. 유지관리를 위한 점검, 평가, 보수, 보강 등의 자료는 일정한 양식에 따라 기록, 보관하고, 계통적으로 정리된 유지관리정보는 당해 시설의 적절한 평가, 유지 및 보수를 위한 기초적인 정보로 활용될 뿐만 아니라, 시설의 라이프 사이클 코스트(life cycle cost) 저감을 위해서도 유용하게 사용될 수 있다.

항만구조물 설계 시에는 장래 시설물의 유지관리를 충분히 고려하여 구조형식과 재료를 선정하고, 세부설계에 반영할 필요가 있다. 유지관리에 있어서는 시설의 변형 상황을 정확하게 파악하고, 합리적으로 평가하여 보수 및 보강 등의 효과적인 대책을 수립해야 한다. 유지관리는 구조형식, 주요도 등을 감안한 유지관리계획을 기반으로 실행되어야 한다.

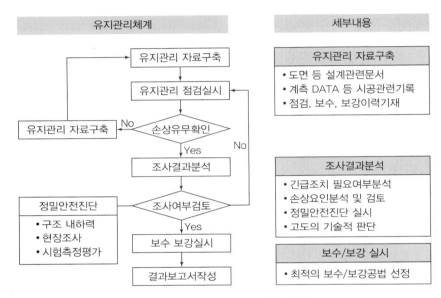

그림 10.9 항만시설물 유지관리체계

[실무자를 위한 항만 및 어항공학, 2006년 (도서출판 한림원)]

Chapter 11

항만 리모델링과 워터프론트

홍남식
동아대학교 공과대학 토목공학과 교수

윤한삼
부경대학교 환경해양대학 생태공학과 교수

11.1 친환경 항만개발

1. 항만의 패러다임 변화

최근 세계 주요 항만은 항만에 인접한 지역을 항만관련 산업지역과 유통관련 산업지역으로 배치하고, 주거·녹지지역과 도시 핵심지역은 항만과 떨어진 곳에 배치하는 등 항만을 항만 기본시설, 항만관련산업, 유통관련산업, 녹지·주거, 도시 핵심, 해양문화, 해양 레크레이션 지역 등으로 체계적으로 구분하여 개발하고 있다.

항만은 국내외 교역의 필요에 따라 건설되는 지역적·국제적 교통의 연결지점으로서의 정적인 구조물에서 최근에는 육지와 해양이 상호작용하는 환경적·인적 자원의 동적인 지대로 전환되고 있다. 이는 정적이고 독립된 항만의 개념이 배후지와 연안 주변환경을 연결하는 가변적인 환경의 한 구성요소로 전환되고 있다는 것을 보여주는 것이며, 동적 개념의 항만이 현재 새로운 항만의 패러다임으로 부각되고 있다는 것을 의미하는 것이다.

(a) 바르셀로나 항만

(b) 로얄푸켓 마니라

(c) 모나코 퐁비에유 항만

(d) 호주 서큐러만

(e) 버즈두바이 올드타운

(f) 호주 시드니 바란갈루

그림 11.1 다양한 형태의 인간활동과 해안·항만시설

[GPR(Global Prot Report) 정책자료집, 해양수산부]

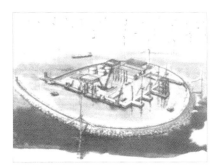
(a) 해상 항만시설 개념도

(b) 아이티의 Port-au-Princes 항만터미널

(c) 두바이 Nakheel Palm Deira

(d) 중국 Xiamen 마리나

그림 11.2 다양한 형태의 항만이용 개념도

[GPR(Global Prot Report) 정책자료집, 해양수산부]

2. 항만기능의 수요 변화

항만의 기본적인 기능은 물류공간으로서의 역할이지만, 최근에는 사회·경제적인 역할을 수행함과 동시에 지역주민의 생활과도 밀접한 생활환경기능을 병행하는 등 항만기능의 수요가 변화하고 있다.

우리나라도 소득수준 향상과 여가시간 증대로 건강, 여행, 레크레이션 등에 대한 관심이 증가하면서 친수공간 이용이 크게 증가하고 있는 추세이며, 이에 따라 해양관광산업, 해양스포츠 및 레저산업 등이 고부가 가치산업으로 성장하고 있다. 이러한 차원에서 우리나라 동서남해안, 제주도, 일본, 중국, 러시아를 연결하는 동북아 크루즈사업, 해수욕장의 보전과 정비, 해양생태공원 조성, 해양관련 세계적인 행사유치 등의 해양산업 발전을 위한 부단한 노력이 필요하다.

과거의 항만은 세관행정 등으로 일반인에게 친근감을 줄 수 있는 공간이기 보다는 일반인의 접근이 어려운 폐쇄적인 공간으로 인식되어 왔다.

그러나 최근 경제수준의 향상과 환경의식의 변화로 항만에 대한 인식과 요구가 변화하고 있으며, 이에 따라 항만은 종합물류단지로서의 기능 이외에 일반인들에게 쾌적한 생활환경을 제공할 수 있는 환경친화적인 기능을 수행할 수 있도록 개발되어야 한다. 최근 항만에는 해양공원, 산책로, 체육시설 등이 확충되어 시민에게 개방되고 있는 추세이며, 국제여객터미널, 해양수족관 및 박물관, 마리나 및 레저시설 등의 해양종합공원(marintopia)의 조성으로 항만과 도시가 일체가 되는 공간으로 집약되고 있는 추세이다.

3. 항만개발의 패러다임 변화

(1) 종합물류거점으로의 항만개발

최근 세계 주요 항만들은 지역경제 거점으로서의 종합 항만을 지향하고 있으며, 이와 더불어 자유무역지대를 설치하고 있다. 이는 항만에서 처리된 화물이 배후지역에서 바로 가공, 조립, 전시, 판매될 수 있도록 하는 것이며, 이에 대해서는 관세는 물론 부가가치세, 주세, 재산세, 등록세 등의 각종 조세를 면제하여 지역경제를 활성화시키고 있다. 그러므로 최근의 항만은 단순한 화물처리를 위한 공간이 아니라 하역, 보관, 유통, 전시, 판매 및 물류정보 제공 등의 서비스가 동시에 이루어지는 종합물류기지로서의 역할을 수행하고 있다. 또한 항만 인접지역에서는 국제전시판매장, 국제무역센터, 국제컨벤션센터, 텔리포트 등을 유치하여 항만이 지역 및 국가의 산업센터로 발전할 수 있도록 추진하고 있다.

항만시설을 양적으로 확충하는 것도 중요하지만 항만 효율성을 제고하는 것도 필요하다. 이를 위해서는 하역의 기계화 및 자동화에 의한 신속·저렴한 서비스가 제공되어야 하며, 부두 운영업체 간의 자율경쟁을 유도할 수 있는 제도적 장치가 필요하다.

(2) 환경친화적 항만개발

항만은 수출입화물의 유통기지로서 국가경제발전에 지대한 공헌을 하는 반면, 컨테이너 보관 및 하역장소 건설, 방파제 축조, 수심 확보를 위한 준설 등으로 환경에 심각한 영향을 미치고, 자연경관을 해치며, 해양생물의 서식지를 파괴한다. 대부분의 항만시설은 파랑 및 조류로부터 인근연안을 보호하는 역할도 하지만, 연안에서의 흐름을 방해하여 연안을 오염시키기도 한다. 항만운영에 있어서도 선박의 충돌사고, 좌초 등에 의한 오염, 화물하역 및 보관에 의한 오염, 항만유지준설에 의한 오염 등이 발생한다.

과거 항만환경정책은 항만의 개발과 이용에 따른 환경오염을 방지한다는 소극적인 차원에서 접근하였으나, 최근에는 항만에서의 환경문제를 해결하지 못하고는 국제적인 항만경쟁이 어렵다는 인식 하에 항만개발 및 운영에 대한 적극적인 환경정책을 수립하여 환경친화적인 종합항만을 육성하기 위한 노력을 기울이고 있다. 이와 같은 항만개발 및 운영에 따른 환경오염을 방지하기 위해서는 항만개발의 기본계획, 실시설계, 건설 및 운영 등 각 단계마다 환경보전 및 조성을 위한 기본방침과 환경정책을 수립해야 한다.

(3) 친수성 항만공간개발

과거의 항만시설은 보안시설로 일반인의 출입이 제한된 폐쇄적인 공간이었으나, 최근에는 화물의 흐름에 지장이 없는 공간은 해양공원, 산책로, 수족관, 체육시설 등의 친수성 수변공간으로 개발되어 일반인에게 개방되고 있다. 이러한 친수성 항만공간은 항만의 본질적인 기능인 화물유통 공간기능과 조화된 종합항만기능의 일부분이다.

친수성 항만공간개발의 기본방향은 유휴화된 기존 항만시설을 친수공간으로 재개발·조성하여 항만 현대화를 도모하고, 일반인과 관광객이 자유롭게 이용할 수 있는 해양공간으로 조성하는 것이다. 해상교통시설, 문화·위락시설, 해양레저시설, 공원 및 녹지공간 등의 친수성 항만공간은 하역처리를 위한 부두시설 지역을 제외한 거의 모든 항만시설에 조성 가능하다.

표 11.1 **항만기능별 친수성 시설유형**

구 분	시설유형	사 례
항만기능 존치	완충녹지, 산책로, 등대공원, 여객터미널, 파고라, 분수대, 전망대	상하이, 싱가폴, 홍콩
항만기능 변화	도시광장, 해양공원, 식당가, 호텔, 이벤트 공간, 해양유적지	도쿄 임해부, 프랑스 마르세유
항만기능 소멸	해수욕장, 인공호수, 해양박물관, 수족관, 정보단지, 금융단지, 쇼핑센터	영국 도크 랜드, 호주 다링 하버, 미국 이너 하버
신개발	도시관련시설 대부분과 항만관련시설	일본 포트 아일랜드, 로코 아일랜드

㊟ 자료 : 「항만기본계획 재정비」 해양수산부, 1999. 12., 「친수성 항만공간 개발 실시계획검토 및 기본구상」 해양수산부, 1984. 4.

4. 항만관련 법적 근거

항만은 항만법 등 다양한 법률에 의해 개발·관리되고 있으나, 각종 친수시설을 조성할 수 있는 규정은 미약한 실정이다. 항만법에는 유람선, 요트, 모터보트 등의 수용을 위한 해양레저용 기반시설, 해양박물관, 해양공원 등의 항만친수시설 등이 규정되어 있으나, 그 종류와 범위가 상당히 제한되어 있다. 그러므로 항만친수시설을 항만법에 자세히 구분·명기하여 환경친화적인 항만개발을 촉진할 필요가 있다.

표 11.2 항만건설 및 운영관련법

구 분	주요목적
항만법	항만의 건설, 관리, 운영의 효율화 도모
신항만건설촉진법	신항만 개발 촉진
어촌·어항법	어항의 건설, 관리, 운영의 효율화 도모
공유수면관리법	공유수면의 적절한 보호와 효율적인 이용 도모
공유수면매립법	공유수면을 환경친화적으로 매립하여 합리적인 이용 도모
도시계획법	도시의 효율적인 개발, 정비, 관리, 보전 등 도모
민간투자법	사회 간접자본시설에 대한 민간의 투자 촉진

11.2 항만 리모델링

최근 급증하는 항만물동량을 효과적으로 처리하기 위해 기존 항만의 확충, 신항만 건설 등이 필요하나, 항만부지 확보, 해양환경보전 등으로 인해 이를 대신할 대안의 필요성이 대두되고 있다. 항만 리모델링(remodelling)은 해양환경을 보전하고 환경친화적인 항만공간을 창출하는 것에 목적을 두고 있다. 이를 통해 항만투자비용을 절감하고 항만의 생산성을 향상시켜 국제 항만으로서의 경쟁력을 유지할 수 있다.

일본의 경우, 리모델링을 대상시설의 기능 및 성능을 사용목적에 적합하게 유지·개량하는 의미의 보전(maintenance and modernization)으로 정의하고 있으며, 유지보전(maintenance repair)과 개량보전(improvement modernization)으로 구분하고 있다. 유지보전은 유지(maintenance), 수선(repair), 보수(amendment), 갱신(renewal) 등으로 구분하고, 개량보전은 개수(improvement renovation), 개조(renovation), 변경(rearrangement), 개장(refinishing) 등으로 구분하고 있다. 그리고 이러한 리모델링 활동 전체를 통칭하는 용어로 리폼(reform)이 사용되고 있다.

미국의 경우에도 리모델링을 보편적으로 사용하고는 있으나, 이에 대한 개념이 명확하지 않으며, 회복(restoration), 역사적 보전(historic preservation), 복원(rehabilitation), 리모델링(remodeling),

변형(transformation)으로 구분하고 있다. 그 외 선진국에서도 리모델링을 유지(maintenance), 보수(repair), 개수(renovation) 등으로 최소 구분하여 사용하고 있다.

우리나라의 경우 항만 리모델링 개념이 아직 이론적으로 잘 정립되어 있지 않으나, 기존 국내 연구를 바탕으로 항만 리모델링을 서술하면 표 11.3과 같이 항만재개발(redevelopment), 기능재배치(rearragement), 개조(revovation), 시설보수(repair)로 구분할 수 있고, 친수, 친환경 및 경관 시설 도입이 부가될 수 있다. 항만 리모델링은 노후 항만 및 어항 시설의 개·보수, 항만 배후 부지의 공간활용 및 재배치, 기존의 방파제 내측 및 호안을 접안시설로 개조 및 시설의 현대화, 순수 어항기능을 다기능 종합어항으로 재개발, 친수, 친환경 및 경관시설 도입(해양공원, 생태계 자연학습장 등) 등이 있을 수 있다. 넓은 의미에서는 항만공간 전체 및 도시공간 일부까지 포함할 수 있다. 그림 11.3의 부산 북항 재개발의 경우가 그 사례라고 할 수 있다.

최근 제시되고 있는 항만 리모델링은 항만 및 배후지 개발에 대한 인식 변화에 맞게 노후 항만 시설을 보수, 개조하여 항만기능의 효율성을 제고하고, 항만수요 증가에 능동적으로 대처하며, 최소의 투자비로 최대의 효과를 도모하고, 도시기능과 항만기능의 완충작용을 할 수 있는 친수공간을 조성하는 등 21세기 미래지향적인 항만개발로 요약할 수 있다.

표 11.3 항만 리모델링의 개념구분

항만 재개발(redevelopment)	항만기능 재배치(rearrangement)
항만기능이 쇠퇴하여 그 지역을 새로운 개념의 공간으로 개조하는 것으로, 상업시설, 관광시설, 수족관, 호텔 등의 고 부가가치 워터프론트로 재개발하는 것	취급화물의 변화 및 하역체계의 변화 등으로 인해 부두 간 또는 인접항만 간 취급화물을 재배치하는 것
항만 개조(remodeling)	**항만시설 보수(repair)**
기존시설에 물양장, 안벽 등의 시설을 추가하거나 하역장비를 보완하여 화물처리능력을 향상시키거나, 환경친화적 항만개념을 도입하여 기존시설에 친수시설을 보완·설치하여 항만 주변환경을 개선하는 것	기존의 항만시설 및 장비를 유지·보수하는 것을 말하며, 일반적으로 항만마다 시행되는 것으로 정비 및 개조의 가장 기초적인 단계로서 추가되는 개념

🔄 자료 : 송만순, 항만리모델링, 항만기술논문집, 2002

항만 리모델링 대상은 일반적으로 다음 표 11.4와 같으며, 이에 따라 항만시설의 개수, 보수 및 개축 또는 기능의 전환을 검토할 필요가 있다.

표 11.4 항만 리모델링 대상시설

구 분	리모델링 사업	
	시설개수, 보수 및 개축	친수성 시설전환
정기점검 D급 이하 판정	기능유지 가능	기능유지 곤란
부두기능의 저하	개·보수 및 유지비 과소	시설활용 곤란
공장이전에 따른 유휴시설	시설활용 가능	시설활용 곤란

(계속)

구 분	리모델링 사업	
	시설개수, 보수 및 개축	친수성 시설전환
도시기능과의 상충	조정 가능	조정 불가능
항만의 기능정립 및 재정비	접안 및 하역 능력 제고	기능 폐쇄
재해에 따른 파손 등	경미한 경우(구조적 안정 등)	심각한 경우(구조적 안정 등)
기존시설의 확충(여객터미널 등)	재정예산으로 시행	민자유치로 시행
준설토투기장의 활용	항만시설로의 적절	항만시설로의 부적절

그림 11.3 부산 북항 재개발사업 계획 평면도 및 조감도 [부산항만공사 홈페이지, http://www.busanpa.com]

11.3 항만경관

항만경관은 주변 자연경관을 배경으로 하고, 인공적인 경관요소를 도입하여 권역에 포함되도록 하고 있으나, 일반적으로는 지역적인 특성과 수변을 활용하고, 목적물에 대한 인공경관을 실현시키는 국부적인 경관도 항만경관의 일부라 할 수 있다.

인공경관(artificial view scape)으로는 도서, 해안, 모래사장, 내해 등에서의 시설과 항만 및 어항과 연계된 배후지, 유물, 사적, 전시·전람회장 등이 있다. 항만경관은 항만시설의 계획단계 중 하나인 평면배치계획에서 경관의 역할과 의미를 충분히 반영할 수 있도록 항만구역 내에서의 배치, 항만부지공간의 이용, 수변(水邊)공간의 지형 및 활용, 주거와 도시공간과의 연계 등을 고려하여 이미지에 부합되게 계획하는 것이 좋다.

경관설계안은 기본형상을 토대로 구체적인 시설배치, 구조형식, 형태, 재질 등을 비교·검토하여 구상하며, 시설배치(조망에 대한 설계대상시설과 주변 환경과의 관계), 구조형식(구조형식의 선정과 규모, 형태, 재료, 색채 등의 선정), 식재 및 치장(경관 구성요소에 적합한 식재 및 치장)을 검토하여 확정한다.

1. 항만경관설계의 개요

경관설계는 경관의 요소에 따라 설계하며, 항만구역 내에서의 배치계획, 항만부지공간의 이용계획, 수변공간의 지형 및 활용계획, 주거와 도시공간과의 연계성, 세부경관계획 등에 따라 설계한다.

2. 배치계획

항만의 배치계획은 자연환경, 부지의 용도, 경관, 친수성 등을 고려하여 지역의 특성에 맞게 구상하고, 일반적으로 주변의 경관과 지역의 특성 및 이미지를 부각시켜 주변 여건과 연계시켜 계획한다.

3. 부지공간의 이용계획에 따른 경관

항만부지는 항만지원시설, 친수시설, 문화·복지 및 휴게시설 등의 이용계획에 따라 개발되므로 부지공간의 이용계획에 따라 많은 사람들이 항만을 이용하고, 항만과 연계하여 휴식을 취할 수 있도록 경관을 설계할 필요가 있다.

4. 수변공간의 지형 및 활용계획에 따른 경관

항만이 위치하는 곳에는 강변, 해변 등의 수변공간이 있다. 그러므로 다양한 인근지형이나 수변공간을 활용하여 관광·휴게시설을 조성하고 경관을 설계한다면 일출, 일몰 등의 쾌적하고 아름다운 자연경관을 즐길 수 있는 항만경관을 창출할 수 있다.

5. 세부적인 경관설계

경관설계는 배치계획, 부지의 활용, 수변공간 및 지형계획에서의 경관설계 외에 그림 11.4와 같이 도시의 이미지를 나타내는 경관, 특산물을 강조하는 경관 등 여러 가지 형태로 설계할 수 있다.

(a) Florida

(b) Hilton Head, South Carolina

(c) Dubai

(d) Monte carlo

그림 11.4 국외 항만도시의 수변공간 이용사례

11.4 워터프론트

1. 워터프론트의 정의 및 범위

워터프론트(waterfront)라는 표현은 1980년대 중반 일본에서 사용되기 시작하였으며, 바다, 하천, 호수 등의 수변공간 자체를 의미하기도 하고, 수변공간을 가지는 육지에 인공적으로 개발된 공간을 지칭하기도 한다.

그림 11.5에서 알 수 있듯이 연안역은 해안선을 기준으로 인접해 있는 육역과 해역으로 구분되며, 다방면으로 이용가능성이 높은 공간을 나타내는 개념이다. 미국에서는 「연안역관리법, CZM(Coastal Zone Management) Act」, 「연안역관리계획, CZM Plan」의 국토적인 관점에서의 공간개념으로 사용되고 있다. 수변공간은 예전부터 사용되어 오던 개념으로 육역과 수역이 유기적으로 결합되어 일체화된 공간을 말한다.

워터프론트는 수제선(물과 땅이 닿아서 이루는 선)에 접하는 육역 주변과 그것에 매우 가까운 수역을 포함하는 공간 개념으로, 개략적으로 타당성이 있으나 영역에 대한 정의가 막연하다. 미국의 경우, 워터프론트는 도시의 항만지구를 의미하는 것으로 인식되고 있으며, 실제 대부분의 워터프론트 개발은 도시지역에서 이루어지고 있다. 그러므로 워터프론트는 「시민이 도시환경(거주, 위락, 교통 등 도시활동의 제반환경)으로서 이용할 수 있는 수제선에 접한 육역 주변과 수역을 포함하는 지역」으로 정의할 수 있다.

그림 11.5 연안역, 워터프론트, 수변공간의 구분

표 11.5 연안역. 워터프론트 및 수변의 구분

구 분	계획레벨	공간레벨	행위레벨	기능레벨	유사어
연안역 (coastal zone)	국토계획	국토, 지방	국토정책 지역거점	기능배치	bay area
워터프론트 (waterfront)	도시계획	도시, 지방	도시재개발 지역핵	주거, 작업, 휴식	수제역
수변 (water side)	지구계획 시설계획	수제선	디자인 친수성 창조	휴식	수제공간, 임해부, riverfront

그림 11.6 **Dubai 워터프론트의 공간배치 사례** (realestate. theemiratesnetwork.com)

워터프론트의 범위는 일반적으로 해수가 육역에 유입되는 범위, 해역환경의 현황, 해양생물의 서식상태 등에 따라 그 영역을 설정하며, 미국 CZM의 경우에는 수제선을 기점으로 수역측은 영해까지 그리고 육지측은 행정구분적으로 지정된 거리까지로 설정하고 있다. 광범위한 범위에서의 워터프론트는 항만활동, 파랑 등이 육역과 수역에 영향을 미치는 범위, 바다를 조망할 수 있는 범위, 정서적·감각적인 영향을 미칠 수 있는 범위까지 설정할 수 있다.

• 워터프론트 : 수제선을 끼고 육역과 수역이 유기적으로 일체가 되는 지역
• 연안관리법 : 연안해역의 육지경계선에서 500 m 범위 내 육지지역
           = 수제선을 끼고 육역과 수역이 일체된 지역(수변, 강변 등)
• 워터프론트의 공간적 분류＋개발
 (예) 하천 river front, 호수 lake front, 바다 또는 항만 sea front 또는 harbour front
     ⇒ 통칭 : waterfront

2. 워터프론트의 특성

(1) 워터프론트의 공간특성

워터프론트는 바다, 하천 등의 자연환경에 접해 있고, 문화나 역사가 축적되어 있으며, 수역이 존재함에 따라 조망이 좋다. 그러나 부지 전면이 수역이기 때문에 접근이 한정되고, 토지이용에 있어서도 제약을 받으며, 도시생활에 제공되는 일반적인 사회기반시설이 정비되어 있지 않다. 그러므로 워터프론트 개발 시에는 공간의 특성이 제공하는 장점은 적극적으로 활용하고, 단점은 최대한 극복하는 것이 필요하다.

(2) 워터프론트의 사회적 특성

과거의 대규모 공장 및 물류구조에서 최근 소규모 및 다양한 물류구조로 산업구조가 변함에 따라 공장의 입지장소 및 운송체계를 재검토하고, 현재 환경에 적합하게 규제를 강화하여 도시 내 공장 등에 적용해야 한다.

워터프론트에 비교적 대규모의 유휴지가 생성될 경우에는 주택, 교통을 비롯한 도시문제를 해결할 수 있는 워터프론트 활용방안을 수립할 수 있다. 또한 워터프론트만이 가지고 있는 자연환경, 특성 등을 충분히 활용하면 시민의 정서적·문화적인 생활환경을 향상시킬 수 있다.

(3) 기타 워터프론트의 특성

워터프론트의 수역특성은 해안, 하천, 호수에 따라 다르며, 각각의 지형, 지리, 기상, 공간, 생태, 법적 조건, 개발현황 등에 있어서도 차이가 있다. 그리고 워터프론트의 수제선은 장기적으로 이동하고 변하는 특성이 있다.

워터프론트는 바다, 하천 등과 접하고 있어 자연적인 변화에 대한 인위적인 제어가 어려운 자연·환경적인 특성을 가지고 있으므로, 계획·개발 시에는 지형적 조건, 지리적 조건, 기상 및 해상조건, 생태적 조건 등을 검토해야 한다.

워터프론트는 낮은 토지가격, 단순한 권리관계, 넓은 개발규모, 자유도가 높은 개발 등의 개발에 있어 유리한 조건을 가지고 있으므로 개발자들의 사업의욕을 촉진시키는 특성이 있다.

워터프론트의 수역공간은 내륙부와는 다른 환경·공간특성이 있어 일반시민들이 오락, 휴게, 체험 등을 위해 많이 이용하므로 시민들의 이용에 안전성, 편의성 등을 제공해야 한다.

3. 워터프론트의 계획

- 워터프론트 계획의 접근성 : 도심에서 접근 할 때에는 시가지의 보행체계와 연결해야 하고, 바다에서 접근 할 때에는 여객선, 유람선 등의 이용이 편리하도록 해야 한다.
- 수제선과 호안계획 : 기존의 수제선을 최대한 보호하고, 매립지의 경우에는 수제선이 완만한 곡선의 형태가 되도록 하며, 수변산책로는 수제선이 연속적으로 보일 수 있게 한다. 호안은 자연적인 재료를 사용하고, 곡선형 평면과 계단형 단면형상으로 계획한다.
- 산책로와 광장계획 : 경관이 파노라마식으로 넓게 조망될 수 있도록 하고, 산책로는 주변 시설들과 조화를 이룰 수 있게 한다.
- 토지분할 및 이용계획 : 가구와 도로는 배후지와의 연속성, 경관 등에 큰 영향을 미친다. 그러므로 수역과 접해 있는 가구의 부지는 작게 분할하고, 정방형 형태로 하며, 수제선과는 수직방향으로 구획하고, 시가지의 가구와 조화를 이룰 수 있게 한다. 수역으로 향하는 도로는 시가지 도로를 연장하여 직선으로 계획하고, 수역을 따른 도로는 시각회랑(visual

corridor ; 연속된 조망을 할 수 있는 선적인 관찰통로로 도로나 하천이 대표적이다. 조망점이나 조망통제점들이 대부분 이 시각회랑 내에 위치)으로 배치한다. 또한 수역으로 향하는 도로의 폭은 배후지와의 연속성을 고려하여 넓게 하고, 수제선에 따른 도로는 적당한 폭으로 배치한다.

- 건물군에 대한 계획 : 같은 용적의 건물이라도 탑상형(탑을 쌓듯이 'ㅁ'자 모양으로 위로 쭉 뻗은 건물로 용적률이용이 좋고, 조망이나 녹지공원확보가 용이)으로 하고, 건물과 건물 사이는 가능한 한 넓게 하여 시각회랑을 확보하며, 수역으로 향하는 도로의 연장선에는 건축을 피한다. 수역을 향한 계단식 상부를 두어 조망공간을 확보하고, 건물에서 수역을 볼 수 있는 조망틀을 설치한다. 건물군은 수역을 위요하는 형식으로 배치하고, 선박, 터미널 등에 의해 수역조망이 방해받지 않고 한눈에 수역을 볼 수 있게 배치한다. 또한 수역환경에 맞게 건물의 높이를 조절하고, 일조를 고려하며, 오픈 스페이스를 배치하고, 지구단위계획에 의해 통일감을 부여한다.

- 건물의 높이와 스카이라인 계획 : 수제선 가까운 곳의 건물은 반드시 저층으로 하고, 랜드마크는 가늘고 좁은 탑상형태로 한다. 스카이라인을 위한 지붕형태를 디자인하고, 저층 건물군의 스카이라인과 고층건물군의 스카이라인이 조화를 이루도록 하며, 배후산지형의 스카이라인을 훼손하는 고층건물의 건축을 금지한다.

- 야간경관계획 : 야간경관조명에 의해 안전하고 매력 있는 수변공간을 연출하고, 일정 규모 이상의 건축물에는 야간경관조명을 설치한다. 경관조명을 위한 건축물의 외관 및 옥상을 디자인하고, 오픈 스페이스의 경관조명도 계획한다.

- 자연공간 정비계획 : 건물의 지붕 등에 녹지를 설치하고, 이용자들을 위한 물, 녹지 등의 공간을 배치한다. 그리고 도심의 열섬현상 등을 완화하기 위해 바다에서 산까지에 이르는 풍도를 확보한다.

- 광장, 녹지, 산책로 등의 오픈 스페이스 계획 : 시가지와 일체화된 보행자 도로 네트워크를 고려하고, 오픈 스페이스 집약화 및 네트워크화를 구상하며, 교량 등의 친수시설을 배치한다.

- 시각회랑 및 경관의 연속성에 대한 계획 : 바다와 랜드마크로의 시각적 접근을 위해 시각회랑을 확보한다. 경관의 연출을 위해 경관의 연속적인 변화를 고려하고, 시각의 연속적인 이동에 따라 수역을 볼 수 있도록 구상하며, 수역을 향한 경관의 연속성을 깨뜨리는 디자인은 피한다.

- 조망장소계획 : 경관의 가치를 높이고 효과적으로 경관을 연출할 수 있는 조망장소를 선정하고, 조망장소에서 수역이나 랜드마크를 넓고 뚜렷하게 볼 수 있도록 한다.

- 랜드마크 계획 : 가시영역이 넓은 경관에서는 랜드마크가 중요하므로, 랜드마크는 지역을 대표하는 상징적 경관이 될 수 있도록 구상한다. 랜드마크의 중요한 조건으로는 발광체, 반사

(a)

(b)

(c)

(d)

그림 11.7 워터프론트 호안의 친수공간 이용사례

체 및 색채가 두드러진 것, 역사적인 건조물, 스케일이 큰 것, 형태가 특이한 것, 심리적 요인에 의한 것, 많은 조망점에서 보이는 것 등이 있다.
- 색채계획 : 수변건축물과 그 배경의 색채가 조화를 이룰 수 있도록 기조색을 설정하고, 기존의 색과도 조화를 이룰 수 있도록 구상한다.

4. 워터프론트의 개발

(1) 워터프론트 개발 기본원칙

- 방재와 안전을 고려하는 워터프론트 개발
- 워터프론트 수변조망권 공유의 건축계획
- 기상과 계절적 한계를 극복할 수 있는 워터프론트 개발
- 해상공간을 다원적으로 활용하는 친수공간개발
- 해역활용에 있어 해상용도지정
- 신중한 워터프론트 개발대상지 선정

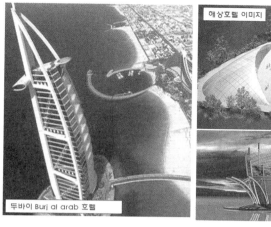

그림 11.8 미래 지향형 워터프론트 개념도
[최도석, 2007, 부경대 RCOID 초청 세미나 발표 자료]

- 워터프론트 공간의 일자형 매립 지양
- 자연환경과 생태계를 배려하는 워터프론트 설계
- 수역의존도가 높은 기능중심의 워터프론트 개발
- 호안 디자인의 개선
- 수변조망을 배려하는 워터프론트의 식재계획
- 워터프론트 개념에 부합되는 구조물의 배치와 디자인 그리고 재료와 색채의 조화
- 워터프론트의 랜드마크와 상징물 조성
- 경관을 중요시하는 워터프론트 개발
- 워터프론트 개념에 부합되는 간판과 표식 설치

11.4
워터프론트

- 차별성 높은 워터프론트 개발
- 육·해·공 입체적인 워터프론트 개발

(2) 워터프론트 개발유형

광의의 의미로 살펴보면 '워터프론트'는 공간의 개념으로 장소를 의미하고, '워터프론트 개발'은 행위를 포괄한다고 할 수 있다.

① 개발방식에 의한 개발유형

워터프론트 개발방식은 신개발, 재개발, 수복, 보전, 전용으로 분류할 수 있다.

신개발(new development)은 매립지 등과 같이 지금까지 이용되지 않았던 지역의 개발이며, 재개발(redevelopment)은 지금까지 있었던 건물이나 시설, 기능, 토지이용 등을 모두 폐기하고 새로운 건물, 기능 등을 구축하고 부가시키는 것이다. 수복(rehabilitation)은 토지이용에 대해서는 원칙적으로 바꾸지 않고 바람직하지 않은 영향을 주는 일부의 건물, 기능 등을 제거하여 지역의 양호한 전통요소 등을 살리고 향상시키는 개발이다. 보전(conservation)은 현재 있는 건물, 기능 등은 그대로 두는 것을 원칙으로 하고 물리적인 변화는 최소한으로 억제하여 개발하는 것이다. 전용(conversion)은 보전의 일종으로 기존의 건물 등에 최소한의 변화를 주어 지금까지 있었던 기능을 다른 것으로 바꾸는 개발이다. 선박을 계류시켜 레스토랑, 호텔 등으로 이용하는 사례가 이 범주에 든다.

워터프론트의 신개발, 재개발 및 보전의 목적과 특성은 표 11.6과 같다.

표 11.6 **워터프론트 개발방식**

개발방식		목 적	특 성
신개발	도심부 개발	도시중심부에 인접한 지역에 새로운 용지수요의 출현	도시계획상의 지침과 도시정책에 따라 시행되고, 공공적인 환경조성을 위한 오픈 스페이스형 보행자중심의 동선 체계화 같은 환경계획에 주안점을 두며, 매립지 위주의 대규모형
	도시주변부 개발	전원생활을 원하는 도시민의 주거단지와 해안여가활동 용지를 확보	쾌적한 주거생활공간, 접근성이 좋고 다양한 시설을 구비한 해안 복합 레크리에이션 기지 및 근로휴양지를 제공
재개발		무역형태의 변화로 기존 항만기능이 쇠퇴하여 재개발을 통한 도시기능의 조정	효율적인 항만관리를 위한 기구의 신설, 새로운 상업시설의 구비, 주거단지의 확충, 환경의 개선 등과 함께 항만으로 이용되던 수역을 교역중심에서 친수공간 방향으로 전개
보 전		친수공간의 독특한 생태적, 경관적, 문화적 가치의 보전	원래의 경관이나 자생적으로 발생된 고유문화를 보전하면서 소극적으로 개발하고, 워터프론트의 자연자원에 의존한 독특한 생활양식을 유지하며, 독특한 도시경관을 보전

표 11.7 개발용도에 의한 수변공간 개발사례

개발용도	개발사례
상업용도	보스턴의 Row's Wharf, 포틀랜드의 River Place, 캐나다의 Canada Place
문화, 교육 및 환경용도	시드니의 오페라하우스, 스코틀랜드의 Discovery Point
역사적 용도	캐나다의 The Forks Renewai & Assiniboine River Walk
레크리에이션 용도	찰스턴의 Charleston Waterfront Park, 샌안토니오의 Paseo del Rio
주거용도	암스테르담의 Entrepot West, 베를린의 Tegel Harbor, 헬싱키의 Ruoholahti Waterfront
산업활동용도	도쿄의 Harumi Passenger Ship Terminal, 독일의 Hamburg Ferry Terminal, 시애틀의 Fishermen's Terminal

표 11.8 개발형태에 의한 개발내용 및 사례

개발형태	개발내용	개발사례
CBD-linkage	기존의 도심부를 강 건너로 연결·확대하는 개발	KOP VAN ZUID, Rotterdam
Harbor front	도심지항만의 대형 복합개발	볼티모어의 Inner Harbor, 시드니의 Darling harbor, 뉴욕의 Battery Park City
Canal city	물을 도심지에 끌어들여 물에 의한 환경을 개발	샌안토니오의 Paseo del Rio(Riverwalk), 후쿠오카의 Canal City Hakata
Riverside	도시강변에서의 개발로 도시개발의 전형적 모델	암스테르담의 Oranje Nassau Barracks, 뉴욕의 Riverside South
Island	도심지수역에 접한 섬의 개발	벤쿠버의 Granville Island, 암스테르담의 KNSM West
Harbor canal	도시하천이나 호수에 접한 부두의 개발	노트르담의 Old Harbor, 암스테르담의 Entrepot West
Waterfront park	도시수변공간의 공원화 개발	뉴욕의 State Canal Recreationway Plan, 콜로라도의 Arapahoe Greenway, 뉴욕의 Hudson River Greenway
River greenway	강변녹지화의 시스템 개발	뉴욕의 State Canal Recreationway Plan, 콜로라도의 Arapahoe Greenway, 뉴욕의 Hudson River Greenway
Promenade terrace	수변산책 테라스 공간개발	벨기에의 Wandelterras Zuid, 파리의 Seine Promenade Architecture, 런던의 London Lido
Architectural landmark	건축적인 랜드마크의 수변개발	스페인의 Guggenhiem Museum, 암스테르담의 New Metropolis National Science & Technology Center, 오스트레일리아의 Exhibition Center, 후쿠오카의 Il Palazzo Hotel

② 개발목적에 의한 개발유형

워터프론트 개발목적에 의한 개발유형은 쾌적성 활용형, 도시문제 해결형, 유흥지 재생형, 시장성 도입형, 도시기반정비형으로 분류된다.

쾌적성 활용형(psychological amenity improvement)은 수역이 갖는 공간적인 개방성, 경관, 물결소리 등의 자연적인 요소를 활용하여 주민이나 도시생활자가 자연과 접할 수 있는 쾌적한 공간을 조성하는 개발 형태이다. 특히, 주거기능의 도입은 쾌적성 활용에 있어 매우 바람직하다.

도시문제 해결형(urban problems solution)은 대도시 지역의 주거, 교통, 환경, 용지부족 등의 여러 가지 도시문제를 해결하는 개발형태로, 경직화된 도시구조를 해결하기 위한 수단으로 매우 중요한 의미를 지닌다.

유흥지 재생형(regeneration)은 황폐해진 워터프론트를 보전, 수복 또는 재개발하여 새로운 도시공간으로 바꾸는 재생형 개발형태이다.

시장성 도입형(marketability introduction)은 많은 사람을 모이게 하는 워터프론트의 집적성과 시장성을 토대로 판매시설, 식당가, 위락시설, 문화시설 등의 다양한 시설을 배치하여 도시의 활력과 번영을 도모하는 개발형태이다.

도시기반 정비형(comprehensive urban use planning)은 도심에 인접하고 자유로운 토지이용계획이 가능한 워터프론트의 공간적 특성을 활용하여 도심부에서 부족한 기능을 보충하고 기반시설을 정비하는 개발형태이다.

(3) 워터프론트 개발방향

① 복합용도의 도시기능 연계개발

워터프론트 개발은 단순히 워터프론트 내에 있는 토지의 효율적인 이용뿐만 아니라, 도시에서 생활하는 사람들에게 도심 내에서는 경험하기 어려운 양질의 환경을 부여할 수 있다는 데 있어 그 의미가 크다. 복잡한 도심의 시가지와는 달리 워터프론트는 자유롭고 융통성 있게 토지이용계획을 수립할 수 있으므로, 도심부에서 부족한 휴식 및 문화공간, 오픈 스페이스 등의 기능을 보충할 수 있는 기반시설을 쉽게 설치할 수 있다. 그러나 워터프론트 개발 시에는 배후에 있는 도시의 특성과 발전방향을 충분히 고려하여, 도시지역의 구조를 왜곡시키거나, 두 지역 모두를 침체시키는 과도한 개발이 되지 않도록 유의해야 한다.

② 장소성 및 다양성 추구

워터프론트 개발은 해외 성공사례를 그대로 적용하는 획일적인 방법에서 벗어나, 그 지역의 특수성, 장소성(각각의 장소가 가지는 독특한 성격으로, 장소의 위치, 장소에 입지하고 있는 시설, 개인이나 집단의 행위차원에서 사회적 의식으로 표출됨), 다양성 등을 고려하여 그 지역의 문화, 환경 등의 특성에 맞게 개발되어야 한다. 이를 위해서는 주민들의 다양한 의견을 수용하고,

다양한 건물양식, 개발방식 등을 고려하여 모든 계획요소들이 워터프론트 공간 속에 녹아 있도록 해야 한다.

③ 지역주민들을 위한 친환경적 휴식공간 마련

친수성을 포함하고 있는 워터프론트는 그 자체로서 어메니티(amenity ; 인간이 문화적 · 역사적 가치를 지닌 환경과 접하면서 느끼는 쾌적함이나, 쾌적함을 불러일으키는 장소)를 창출할 수 있는 잠재력을 가지고 있다. 워터프론트 내에서 느낄 수 있는 물결소리, 바다내음 등의 자연적인 요소들은 도시생활에서 느낄 수 없는 특별한 감흥을 주며, 수변공간이 주는 개방감, 경관 등은 그곳을 찾는 도시생활자들에게 쾌적한 느낌을 제공해 준다. 그러므로 워터프론트 개발 시에는 워터프론트가 가지고 있는 어메니티의 장점을 적극적으로 수용하고 활용하여 이용자들의 사랑을 받을 수 있는 공간이 되도록 개발해야 한다.

④ 다양한 계층을 위한 해양레저공간 마련

워터프론트에는 모든 계층, 나이층의 사람들이 주 · 야간으로 활동을 할 수 있도록 다양한 시설을 도입해야 한다. 해양 레크리에이션도 과거의 해수욕, 낚시 등에서부터 최근에는 보팅, 요팅, 스쿠버다이빙 등과 같은 활동적인 스포츠 기능을 요구하고 있다. 그러므로 워터프론트는 다양한 계층들이 산책, 골프, 해양 레크리에이션 등을 즐길 수 있는 공간이 되도록 개발해야 한다.

⑤ 국제화에 부응하는 기능수용과 지역활성화

도시지역에서 가치 있게 남아 있는 자연환경인 수역은 육역과는 매우 다른 특성을 가지고 있는 공간이다. 특히, 항만은 바다를 통해 세계로 나아갈 수 있고, 여러 나라 사람들이 모이는 공간이므로 국제화에 부응할 수 있는 매력 있는 개발공간이다. 그러므로 이러한 곳에 국제화에 부응할 수 있는 다양한 공간 및 기능을 마련하고 새롭고 유익한 정보가 넘치는 활력 있는 공간 및 지역경제 활성화를 도모할 수 있도록 개발해야 한다.

PART 4

해양공학

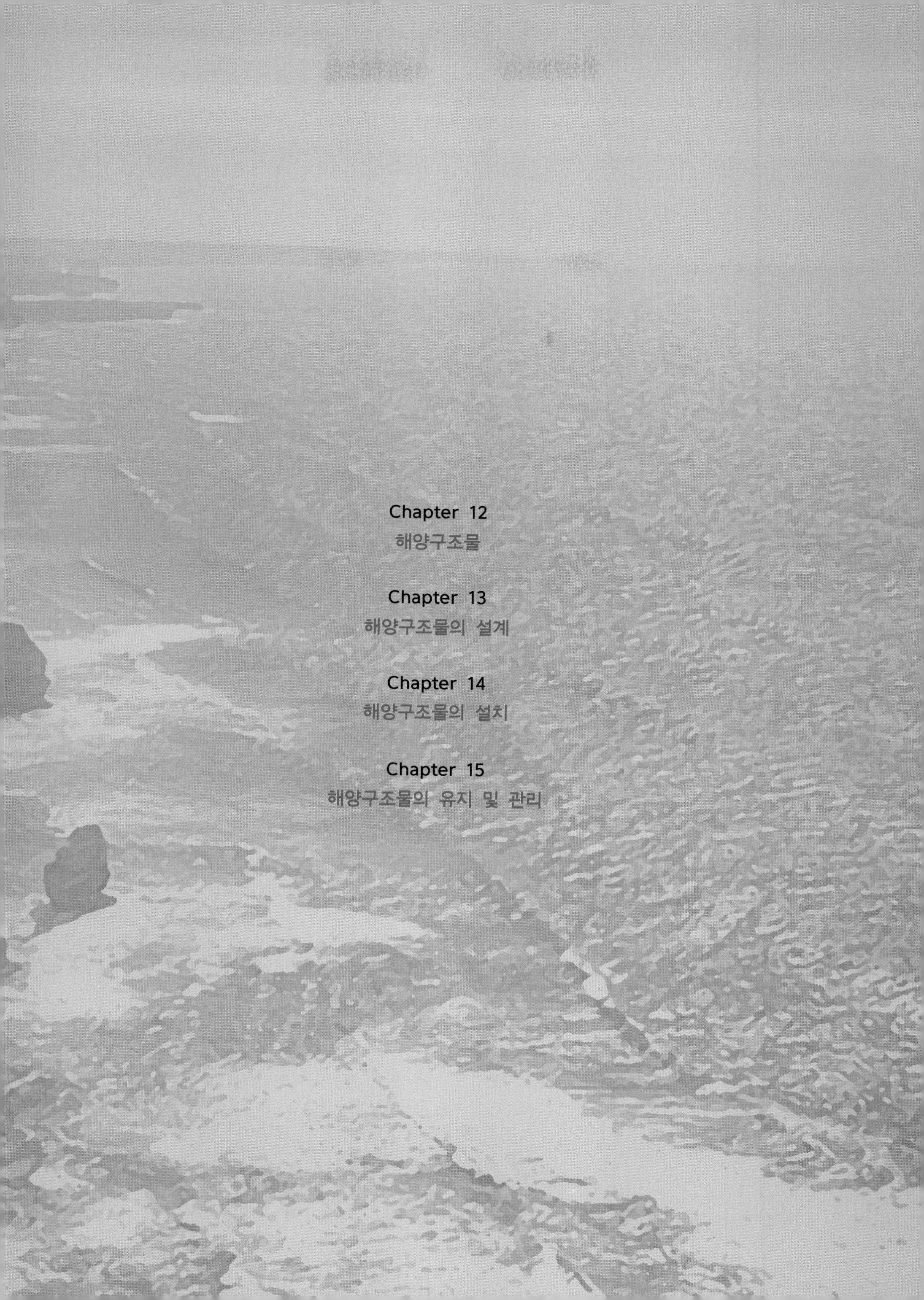

Chapter 12
해양구조물

조철희
인하대학교 공과대학 조선해양공학과 교수

정광효
부산대학교 공과대학 조선해양공학과 교수

해양구조물이란 해상 또는 해저에 설치되는 구조물로, 주로 해양의 조사, 석유 및 천연가스 등의 자원개발을 위해 이용된다. 육지에서 생산되는 석유의 양이 줄어들고, 기술이 발전함에 따라 해양유전의 개발이 더욱 활발해지고 있는 추세이며, 이에 따라 외해에 설치되는 해양구조물은 대부분 해저의 석유와 관련이 있다.

해양구조물과 선박은 이용목적에 의해 크게 구분된다. 선박은 수송을 목적으로 바다를 이동하는 수단으로, 안전하고 신속하게 움직이는 데 의의가 있다. 반면, 해양구조물은 해양자원의 개발

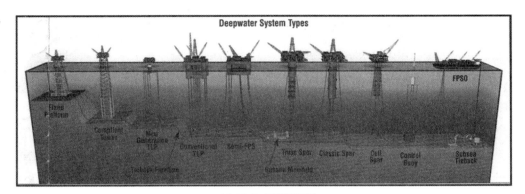

그림 12.1 **해양구조물**

12.1
고정형식에 따른 구조물

또는 저장을 위해 어느 한 장소에 고정되어 설계수명 동안 거친 해양환경에 대해 안전하게 작동해야 한다.

해저유전 중 일부는 발견은 되었지만 수심이 깊어 개발비용이 많이 소요되기 때문에 개발되지 못하는 경우가 있다. 그러나 원유가격이 상승하고, 해양구조물 설치 및 설계기술이 발전함에 따라 경제성이 없다고 판단되었던 유전이 다시 경제성을 찾고 있으며, 개발지역 또한 얕은 바다에서 깊은 바다로 확대되고 있다.

수심은 해양구조물 설계에 있어 중요한 요소 중 하나이며, 개발지역이 심해로 확장되면서 다양한 형태의 해양구조물이 고안되었고, 기준에 따라 여러 가지 형태로 분류할 수 있다.

▬▬ 예제 12.1

해양구조물의 이용목적에 대해 간략하게 서술하시오.

[풀이] 해양구조물은 선박과 같이 거친 해양환경에서 설계수명 동안 안전하고 안정적으로 유지되고 작동하면서 해양자원을 개발하고 저장하는 것을 목적으로 한다.

12.1 고정형식에 따른 구조물

해양구조물은 고정방식에 따라 고정식과 부유식으로 분류할 수 있다. 고정방식은 수심에 따라 크게 좌우되며, 해저지반, 설치해역, 석유매장량 등을 고려하여 결정한다.

1. 고정식 해양구조물

고정식(fixed type platform) 해양구조물은 예로부터 연안에 설치되어 온 방파제 등을 들 수 있지만, 여기에서는 해저 석유개발을 위해 설치되는 플랫폼을 중심으로 기술하기로 한다. 해저에 있는 석유나 가스를 생산하기 위해서는 생산시설이 필요하고, 생산시설은 해상의 구조물 위에 설치된다. 이와 같은 생산시설을 갖춘 해양구조물은 수심이나 기능에 따라 여러 가지 형태로 발전되어 왔다. 일반적으로 석유생산을 위한 해양구조물의 형상은 수심에 따라 달라지며, 고정식 해양구조물, 유연식 해양구조물, 부유식 해양구조물로 분류된다.

고정식 해양구조물은 자켓식(jacket type platform), 갑판승강식(jack-up platform), 중력식 (gravity fixed platform)으로 분류된다. 고정식 해양구조물은 파일(pile) 또는 자체 무게 등에 의해 구조물이 해저면에 고착되어 있어, 작업 중에 파랑, 바람 등에 의해 거동하지 않는 장점이 있다. 그러나 고정식 구조물은 해수면에서부터 해저면까지 강체로 연결되어야 하므로, 수심이 깊어질 경우에는 건조비가 과대하게 소요되는 등의 단점이 있어 실용화될 수 없게 된다.

(1) 자켓식 해양구조물

자켓식 구조물(jacket type platform)은 해저면에 타설되어 있는 파일에 의해 고정되며, 자켓의 주된 다리가 파일을 감싸고 있는 형태로 지지되고 있으므로 그 이름이 자켓이라 부른다. 자켓은 주로 원형 실린더 부재로 구성된 골조구조이며, 자켓의 상부에 갑판을 설치하여 처리설비, 거주설비 등을 탑재시킨다.

일반적으로 자켓은 육상에서 건조되어 유전이 있는 해역까지 이동시킨다. 이동 및 설치방법은 자켓의 크기나 이동경로의 해상 상태에 따라 다음과 같이 나뉜다.

① 자체부유식

2개의 큰 직경 Leg가 부력재의 역할을 하며, 그 부력을 이용하여 부양한 상태로 설치장소에 예인한 후, Leg 속에 물을 주입하여 착저시킨다. 그러나 Leg가 크기 때문에 파력이 크게 작용하고, 물을 주입하기 위한 밸러스트 장치로 인해 부가적인 비용이 소요된다.

② 바지진수식

자켓을 진수바지(launching barge)에 탑재시키고, 예인선에 의해 설치장소까지 이동한 후 진수시킨다. 이 방법은 진수 시 부가적인 외력에 지탱할 수 있는 충분한 강도가 요구되고, 진수용

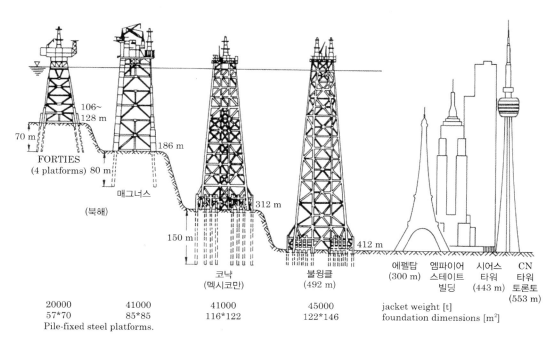

그림 12.2 Jacket type offshore structure

프레임 등이 필요하다. 현재 자켓은 상당한 수심까지 설치되고 있는데, 예를 들면 멕시코만 앞바다의 코낙(COGNAC) 유전에서는 수심 1,025 ft(312 m)까지 자켓이 설치되어 있으며, 1988년에는 멕시코만의 수심 350 ft(411 m)의 장소에 세계 최대의 자켓(BULLWINKLE)이 설치되었다.

(2) 갑판승강식 구조물

갑판승강식 구조물(jack-up platform)은 부유식 갑판과 승강식 다리로 구성되어 있다. 이동 시에는 다리를 올리고 갑판부의 부력으로 부양된 상태에서 예인(wet tow)하거나, 또는 붙임식 데크바지에 탑재시켜 목적지까지 예인(dry tow)하여 이동한다. 목적지에서는 승강장치를 조작하여 다리를 내려 해저면에 착지시키고, 선체를 해면 위 파랑이 미치지 않는 높이까지 올림으로써 마치 고정식 구조물과 같이 설치된다.

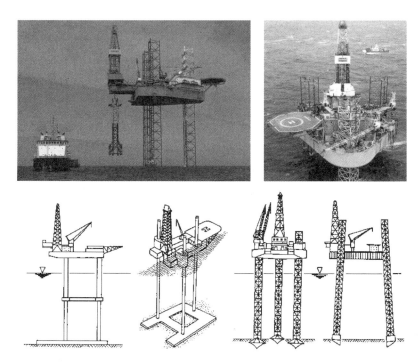

그림 12.3 Jack-up type offshore structure

▬▬ **예제 12.2**

갑판승강식 구조물의 승강식 다리는 어떤 역할을 하는지 간략하게 서술하시오.

〔풀이〕 해양구조물이 설치해역에 도달하면 승강장치를 조작하여 다리를 해저면에 착지시키고, 선체를 해면 위 파랑의 영향이 미치지 않는 높이까지 들어올려 고정시킨다. 이는 구조물에 작용하는 파랑, 해류 등의 외력을 최소화하는 데 목적이 있다.

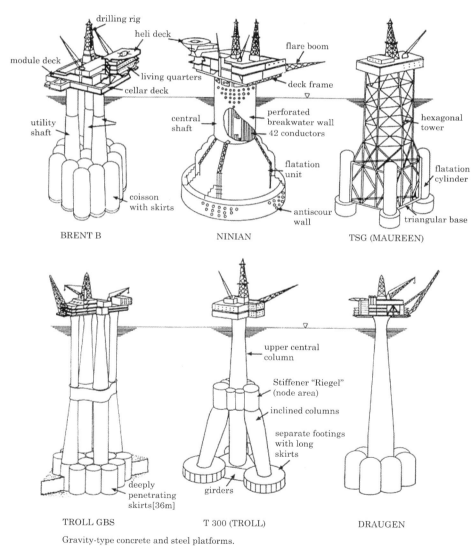

Gravity-type concrete and steel platforms.

그림 12.4 GBS 형식의 해양구조물

12.1
고정형식에 따른 구조물

(3) 중력식 해양구조물

중력식 해양구조물(gravity fixed platform)은 자체의 자중에 의해 해저면에 착저하여 자연적으로 일정한 위치에 고정되는 것으로 주로 콘크리트로 제작한다. 일반적인 구조형상은 중량체 역할을 하는 케이슨(caisson)을 하부에 두고, 케이슨에서 해면까지는 샤프트라는 몇 개의 콘크리트 실린더로 연결하며, 샤프트 위에 갑판부를 설치한다. 케이슨 내부공간은 기름 저장탱크를 겸하며, 해저면에서 옆으로 미끄러지는 것을 방지하기 위해 케이슨 바닥에는 스커트(skirt)를 설치한다.

중력형 플랫폼은 상당히 큰 중량이 해저면에 전달되므로 해저면의 저질이 비교적 견고한 유전개발에 유리하여, 1973년 북해의 해양유전에 EKOFISKI가 처음으로 설치되었다. 그리고 일반적인 형식과는 별도로 원통 셀이 동심원상으로 배치되어 상호결합되게 하는 매니폴드 형식도 있다. 바깥둘레는 파력을 적게 받게 하기 위해 구멍이 뚫린 벽체로 두르고, 해저면의 접촉부도 조류나 파도에 의한 세굴을 방지하기 위해 구멍이 뚫린 벽체로 두른다.

중력형 플랫폼은 드라이 도크 또는 연안의 해상에서 건조하여, 자체 부력으로 부양시켜 설치지점까지 예항하고, 케이슨 내에 해수를 주입하여 해저에 설치한다. 중력형 플랫폼은 단기간에 설치될 수 있기 때문에 북해와 같이 악천후가 자주 발생하는 해역에서 유리하다.

2. 부유식 해양구조물

수심이 얕은 해역에 매장된 해저석유나 천연가스의 개발이 거의 완료됨에 따라, 해저유전개발의 대상해역은 점차 수심이 깊은 곳으로 이동하게 되었다. 수심이 깊은 곳에서는 비싼 건조비용 등으로 인해 고정식 해양구조물의 사용이 어렵게 되었고, 이를 해결하기 위해 부유식 해양구조물(floating type platform)이 개발되었다. 부유식 해양구조물은 주로 해저석유의 시추목적으로 많이 건조되어 왔으나, 최근에는 생산용으로 겸용되는 것도 있다.

(1) 반잠수식 구조물(semi submersible platform)

최근 해양석유개발이 깊은 수심과 거친 해역에서 이루어짐에 따라, 고정식 구조물은 기술적, 경제적 한계에 도달하게 되었으며, 이러한 해역에 적합한 부유식이면서 적은 거동특성을 가지는 구조물이 필요하게 되었다. 이러한 이유로 1957년 최초의 반잠수식 해양구조물인 BLUE WATER No.1이 개발되었으며, 부유된 상태에서 우수한 작업성능을 가지고 있어 최근 급속한 발전을 이루고 있다. 특히, 북해(North sea)에서의 유전개발에 있어 지대한 역할을 했고, 갑판승강형 해양구조물과 함께 시추용 구조물로 각광을 받고 있으며, 점점 대형화되고 있는 추세이다.

반잠수식 해양구조물은 부력체인 하부 선체(lower hull) 상부에 칼럼(column)이라는 수직기둥을 세워, 그 위에 갑판부를 설치하고, 이들을 적당한 경사부재(brace)로 결합하는 형상이다. 일반적으로 반잠수식 해양구조물은 하부 선체(lower hull)의 자체 추진장치에 의해 이동하나, 자체 추진장치가 없는 경우에는 예인선이나 데크바지에 의해 이동된다. 목적지에 도달하면 하부 선체나 칼럼의 일부에 밸라스트 물을 주입하여 반잠수 상태가 되게 하며, 이때의 흘수는 갑판 밑에 파랑이 부딪치지 않도록 하는 것이 일반적이다. 이와 같은 반잠수 상태는 파랑 등에 대한 구조물의 운동응답을 적게 하게 하여 안전하게 굴착작업을 수행할 수 있게 한다.

굴착작업 시에는 앵커 체인에 의한 카테나리 계류 외에도, 동적 위치제어시스템(dynamic positioning system, DPS)에 의해 정확한 위치가 유지될 수 있으므로 깊은 수심에서도 시추가

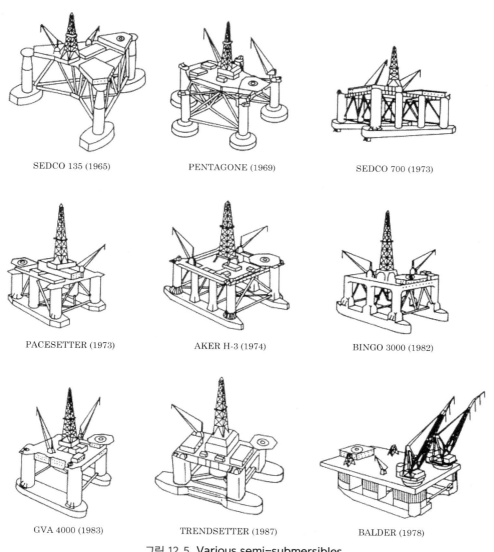

그림 12.5 Various semi-submersibles

12.1
고정형식에 따른 구조물

가능하다. 그리고 대부분의 경우, 자체 추진장치로 이동하므로 비교적 간편하고 신속하게 목적지까지 이동할 수 있다. 그러나 복원력이 적으므로 안전성에 유의할 필요가 있고, 선체구조 및 굴착장치가 복잡하므로 건조비와 유지관리비가 많이 소요된다.

(2) 인장각식 구조물

인장각식 구조물(tension leg platform, TLP)은 수심 1,500 m 이하 해역에서 석유시추 및 생산에 있어 유용하게 이용될 수 있으며, 플랫폼을 이루고 있는 부체, 해저면에 파일로 고정되어 있는 앵커 템플레이트와 이들을 연결시켜 주는 인장식 다리로 구성된다. 일반적인 TLP의 부체 부분은 반잠수식 구조물과 유사한 형상으로, 생산시설 등이 설치되는 갑판, 이를 지지하는 4개의 칼럼(또는 수직 기둥)과 칼럼을 연결하는 하부구조인 폰툰(pontoon)으로 구성된다. 부체의 칼럼과 폰툰은 부력재 역할을 하고, 부유체에 잉여부력을 주어 부체의 하부와 해저에 설치·고착된 앵커 템플레이트 사이에 고장력 강파이프로 된 테더(tether) 또는 텐돈(tendon)이라고 하는 인장다리를 설치하여 구조물의 위치를 유지한다. 인장다리에는 항상 초기인장력이 작용하고 있어 상하운동을 감소시킬 수 있고, 수평방향으로는 긴 고유주기를 가지게 되어 파랑에 의한 운동성능이 아주 좋아진다.

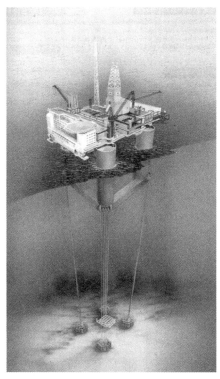

그림 12.6 Tenstion Leg Platform

또한 악천후 시 심해에서 유리하도록 설계된 삼각 TLP가 있으며, 그리고 심해에서의 소규모 유전에 적합하도록 설계된 미니 TLP(mini-TLP)도 많이 활용되고 있다.

(3) SPAR(Submersible Pipe Alignment Rig)

SPAR는 최근 심해 굴착과 생산을 위해 개발되고 있는 구조물로, 장대한 실린더를 수직으로 부유시켜, 실린더의 하부에 밸라스트를 하고 상부에 부력공간을 두어 운동성능을 향상시키고자 한 것이다. 구조물은 방사형으로 일부 펼쳐진 인장된 카테나리 계류선에 의해 계류된다. SPAR 는 실린더형 제작이 용이하고, 목적지까지의 이동에 있어서도 여러 가지 방법을 적용할 수 있는 장점이 있다. 실린더형 본체 제작방법으로는 전체를 강재로 제작하는 방법, 하부는 트러스로 하고 상부에 실린더를 두는 방법, 그리고 여러 개의 작은 원형 실린더를 이용하여 본체를 제작하는 방법 등이 제안되고 있다. 그리고 형상이 장대형 실린더이기 때문에 유체 흐름에 의해 발생하는 와동에 의해 큰 운동이 발생할 수 있으므로, 본체 외부에 나선형 프레이트, 즉 스트레이크 (strakes)를 붙여 와동을 저지하는 방법들이 적용되고 있다.

그림 12.7 SPAR의 전체 구상도 및 실린더 본체의 단면 일부

(4) FPSO

부유식 생산적출 시스템(floating production, storage and off-loading, FPSO)은 얕은 바다에

그림 12.8 FPSO

서의 석유자원개발 생산 단계에서 사용될 수 있고, 깊은 수심에서의 석유자원 생산에 적합하지 않고 비경제적인 기존의 고정식 생산플랫폼(fixed type production platform) 대신에 해저 파이프라인(pipeline)이 없이 marginal field 석유개발을 경제적으로 수행할 수 있는 이동식 해상유전 개발 시스템이며, 대수심 유전의 조기개발, 중소규모 유전의 개발에 이용되고 있다. 이 시스템을 고정식 생산플랫폼을 사용하는 방식과 비교하면 다음과 같은 장점이 있다.

- 대수해역에서 사용할 수 있다.
- 투자비용이 적게 든다.
- 조기생산을 할 수 있어 투자회수까지의 기간이 짧다.
- 개발단계에 따라 생산시스템 변경이 가능하다.
- 갑판면적이 넓어 고정식보다 공간확보가 용이하여 설계와 skid 탑재 시 유리하다.
- 생산시스템을 새로운 유전개발에 다시 이용할 수 있다.

(5) Drillship

일반적으로 drillship은 해저유전의 개발을 위해 선체에 굴착장치를 탑재한 것으로, 1953년경부터 사용되기 시작하였다. 굴착작업 시의 위치 유지는 다점계류 또는 동적 위치제어 시스템(DPS)에 의한다.

일반적인 선박에 pipe handling system의 자동화 등 반잠수식 시추선의 드릴(drill) 장비보다 성능이 개량된 장비를 탑재하여, 해저면을 뚫고 원유를 뽑아 올려, 일련의 1차 생산과정인 탈가스, 모래 및 흙의 제거 등의 시험적 생산(EWT)을 거친 후, 향후 유전개발에 대한 결정을 내리게 된다.

선박의 형상은 일반선박과 유사하나, 선체 중앙부에 구멍을 뚫어(moon pool) 그 위에 데릭(derrick) 등의 드릴 장비를 탑재하여 작업을 한다. 거친 해상에서도 자기위치제어를 할 수 있도록 설계되어 있으며, 대형 drillship은 10,000 ft의 수심에서 해저면으로부터 25,000 ft 이상 깊이의 유정까지 시추할 수 있다.

선박형 구조물은 다음과 같은 장점이 있다.

• 선박형상을 하고 있어 자체 추진에 의해 빠른 속도로 이동할 수 있다.
• 수선면적이 넓어 화물을 많이 적재할 수 있으므로 빈번한 보급이 필요 없다.
• 선박과 같은 형상이어서 복원성능이 좋고, 축적된 기술로 검증된 구조적 안전성을 가진다.

이상과 같은 장점을 살려 비교적 평온한 해역에서 상당히 널리 사용되고 있다. 특히, 최근에는 브라질 앞바다 등지의 3,000 m에서 작업할 수 있는 심해용 drillship이 개발·건조되었다. 그러나 거친 해역에서는 요동이 크게 발생하여 가동률이 낮아지는 단점이 있어, 횡요운동을 최소화시킬 수 있는 bilge keel, anti-rolling tank 등이 요구되기도 한다.

그림 12.9 **심해용 Drillship**

▨▨▨ **예제 12.3**

다음 조건의 해역에 설치하기에 적합한 원유생산용 해양구조물을 제안하고, 그 이유를 구체적으로 서술하시오.

• 수심 3,000 m 유전에서의 석유생산
• 육상과의 거리 3,000 km
• 유의파고 1 m로 비교적 잔잔한 해역에 설치

풀이 수심 3,000 m는 대수심으로 고정식 해양구조물을 설치할 경우, 구조물이 매우 커질 뿐만 아니라 과도한 건조비가 요구되므로, 대수심에 적합한 부유식 해양구조물이 적합하다. 육상과의 거리가 상당히 멀기 때문에 해저배관을 통한 원유이송은 합리적이지 못하므로, 생산한 원유를 자체적으로 보관할 수 있는 시설이 요구된다. 그리고 잔잔한 해역에 설치되기 때문에 부유식 해양구조물 중 상대적으로 운동성능은 뛰어나진 않지만 투자비용 면에서 유리한 FPSO가 적합하다.

12.2 목적에 따른 구조물

해양구조물은 기능에 따라 해양플랜트와 해양구조물로 분류할 수 있다. 해양플랜트는 원유 및 가스의 시추, 생산, 저장, 정제 등을 하는 설비로, 그 목적이 에너지자원의 획득에 있다. 반면, 해양구조물은 해양플랜트와는 다른 해양설비로, 발전, 저장 등의 해양플랜트를 제외한 모든 설비를 통칭한다.

표 12.1 해양플랜트와 해양구조물의 목적 및 형태

분류	목적	형태
해양플랜트	원유 및 가스 생산 원유 및 가스 저장 원유 및 가스 정제 시추공 개발	GBS Jacket type platform TLP SPAR FPSO Jack-up Rig Semi-submersible Rig Drillship
해양구조물	발전 저장 레저 항만	가스터빈 발전바지 메가 플로트 부유식 소파제 석유 비축기지 해상호텔

그림 12.10 해상발전소와 가미고토 석유 비축기지

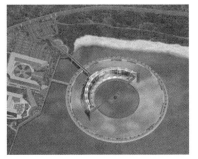

그림 12.11 당진 마리나 리조트 및 아키야스 휴양지(레저시설)

해양구조물은 사용목적에 따라 발전, 저장, 항만, 공항, 레저 등 다양한 형태로 존재한다. 그중 해양공간으로의 활용은 다방면으로 발전하고 있으며, 우리나라와 같이 좁은 국토를 가진 국가가 적극적으로 개발해야 할 분야이다. 일본의 경우, 1995년 효고현 남부지방의 대지진으로 고베시 앞바다에 인공섬 포트 아일랜드와 로코 아일랜드가 건설되었으며, 오키나와에는 해상도시라는 뜻의 초대형 부유구조물인 아쿠아폴리스가 건설되어 해상 종합레저시설로 활용되고 있다. 그리고 100만 톤에 이르는 석유비축시설이 규슈의 가미고토 앞바다에 설치되어 있다.

사회가 발전하고 인간의 생활이 풍요로워짐에 따라, 다양한 레저활동이 발전하고 있고, 그리고 휴식, 레저 등의 영역이 육상에서 해상으로 점점 확대·이동됨에 따라, 해양구조물의 수요도 더욱 증가하고 있는 실정이다.

12.3 해양발전구조물

최근 세계 각국은 지구온난화와 화석연료의 고갈에 대비해 대체에너지 확보에 있어 총력을 기울이고 있다. 또한 오염물질을 유발하지 않는 신재생에너지의 중요성이 대두되고 있어, 태양열, 풍력, 해양에너지 등의 다양한 에너지원이 연구·개발되고 있다. 대체에너지원 중 해양에너지는 그 잠재량이 무한하기 때문에 해양에너지를 이용하기 위한 노력이 이어지고 있으며, 종류에는 파력, 조류, 조력, 해수온도차 등 다양하다.

해양에는 석유자원개발을 위한 플랫폼 외에 전기를 생산하기 위한 파력발전 컨버터, 조류발전 컨버터 등의 많은 구조물들이 설치되어 있다. 영국의 Ocean Power Delivery 회사에서 개발한 'Pelamis'는 포르투갈 북부해역에 설치되어 있는 대표적인 파력발전장치이다. 파력발전이란 파랑에너지를 이용해 전기를 생산하는 방식으로, 에너지 변환방법이 매우 다양하다. Pelamis는 총 길이 140 m에 원통형 실린더 4개가 연결되어 있고, 750 kW의 발전용량을 가지고 있으며, 해면

그림 12.12 파력발전 컨버터 Pelamis

그림 12.13 **MCT사의 조류발전장치 Seagen**

에 떠서 계류라인으로 고정되는 mooring 방식이다. 파랑이 작용하면 해면을 따라 뱀 모양의 컨버터가 운동을 하게 되고, 연결부위에서 피스톤이 작동하여, 그 힘으로 전기가 생산되는 시스템이다.

조류발전 시스템도 최근 영국과 미국 등을 중심으로 한 선진국 위주로 개발되고 발전하고 있다. 조류발전이란 조수간만의 차에 의해 발생하는 빠른 해수의 흐름을 이용하여 발전하는 방식으로, 우리나라에서는 서해안 및 남해안에 유속이 빠른 해역이 많아 매우 유리한 발전방식이다. 국내에서도 울돌목 시험발전소가 완공되었고, 대방수도 및 인천 조류발전단지 등이 계획되어 있어 개발이 본격화되고 있다. 영국 MCT(Marine Current Turbine)사에서 개발한 'Seagen'이라는 조류발전장치가 대표적이며, 발전용량은 1.2 MW이고, pile fixed 방식의 구조물이다.

■■■ **예제 12.4**

해양에너지원으로는 파력, 조류, 조력, 해수온도차 등이 있다. 이중 국내 서해안에 적합한 에너지원을 고르고, 그 이유를 간략하게 서술하시오.

[풀이] 국내 서해안에 적합한 에너지원은 조력발전과 조류발전으로, 국내 서남해안은 조수간만의 차이가 크고, 만이 많이 있기 때문에 조력발전이 유리하다. 높은 조수간만의 차이를 이용한 많은 발전량은 서해안에 인접한 공단들에 적절한 전력을 공급할 수 있을 것으로 예상된다. 또한 국내 서남해안은 큰 조수간만의 차이에 의해 빠른 해수의 흐름이 있어 조류발전에도 적합하다. 빠른 조류 속도와 일정한 주기성은 안정적이고 높은 에너지 생산을 가능하게 할 것으로 예상된다.

12.4 기타 구조물

해양구조물의 범위는 매우 넓으며, 앞에서 언급된 내용 외에도 해상호텔, 바다목장, 해상공항 그리고 해상도시에 이르기까지 다양한 형태로 존재한다.

인공어초는 어류번식을 도와 좋은 어장을 형성시키기 위해 바다 속에 인위적으로 투입되는 구조물을 말한다. 최근에는 콘크리트나 부식이 발생하는 금속으로 된 어초 대신, 환경에 악영향을 주지 않는 세라믹 인공어초를 대량생산할 수 있는 기술을 개발하고 있다.

최근 도시가 급속하게 팽창됨에 따라, 옛날에는 도시 외곽이었던 공항이 주택가로 둘러싸이게 된 경우가 많다. 특히, 많은 공항들이 주간은 물론 야간에도 많은 항공기를 이착륙시키고 있어, 교통, 소음 등의 문제가 더욱 가중되고 있고, 지역주민들의 삶의 질 또한 저하되고 있다. 이러한 문제들을 해결하기 위해 도시에서 멀리 떨어진 곳에 새로운 공항을 건설하기 시작하였으나, 이는 접근성이 떨어져 매우 불편하고 비효율적이다. 뉴욕, 도쿄, 상하이 등 세계의 큰 도시들은 대부분 해안에 접해 있어 해안을 매립하여 공항을 건설하거나 가까운 섬에 새로운 공항을 건설할 수 있으며, 인천 국제공항과 일본 오사카의 간사이 국제공항이 좋은 예이다.

또한 도시의 팽창에 의한 신도시개발에 있어서도 해양공간은 아주 유리한 조건을 가진다. 신도시가 개발될 경우에는 사회기반시설을 별도로 갖추어야 하고, 기존의 대도시에서 멀리 떨어질수록 소비자의 접근성이 나빠져 물류비용이 증가한다. 그러므로 대도시로의 접근성이 좋고, 대도시의 사회기반시설을 활용할 수 있는 대도시 인근의 해상도시가 적절한 대안으로 제시되고 있으며, 인천의 송도 앞바다를 매립하여 인천항 및 인천 국제공항과 연계되게 건설한 '송도신도시'가 좋은 예가 될 수 있다.

그림 12.14 바다목장 조성을 위한 인공어초

그림 12.15 일본의 인공섬 로코 아일랜드와 간사이 국제공항

Chapter 13

해양구조물의 설계

조철희
인하대학교 공과대학 조선해양공학과 교수

정광효
부산대학교 공과대학 조선해양공학과 교수

13.1 해양구조물의 설계개념

해양구조물의 설계는 구조물이 안전하고, 경제적이며, 효율적인 작업 성능을 발휘할 수 있도록 구조형식과 크기를 결정하는 것이다. 해양구조물은 작용하는 하중에 충분히 견딜 수 있어야 하고, 구조물을 제작하거나 건설하는 비용이 적게 들어야 하며, 운영 및 사용에 있어 편리해야 한다. 이와 같은 목적을 달성하기 위해서는 구조물설계에 적용되는 여러 가지 조건을 잘 고려하여 절차에 맞게 설계해야 한다. 그러나 해양구조물에는 여러 종류가 있고, 종류에 따라 설계절차가 조금씩 다르다. 그림 13.1은 일반적인 해양구조물의 설계과정을 나타낸 것이다.

(1) 설계조건의 설정

설계조건은 해양구조물을 설계하는 데 고려해야 할 조건으로, 일반적으로 환경조건과 기능조건으로 나뉜다. 이러한 설계조건들은 구조물이 처해지는 해양환경에 따라 달라지며, 가장 혹독한 상황을 설계의 기준으로 설정한다. 해양구조물을 설계할 때 채택하는 해양환경 설계조건 회기 주기는 일반적으로 25년, 50년, 75년, 100년 등이 있으며, 회기 주기가 길수록 가혹한 해양환경 설계조건이 부과되며, 보다 높은 안전이 요구되는 구조물일수록 긴 회기 주기를 채택한다.

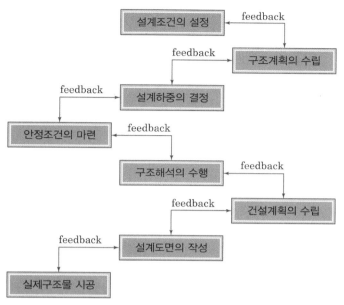

그림 13.1 해양구조물의 일반적인 설계순서

(2) 구조계획의 수립

구조계획은 적당한 부재를 적절히 배치하여 구조물을 구성하는 작업이다. 구조계획을 수립할 때에는 기존구조물의 장·단점을 분석하여 구조물의 형태를 결정한다. 경우에 따라서는 새로운 형태의 구조물을 도출하기도 하나, 일반적으로는 기존 구조물의 형식을 따르거나 약간 변형하여 결정한다.

(3) 설계하중의 결정

설계하중은 설계조건에서와 같이 환경하중과 기능하중으로 나뉜다. 환경하중은 파랑, 바람, 해류 등의 자연현상으로 인해 해양구조물이 받는 힘을 말한다. 기능하중은 구조물 자체의 기능과 관련된 하중으로서, 구조물 자체의 무게, 압력에 의한 힘 등이 있다.

(4) 안정조건의 마련

고정식 구조물의 설계에 오류가 있을 경우에는 구조물이 외부의 힘에 의해 전복되거나 위치가 이탈될 수 있다. 부유식 구조물도 잘못 설계되면 무게가 부력보다 크게 되어 가라앉을 수 있고, 무게 중심과 부력중심이 맞지 않아 전복될 수도 있다. 이와 같은 조건들이 안정조건에 포함되는 내용이며, 구조물 설계에 있어 만족해야 한다.

그림 13.2 **해양구조물의 구조해석 모델링** (BEASY Software homepage)

(5) 구조해석

해양구조물에 작용하는 하중에 대해 구조적으로 안전한지를 확인하기 위해 구조해석을 하며, 구조해석에는 정적 해석과 동적 해석이 있다. 그림 13.2는 컴퓨터 프로그램을 이용하여 해양구조물을 구조해석하는 것이다.

(6) 건설계획의 수립

건설계획은 실제로 구조물을 제작하기 위해 어떤 순서로 부재를 연결하고, 완성된 구조물을 어떻게 이동할 것인가 하는 등의 구조물 건설을 위한 전반적인 계획을 말한다.

(7) 설계도면의 작성

설계도면은 일반적으로는 기본설계와 실시설계 단계에서 제작된다. 기본설계에는 기본설계도, 설계설명서, 공사비계산서 등이 포함되며, 설계의 기본사항이 표시된다. 실시설계에서는 실시설계도, 구조계산서, 사양서, 건조계획서(시공계획서), 견적서 등이 포함된다.

해양구조물의 설계는 앞에서 언급된 내용들을 바탕으로 시행착오를 반복하면서 수행한다. 만일, 하나의 조건이라도 충족되지 못하면 원하는 조건이 충족될 때까지 계속 반복하여 설계를 수행해야 한다.

1. 구조물의 선택

해양구조물은 기능과 형태에 따라 여러 종류가 있고, 여러 가지 해양구조물 중에서 가장 적합한 구조물을 선택하는 것은 중요하면서도 어려운 일이다. 구조물의 선택기준은 구조물의 기능성, 안전성, 적용성, 경제성 등에 따라 달라진다.

해양구조물은 형식에 따라 고정식, 부유식 등이 있고, 기능에 따라서도 여러 가지 형식이 있다. 고정식 구조물은 단순한 파일 구조물에서부터 복잡한 재킷 구조물까지 아주 다양하다. 부유

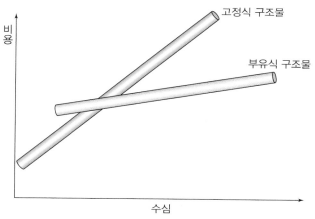

그림 13.3 **수심에 따른 구조물의 제작비용 추이**

식 구조물도 간단한 부상형 구조물에서부터 반잠수식 또는 FPSO와 같은 복잡한 구조물까지 그 형태나 용도가 매우 다양하다. 그러므로 구조물의 특성을 잘 파악하여 적절한 구조물을 선택해야 한다.

고정식 해양구조물과 부유식 해양구조물은 수심에 따라 관련 비용도 달라진다. 그림 13.3은 수심에 따른 구조물의 제작비용 추이를 나타낸다. 고정식 구조물의 경우에는 수심이 깊어질수록 비용이 급격하게 증가하는 반면, 부유식 구조물은 수심이 깊어져도 비용에 있어서는 큰 차이가 없다. 그러므로 고정식 구조물은 수심이 얕은 곳에서 경제성이 있고, 부유식 구조물은 수심이 깊은 곳에 경제성이 있다는 것을 알 수 있으며, 설치하는 해역의 수심이 얕을 경우에는 고정식 구조물을 선택하고, 수심이 깊을 경우에는 부유식 구조물을 선택하는 것이 좋다.

2. 구조물의 배치

구조물의 배치는 구조물을 구성하는 부재를 배치하는 것과 제작된 전체 구조물을 특정한 위치에 배치하는 두 가지 개념이 있다. 부재의 배치는 선택한 구조형식을 원하는 크기로 구성하기 위해 어떠한 부재를 어떻게 배치하여 전체를 구성할 것인가를 결정하는 것으로, 예를 들면, 구조형식을 재킷 구조물로 선택했을 경우, 구조물의 높이, 가로 및 세로의 너비, 수면 위 높이 등을 결정하고, 그 후 수평방향, 수직방향 및 경사진 부재 등을 어떠한 크기와 어떠한 간격으로 배치할 것인가를 결정하는 것이다.

부유식 구조물 중에서 강재 폰툰을 사용하는 경우에는 외벽, 격벽, 상판의 간격, 판 두께 등을 결정하는 것이 포함된다. 반잠수식 구조물과 같이 원통 기둥을 포함하는 경우에는 원통 기둥과 보강재의 치수 및 개수가 부재의 배치에 해당하고, 갑판의 형상, 치수, 구조 등도 포함된다.

일반적으로 외해에 설치되는 해양구조물은 육상에서 제작한 후 원하는 위치로 이동시켜 설치

13.1
해양구조물의 설계개념

하는 경우가 많다. 해양구조물을 설치하기 위해서는 먼저 구조물이 설치될 적당한 위치를 선택해야 한다. 이를 위해서는 우선 구조물을 설치하는 목적을 명확하게 파악해야 하고, 구조물을 설치하고 운영하는 동안 바람, 파랑, 해류 등과 같은 자연적인 환경조건에 의해 피해를 입지 않도록해야 한다.

■■■ **예제 13.1**

고정식 해양구조물과 부유식 해양구조물의 수심에 따른 건설비용에 대해 설명하시오.

풀이 그림 2.3과 같이 고정식 해양구조물은 수심이 증가함에 따라 건설비용이 급격하게 증가한다. 반면, 부유식 해양구조물은 얕은 수심에서는 고정식에 비해 비용이 많이 소요되지만, 수심이 증가해도 비용의 증가율은 작다. 그러므로 고정식 해양구조물은 수심이 얕은 곳에서 경제적이며, 부유식 해양구조물은 수심이 깊을수록 경제적이다.

13.2 해양구조물의 해석

해양구조물의 해석은 구조물에 작용하는 모든 힘에 의한 구조물의 변위, 파괴 여부, 안정성 등을 파악하는 것이다. 그러므로 해양구조물의 해석에 있어서는 구조물에 작용하는 힘을 정확하게 구하는 것이 중요하다.

구조물에 작용하는 힘의 종류는 그림 13.4에서와 같이 한 점에 작용하는 집중하중, 크기가 같은 여러 힘이 균일하게 작용하는 등분포하중, 크기가 다른 여러 힘이 작용하는 변분포하중 등이 있다.

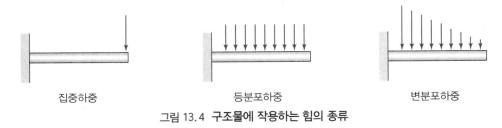

집중하중　　　　　　　　　등분포하중　　　　　　　　　변분포하중

그림 13.4 구조물에 작용하는 힘의 종류

구조물에 작용하는 힘은 방향에 따라서 수직 또는 수평으로 작용할 수 있다. 이러한 힘에 의해 구조물은 늘어날 수도 있고, 줄어들 수도 있으며, 휘어질 수도 있다. 그림 13.5 (a)와 같이 막대기의 한쪽은 고정되어 있고 다른 한쪽은 자유로운 경우, 막대기의 자유로운 한쪽 끝에 임의의 하중을 가한다면 막대기는 늘어날 것이다. 외부의 힘이 작용하게 되면 막대기 내부에서는 13.5 (b)에서처럼 저항하는 힘이 발생하고, 이 힘은 외부 하중에 대해 저항하는 내력으로 작용하게 된다.

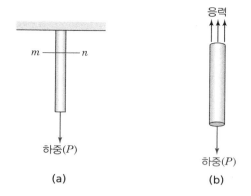

그림 13.5 **부재와 평행하게 작용하는 하중과 이에 대한 응력**

이와 같이 단위면적당 작용하는 내력의 크기를 응력이라 하고, 응력은 식 (13.1)과 같다.

$$응력\,(F) = \frac{외력\,(P)}{부재의\;단면적\,(A)} \tag{13.1}$$

그림 13.6과 같이 외부에서 당기는 힘에 대해 부재의 내부에서 저항하는 힘을 인장응력이라 하고, 외부에서 밀어 압축시키는 힘에 대해 부재의 내부에서 저항하는 힘을 압축응력이라 한다.

부재와 평행방향으로 작용하는 외력에 대한 부재의 응력과 같이, 부재에 직각방향으로 작용하는 외력의 경우에도 이와 비슷한 개념으로 이해할 수 있다. 그림 13.6과 같이 임의의 하중이 막대기의 자유로운 한쪽 끝에 직각방향으로 작용할 경우, 외력은 막대기를 잘라 내려는 성질로 작용하게 되는데, 이 힘을 전단력이라 하고, 이 외력에 대한 내력을 전단응력이라고 한다.

부재에 직각방향으로 외력이 작용하게 되면 부재를 잘라내려고 하는 힘과 함께 부재를 휘게 하려는 힘도 작용하게 된다. 이에 대해 부재 내부에서는 휘지 않으려고 하는 내력이 발생하게 되는데, 이 내력을 굽힘응력이라고 한다.

구조물에 대한 구조해석을 할 때에는 구조물에 작용하는 하중을 정확히 결정하고, 각각의 부재에서 발생하는 다양한 응력을 계산한다. 응력을 계산한 후에는 부재에 발생하는 응력이 부재의 고유한 극한응력값을 초과하는지를 판단한다. 만일, 부재의 극한응력값이 외력에 의해 발생한 응

그림 13.6 **부재에 직각으로 작용하는 하중과 이에 대한 전단응력과 굽힘응력**

력보다 클 경우에는 그 부재는 안전한 것으로 판단할 수 있으나, 부재의 극한응력값이 외력에 의해 발생한 응력보다 작을 경우에는 그 부재는 안전하지 못하고 파괴되기 때문에 부재의 치수를 늘리는 등의 보강이 필요하다.

부재의 극한응력값은 부재의 재료역학적 성질에 따라 결정되는 것으로, 그 재료가 파괴 직전까지 견딜 수 있는 최대의 응력이다. 일반적으로 극한응력값은 실험을 통해 결정되는데, 대부분의 재료에 대한 극한응력값은 이미 잘 알려져 있다.

■■■ **예제 13.2**

아래 그림과 같이 길이 $L=1$ m, 직경 $d=10$ mm의 균일단면 강봉이 천장에 고정되어 있고, 강봉 하단에는 무게 $W=10$ N의 추가 달려 있다. 강봉의 밀도가 $7,850$ kg/m^{3}일 때, 강봉에 작용하는 최대 응력을 구하시오.

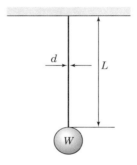

[풀이] 강봉의 최대 축하중은 천장과 접한 부분에서 발생하며, 추의 무게와 강봉의 무게가 모두 작용한다. 강봉의 무게는 부피와 밀도의 곱이며, 강봉의 밀도는 77 kN/m^{3}으로 환산된다.

$$W_{steel} = Vol \times \gamma = A \times L \times \gamma = \frac{\pi d^2}{4} \times L \times \gamma$$

$$= \frac{\pi (0.01 \text{ m})^2}{4} \times 1 \text{ m} \times 77,000 \text{ N/m}^3 = 6.05 \text{ N}$$

응력$(F) = \dfrac{\text{외력}(P)}{\text{부재의 단면적}(A)}$ 이고, 강봉의 무게와 추의 무게를 고려하여 강봉에 작용하는 최대 응력을 계산하면

$$F_{max} = \frac{W + W_{steel}}{A} = \frac{10 \text{ N} + 6.05 \text{ N}}{\pi (0.01 \text{ m})^2/4} = 204,355 \text{ Pa}$$

1. 해석방법

해양구조물을 해석하는 일반적인 방법은 정적해석, 동적해석, 피로해석 3가지로 나뉜다.

(1) 정적해석

정적해석은 해양구조물의 해석에 있어 가장 기본이 되는 해석방법이다. 정적해석은 정지상태에 있는 어떤 구조물에 일정한 힘을 가했을 때, 구조물이 안전한지 또는 불안전한지를 판단하는 것이다. 해양에서 구조물에 작용하는 하중은 파랑, 해류, 바람 등이 있다. 그중 해류와 바람은 정적하중으로, 그 크기에 의해 부재에 어느 정도의 응력이 발생하는지를 알 수 있다.

① 부유식 해양구조물의 정적해석

부유식 해양구조물은 구조물 본체가 해저면에 고정되어 있지 않고, 물 위에 떠 있는 상태이므로, 구조물 자체가 가라앉는지 또는 전복되지 않는지를 기본적으로 해석해야 한다. 부유식 구조물을 원하는 위치에 유지시키기 위해 체인, 와이어, 앵커 등이 사용되는데, 부유식 구조물 해석 시에는 이에 대한 해석도 해야 한다.

- 부체의 안정성 : 부유식 구조물이 물 위에 떠 있을 수 있는 것은 부력 때문이다. 부력은 위쪽으로 작용하고, 그 크기는 물에 잠긴 구조물의 부피와 관계된다. 그리고 구조물의 무게는 중력과 같이 아래방향으로 작용한다. 그러므로 부유식 구조물의 안정성을 해석하기 위해서는, 구조물의 무게에 대한 부력을 계산하여, 구조물이 물에 가라앉는지 또는 충분한 부력을 가지고 물 위에 떠 있을 수 있는지를 파악해야 한다.

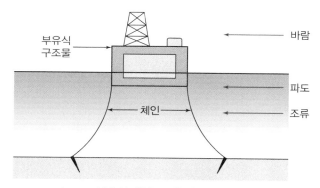

그림 13.7 **부유식 해양구조물의 개략적인 형상**

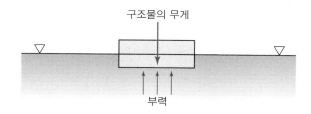

그림 13.8 **부유식 구조물에 작용하는 무게와 부력**

13.2
해양구조물의 해석

또한 폭풍 시와 같이 큰 파랑이 부유식 구조물에 작용할 경우, 부유식 구조물은 안정을 유지하지 못하고 넘어져 전복될 수 있으므로, 부유식 구조물의 전복에 대한 해석도 중요하다.

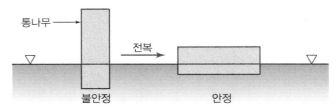

그림 13.9 부유식 구조물의 전복과 안정

• 계류라인 해석 : 부유식 구조물을 그림 13.10과 같이 체인, 와이어 등을 이용하여 계류하는 경우, 체인 등과 같은 계류라인에 상당한 힘이 작용하게 된다. 그러므로 부유식 구조물의 거동에 따라 계류라인에 작용하는 힘을 파악하여, 계류라인이 끊어지는지 또는 앵커가 해저지반에서부터 빠지는지를 해석해야 한다.

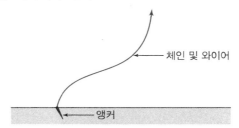

그림 13.10 부유식 구조물을 지탱하는 체인과 앵커

② 재킷 구조물의 정적해석

재킷 구조물은 고정식 해양구조물 중에서 대표적 구조물이다. 재킷 구조물의 정적해석에 있어서는 구조물의 붕괴해석, 전복해석, 파일해석 등을 해야 한다.

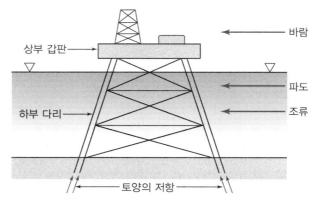

그림 13.11 고정식 재킷 구조물의 개략적인 형상 및 외력

• 구조물의 붕괴해석 : 고정식 재킷 구조물의 상부 갑판에는 거주시설과 각종 작업장비들이 탑재된다. 상부 갑판의 철판 두께가 너무 얇을 경우에는 철판이 무게를 이기지 못하고 무너지며, 상부 갑판의 두께가 너무 두꺼울 경우에는 제작비용이 증가하고, 하부 다리에 하중을 증가시키게 되므로, 최적의 철판 두께를 선정할 필요가 있다.

하부 다리는 상부 갑판을 지지하는 역할을 한다. 그러므로 상부 갑판에 의해 하부 다리가 받는 힘을 산출하여, 하부 다리의 지지력을 파악하고, 하부 다리가 약할 때에는 보강해야 한다. 그러나 상부 갑판과 같이 하부 다리를 너무 크게 할 경우에는 제작비용이 많이 드므로 최적의 크기를 선정할 필요가 있다.

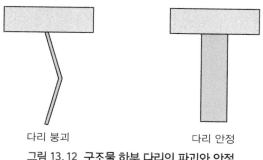

다리 붕괴   다리 안정

그림 13.12 구조물 하부 다리의 파괴와 안정

• 재킷 구조물의 전복해석 : 해양에 설치된 고정식 재킷 구조물은 바람, 파랑, 해류 등의 외력을 받으며, 특히 폭풍 시에는 강력한 바람과 높은 파랑에 의해 구조물이 전복되는 사태가 발생할 수 있다. 그러므로 구조물 설계 및 설치 시에는 이와 같은 전복을 방지할 수 있는 파일의 관입깊이나 크기 등에 대한 해석이 필요하다.

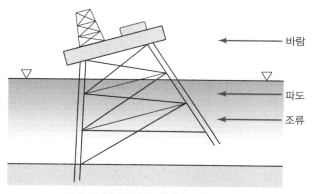

바람

파도

조류

그림 13.13 고정식 재킷 구조물의 전복

• 파일해석 : 파일해석은 해저면에 관입될 하부 다리가 외력에 대응해 어느 정도 지탱하는지를

해석하는 것이다. 파일이 해저지반에 깊이 관입될 경우에는 구조물이 외력에 충분히 대응하여 전복이 쉽게 발생하지 않는다. 그러므로 파일해석을 통해 구조물이 외력에 충분히 대응하고 전복되지 않을 수 있는 최적의 파일 관입깊이를 산출하는 것이 구조물 설치에 있어 시간과 비용을 절감할 수 있는 차원에서 필요하다.

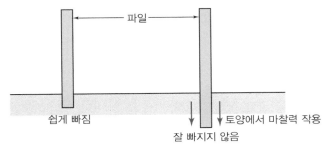

그림 13.14 **파일 길이에 따른 구조물의 안전도**

▬▬ **예제 13.3**

고정식 해양구조물 중 대표적인 재킷 구조물에 대해 안정성을 판단하려고 한다. 정적해석 시에 요구되는 세부해석들을 나열하고 간략하게 설명하시오.

<u>풀이</u> • 붕괴해석 : 상부 갑판 및 하부 다리가 붕괴되지 않도록 하고, 제작비용을 감안하여 설계해야 한다.
  • 전복해석 : 바람, 파랑, 해류 등의 외력으로부터 안정적으로 지탱할 수 있는 해저면에서의 충분한 지지력이 필요하다.
  • 파일해석 : 해저면에서 파일이 침하되지 않고, 충분히 구조물을 지지하도록 설계해야 한다.

(2) 동적해석

해양에서는 파랑이 동적하중으로 작용하기 때문에 동적해석이 반드시 필요하다. 동적해석은 시간에 따라 변하는 힘에 대해 각각의 부재와 구조물 전체가 어떻게 운동하는지를 해석하는 것이다. 파랑작용에 의한 선박의 운동을 해석하는 것도 동적해석의 한 예이다.

파랑이 주기를 가지고 있듯이 구조물에도 고유한 주기가 있다. 구조물에 힘을 가했다가 제거하면 구조물은 일정한 주기를 가지고 반복적으로 자유롭게 운동을 한다. 이와 같이 구조물을 반복적으로 운동시키는 일정한 시간을 구조물의 고유주기라고 한다. 예를 들어, 물에 떠 있는 원통형 나무를 아래방향으로 밀었다가 놓으면 나무가 위·아래로 움직이게 되는데, 이때 나무가 위·아래로 반복해서 운동하는 일정한 시간이 고유주기이다.

동적해석에서는 외부에서 가하는 힘의 주기와 구조물의 고유주기가 거의 일치하는 영역에서는 구조물의 운동이 상당히 증폭된다. 이와 같이 외력의 주기와 구조물의 고유주기가 거의 일치해서 구조물의 운동이 증폭되는 것을 공진이라고 한다. 만일, 파랑의 주기와 구조물의 고유주기가 일치할 경우에는 구조물의 운동이 아주 커지게 되므로 설계상으로는 바람직하지 않다. 그러므로 동적해석에서는 동적하중에 의해 구조물이 얼마나 반응하는지를 해석하는 것도 중요하지만, 구조물의 고유주기를 찾는 것도 중요하다.

(3) 피로해석

어떤 구조물에 작용하는 힘이 구조물을 파괴시킬 만큼 크지 않다 하더라도 반복적으로 작용하게 되면, 결국 구조물은 약해져서 파괴된다. 예를 들어, 철사를 한 번만 구부렸다 펴면 잘 끊어지지 않지만, 여러 번 구부렸다 폈다 하면 결국 철사는 끊어지게 된다. 이와 같이, 반복적인 하중에 대하여 구조물이 피로해져 파손되는 것을 해석하는 것이 피로해석이다.

해양구조물은 파랑에 의해 반복적인 힘을 받는다. 그러므로 해양구조물이 예상되는 작동기간 동안 반복적으로 가해지는 힘에 대해 피로파괴가 발생하는지를 해석해야 하며, 피로수명을 정확히 계산하는 것이 중요하다.

13.3 고정식 및 부유식 해양구조물의 설계

1. 고정식 재킷 구조물 설계

재킷 구조물은 주로 수심 100~150 m의 해역에서 해저 석유나 가스를 생산하는 대표적인 해양구조물로, 갑판구조물, 재킷, 파일 세 부분으로 이루어져 있으며, 해상작업용으로 많이 사용되고 있다. 재킷 구조물은 다른 해양구조물에 비해 파랑, 바람 등의 외력에 대해 움직임이 거의 없고, 폭풍 시에도 작동이 중단되는 경우가 적으며, 다른 해양구조물에 비해 갑판에 많은 시설물을 배치할 수 있는 장점이 있다. 반면, 수심이 증가하면 제작비용이 급격히 증가하고, 파일링 작업의 어려움이 많은 단점이 있다.

(1) 갑판구조물

갑판구조물은 2층 또는 3층 구조로 구성되어 있다. 갑판구조물은 평판으로 된 갑판 판, 판 바로 밑에 놓여 있는 갑판 보, 그리고 이들을 지지하는 트러스 구조로 되어 있으며, 그리고 갑판구조물과 그 밑에 있는 재킷을 연결하는 갑판다리가 있다.

갑판구조물을 설계할 때에는 필요한 공간의 크기, 갑판의 무게, 바람에 의한 힘을 고려하여 초기 치수를 결정하고, 그 후, 재킷 구조물의 전체 강도를 해석하여 최적화된 치수를 결정한다.

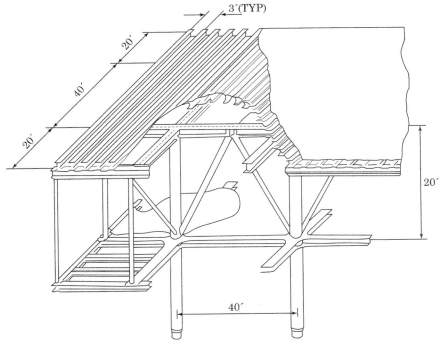

그림 13.15 재킷 구조물의 갑판구조

(2) 재킷

재킷은 구조물의 다리 역할을 하며, 다리 사이에는 다리를 연결해 주는 보강재가 있다.

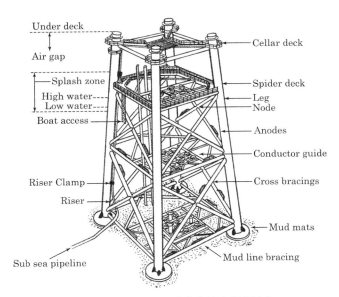

그림 13.16 재킷 구조물의 재킷의 일반적인 형태

① 다리와 보강재의 배치

재킷의 다리는 보통 4개이나 그 이상 되는 경우도 있다. 재킷 구조물의 다리 사이 간격은 일반적으로 유사한 조건에서 이미 설계된 자료를 근거로 결정하며, 그 다음, 구조물 전체에 작용하는 힘, 갑판에 설치되는 시설물의 크기, 재킷을 실어 옮길 바지의 크기 등을 고려하여 최종적으로 결정한다. 일반적으로 다리의 간격은 12~15 m이다. 다리는 수직이 아니고 기울어져 있으며, 그 기울기는 보통 1/7~1/12 범위에서 선정한다. 그리고 보강재의 배치는 대각선 방향으로 하나만 배치하는 형식, X형, K형으로 배치하는 형식 등이 있다. 그림 13.17은 여러 가지 보강재의 배치 형식을 보여주고 있다.

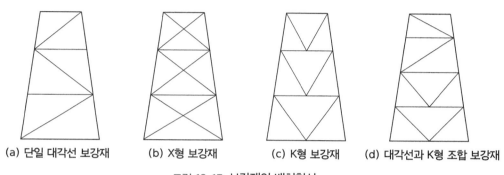

| (a) 단일 대각선 보강재 | (b) X형 보강재 | (c) K형 보강재 | (d) 대각선과 K형 조합 보강재 |

그림 13.17 보강재의 배치형식

② 다리의 치수결정

다리는 일반적으로 원통형이다. 중요한 것은 원통 다리의 지름과 두께를 결정하는 것이며, 지름과 두께는 구조계산을 통해 결정한다. 원통의 두께는 최소한 지름의 1/90 또는 1/60 보다 커야 하며, 두께는 부식에 의해 얇아질 수 있으므로 1 cm 정도의 여유를 두어야 한다. 그러나 두께가 너무 두꺼우면 제작비용이 많이 들고 무거워지므로, 구조해석을 통해 최적의 두께를 산정한다.

③ 접합부분

그림 13.17에서와 같이 재킷의 여러 부재들은 서로 만나므로 접합부분이 파손되지 않도록 튼튼하게 보강해야 한다. 그리고 원통 다리를 보강하기 위해서는 원형 모양의 강철띠를 안쪽에 붙이거나 원통의 두께를 증가시킨다.

(3) 파일 기초

재킷 구조물 전체의 안정성을 유지시켜주는 파일 기초는 구조물이 자중에 의해 가라앉는 것을 막아주고, 재킷의 다리를 고정시켜 구조물이 옆으로 넘어지는 것을 방지한다.

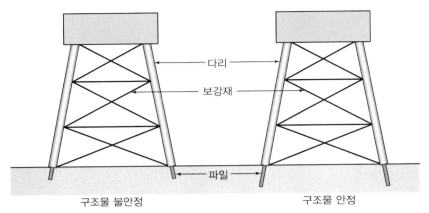

그림 13.18 **파일의 깊이에 따른 재킷 구조물의 안정성**

그림 13.18은 기초 파일의 길이가 짧은 경우에 대한 안정성과 파일의 길이가 긴 경우의 안정성을 비교하고 있다. 파일의 길이가 짧은 경우(좌)에는 구조물이 쉽게 전복될 수 있는 반면, 파일의 길이가 긴 경우(우)에는 재킷 구조물이 외부 하중에 대해 안정하다. 파일의 관입깊이를 결정하기 위해서는 토질과 파일과의 상호작용을 고려한 복잡한 계산을 수행해야 한다.

2. 부유식 구조물 설계

부유식 해양구조물은 선박과 같이 해상에 떠서 작동하는 해양구조물로서, 용도나 형식에 따라 여러 종류가 있다. 부유식 해양구조물은 고정식 해양구조물과는 달리 바람, 파랑, 해류 등의 외력에 의해 쉽게 거동하므로, 부유식 구조물이 전복되거나 유동하지 않게 잘 고정시키는 것이 중요하다. 부유식 구조물을 고정시키기 위해서는 계류시스템이 필요하며, 계류시스템은 계류 돌핀, 앵커, 체인 등으로 구성된다.

부유식 해양구조물의 설계는 선박의 설계와 유사하다. 첫째, 구조물이 파랑이나 바람에 의해 전복되지 않도록 크기 및 시설배치를 결정해야 한다. 둘째, 구조물 자체의 무게 또는 다른 외력에 의해 구조물이 파손되지 않도록 구조물의 두께, 넓이, 높이, 길이 등의 치수를 결정해야 한다. 셋째, 계류시스템이 기능을 유지할 수 있도록 앵커와 체인의 크기를 결정해야 한다. 예를 들어, 앵커의 크기가 작으면 파랑이나 해류에 의해 부유식 구조물이 떠내려갈 수 있고, 계류 체인이 약하면 끊어질 수 있다. 그리고 부유식 구조물은 파랑 등에 의해 요동하므로, 구조물에 장착되는 장비, 기계류 등이 안전할 수 있도록 설계되어야 한다.

(1) 상부구조물 설계

상부구조물에는 각종 장비나 기자재가 설치되거나 저장되는 공간, 근무자들이 생활하는 공간,

헬리콥터가 이·착륙하는 특수한 시설이 있다. 상부구조물은 이와 같은 시설이나 장비들의 형태, 또는 크기에 따라 구조방식이 달라진다.

① 상부구조물의 길이, 폭 및 깊이 결정

상부구조물의 길이, 폭, 및 깊이는 갑판에 각종 장비나 기자재가 설치되거나 저장되는 데 필요한 공간, 작업하는 데 필요한 공간 등이 허용될 수 있어야 한다. 그러므로 저장할 장비가 많거나 작업하는 데 큰 공간이 필요하면 상부구조물의 길이, 폭, 깊이 등도 커져야 한다.

② 갑판 판의 두께

갑판 판의 두께를 결정할 때에는 갑판 판을 받치고 있는 갑판 보의 크기 및 간격을 조정하면서 결정해야 한다. 만일, 갑판 판이 두껍고 무거운 데 비해 그것을 받치는 갑판 보가 너무 작거나 놓이는 간격이 너무 넓으면 갑판 전체가 무너질 수 있다.

③ 트러스 설계

갑판구조물을 구성하는 트러스를 설계할 때에는 초기단계와 최종단계로 나누어 진행한다. 초기설계단계에서는 트러스 각 부재의 연결점이 회전이 가능한 힌지(hinge)로 연결되어 있다고 가정하고, 구조해석에 의해 부재의 치수를 산정한다. 최종 설계단계에서는 연결점이 용접으로 단단하게 연결되어 있다고 생각하고, 다시 구조해석을 수행하여 각 부재의 최종 치수를 결정한다.

(2) 칼럼 및 폰툰 설계

① 칼럼

칼럼은 원통형의 기둥으로서 상부구조물과 그 아래의 폰툰 사이에 설치되어 있으며, 갑판구조물 전체의 무게를 지지한다. 칼럼은 단순한 원통형 기둥이 아니라, 기둥을 튼튼하게 하기 위해 그 안쪽에 강철부재를 부착하여 보강한다. 칼럼을 설계할 때에는 칼럼의 지름과 두께를 결정해야 하고, 어느 정도 보강할 것인지를 산정한다.

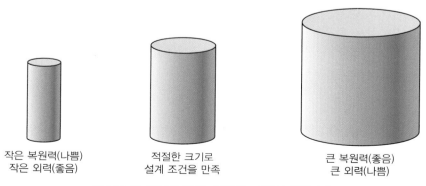

작은 복원력(나쁨)　　　적절한 크기로　　　큰 복원력(좋음)
작은 외력(좋음)　　　설계 조건을 만족　　　큰 외력(나쁨)

그림 13.19 칼럼의 지름, 복원력, 외력의 상관관계

13.3
고정식 및 부유식 해양구조물의 설계

칼럼의 지름은 구조물이 파랑 등의 외력에 의해 옆으로 기울어졌다가 다시 원위치로 되돌아오는 복원력과 관계가 있으므로, 구조물이 충분한 복원력을 발휘할 수 있는 적절한 지름을 가져야 한다. 칼럼의 지름이 크고, 칼럼 간의 간격이 넓으면, 복원력이 커지게 되어 구조물이 옆으로 기울었다가도 빠른 시간 내에 원위치를 되돌아오는 장점이 있다. 그러나 칼럼의 지름이 커지면 파랑, 해류 등에 의한 외력을 많이 받게 되는 단점이 있다.

칼럼의 두께나 안쪽의 보강 정도를 결정하기 위해서는 우선 칼럼에 작용하는 외력을 산정해야 한다. 칼럼에 작용하는 외력은 상부구조물의 무게, 그 아래 폰툰으로 전달되는 수직방향의 압축력, 그리고 칼럼의 내부와 외부의 압력 차이에 의한 힘이 있다. 또한 계류시스템에 의한 힘, 보급선접안 시 발생하는 충격력, 그리고 파도, 해류 등에 의한 외력이 있다.

칼럼의 두께가 아주 얇고 안쪽의 보강 정도가 약하다면, 음료수캔을 위에서 밟으면 일그러지는 것과 같이 원통 기둥은 바로 파괴될 것이다. 그러므로 칼럼의 두께나 안쪽의 보강 정도는 칼럼이 상부구조물을 충분히 지지할 수 있도록 설정해야 한다.

칼럼의 두께나 안쪽 보강재의 정확한 치수를 구하기 위해서는 구조해석을 수행해야 한다. 간단한 구조해석은 공식을 이용하여 할 수도 있지만, 상세한 구조해석은 상용화된 소프트웨어를 사용하여 구조물 전체에 대한 전산구조해석을 수행한다.

② 폰툰

폰툰은 구조물 전체가 물에 떠 있을 수 있는 필요한 부력을 주는 구조물로, 내부에는 추진기관, 연료, 밸러스트 액체탱크, 앵커 체인의 저장고 등이 있다.

폰툰의 치수는 구조물의 부력과 관계가 있으므로, 부력에 비례하여 폰툰의 크기를 결정해야 한다. 전체 구조물의 무게가 무겁거나 갑판에 많은 장비를 실을 경우에는 큰 부력이 필요하므로 폰툰을 크게 해야 한다. 그러나 폰툰도 칼럼과 같이 그 크기가 커지면 파랑, 해류 등의 외력을 많이 받게 되므로 적절한 크기로 하는 것이 좋고, 외부의 힘에 의해 파괴될 수 있으므로 두께는 어느 정도 두껍게 해야 하고, 내부 또한 보강해야 한다.

폰툰 설계 시 고려해야 하는 힘은 폰툰 외부에서 작용하는 물의 압력과 파력, 폰툰 내부에서 발생하는 압력 등이 있다. 이러한 힘들을 고려하여 폰툰의 두께와 보강 정도를 결정하며, 상세한 설계를 위해서는 상용 소프트웨어를 이용하여 전산구조해석을 수행한다.

(3) 계류삭(또는 닻줄)의 설계

① 계류시스템

부유식 해양구조물은 바다 위에 떠 있는 상태에서 작동하므로, 파랑, 해류, 바람 등에 의해 쉽게 유동할 수 있다. 그러므로 부유식 구조물을 일정한 곳에 위치시키기 위해서는 계류하는 것이 필요하며, 계류방식으로는 고정식 계류방식, 자동위치제어방식(dynamic positioning system,

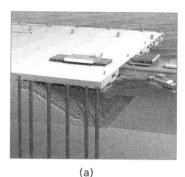 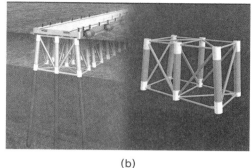

(a)　　　　　　　　　　　　　　　(b)

그림 13.20 고정식 계류방식의 예 (a) 잔교식 (b) 자켓식 (현대산업개발)

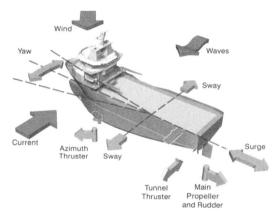

그림 13.21 Dynamic positioning system - Basic forces and motion (Kongsberg homepage)

그림 13.22 DPS system의 thruster (Offshore model basin homepage)

DPS), 일점계류방식(single point mooring, SPM)과 다점계류방식(multi point mooring, MPM)이 있다.

　고정식 계류방식은 항만의 계류시설인 계선 안벽, 선창, 돌핀, 자켓 등의 방식과 유사하다. 자동위치제어방식이란 부유식 구조물의 앞, 뒤, 좌, 우에 추진기를 설치하여 구조물이 원하는 위치에 머물도록 하는 것이며, 구조물이 해류에 의해 유동하면 추진기가 구조물이 유동하지 않도록

13.3
고정식 및 부유식 해양구조물의 설계

자동으로 작동한다. 이 방식은 계류삭(닻줄)으로 계류하는 것이 어려운 상황에 적용한다.

일점계류방식은 한 점에서 부유식 구조물을 계류하는 방식으로, 비교적 수심이 깊은 해역에서 많이 사용되며, 보수를 하거나 유지하는 데 있어 비용이 적게 드는 장점이 있다. 다점계류방식은 여러 점에서 부유식 구조물을 계류하는 방식으로, 큰 계류력이 필요한 곳이나 구조물을 원하는 위치에 정확하게 유지시켜야 하는 곳에서 사용된다. 그러나 여러 개의 계류삭을 설치하면 비용이 많이 들고 설치하는 데 어려움이 있다.

계류시스템은 계류삭, 앵커 및 작동 기기로 구성된다. 계류삭은 와이어로프, 체인, 합성섬유로프, 또는 이들을 서로 조합하여 제작하며, 계류삭 중간에 부표를 설치하여 계류삭을 안정시키기도 한다. 앵커는 항력 앵커나 파일 앵커 등이 있다. 작동기기는 윈치(winch), 윈들러스(windless) 등과 같이 계류삭과 앵커를 내리고 올리는 장비이다.

그림 13.23 **Single point mooring system** (Sakhalin1 homepage)

그림 13.24 **Multi point mooring system** (Ultramarine homepage)

② **계류삭 설계**

계류삭 설계에서는 우선 계류삭이 받는 힘을 계산하여 계류삭의 길이와 지름을 결정한다. 길이는 기존공식을 이용하여 구할 수도 있고, 두께는 계류삭이 최대의 힘에 대해 끊어지지 않을 정도로 결정한다. 그 다음, 와이어로프, 체인, 합성섬유로프 등에서 계류삭의 종류를 선택하고, 마지막으로 지름을 결정한다.

(4) 라이저 설계

해양 라이저는 해양구조물의 주요 하부조직으로서 해저면과 플랫폼을 이어주는 설비이다. 유체가 이동하는 관이라는 점에서는 해저관로와 유사하지만, 해저관로는 유체의 이동방향이 수평적이고, 라이저는 수직적이라는 점에서 차이가 있다.

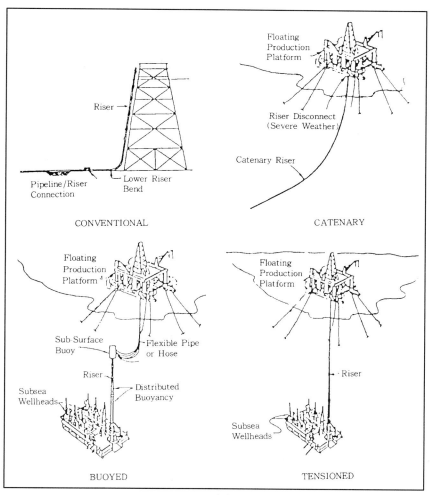

그림 13.25 **라이저의 종류**

라이저는 설치형태에 따라 플랫폼 라이저, 인장식 라이저, 부유식 라이저, 그리고 계류식 라이저로 분류할 수 있다.

플랫폼 라이저는 해저관로를 자켓구조물의 상부 갑판에 연결하는 수직 강관으로, 클램프(clamp) 등을 사용해 자켓의 브레이스(braces)나 다리에 단단히 고정시켜 사용한다. 부유식과 인장식 라이저의 차이점은 라이저에 지속적인 인장력이 작용하는지의 여부에 따라 구분된다. 인장식 라이저의 경우에는 부유식 생산시스템에 설치된 인장기에 의해 능동적으로 라이저에 인장력을 작용시킨다.

파력과 해류에 의한 플랫폼의 변위는 플랫폼과 해저면 사이에 연결되어 있는 라이저에 큰 영향을 미친다. 그러므로 라이저에는 파손되지 않을 정도의 허용변위가 고려되어야 하며, 일반적으로 100년 주기의 폭풍파로 인한 플랫폼의 변위를 적용한다.

▬▬ **예제 13.4**

부유식 해양구조물의 계류방식을 나열하고, 각 방식의 특징을 간략하게 서술하시오.

풀이 • 고정식 계류방식 : 항만의 계류시설인 계선안벽, 선창, 돌핀, 자켓 등의 방식과 유사하다.
 • 자동위치제어방식 : 부유식 구조물에 추가적인 추진기를 설치하여 구조물이 원하는 위치에 머물 수 있도록 한다.
 • 일점계류방식 : 한 점에서 부유식 구조물을 계류하는 방식으로, 비교적 수심이 깊은 해역에서 사용되며, 유지 및 보수비용이 적게 든다.
 • 다점계류방식 : 큰 계류력이 필요한 부유식 구조물에 적용 가능하며, 위치의 유지가 정확해야 하는 곳에 사용된다. 그러나 여러 개의 계류삭을 설치해야 하기 때문에 비용이 많이 들고 설치가 용이하지 않다.

13.4 해저관로

해저관로는 원유, 가스, 물, 공기 등 각종 유체를 이동시키고 전달하기 때문에 해양개발에 있어 매우 중요하다. 현재 전 세계적으로 수만 마일 이상의 해저관로가 설치되어 있으며, 매년 수천 마일씩 신규로 부설되고 있다. 해저관로의 설계, 설치, 방호, 수리 등에 소요되는 비용은 해저석유나 천연가스개발에 소요되는 전체 비용의 40~50% 정도로 매우 크며, 설치방법에 따라 설치장비, 시간 및 비용에 큰 영향을 미친다.

해저관로는 육상에 설치된 관로에 비해 보다 열악한 환경에 노출되어 있으므로 손상을 입을 가능성이 높다. 해저관로에 손상이 발생하면 원유가 누출되어 심각한 환경오염과 경제적 손실을 초래하므로 구체적인 관리방법과 신속한 수리가 요구된다. 특히, 해저관로 설치 시에는 손상이 발생하지 않도록 설치방법을 신중히 검토하여 결정해야 한다.

그림 13. 26 해저관로의 부설

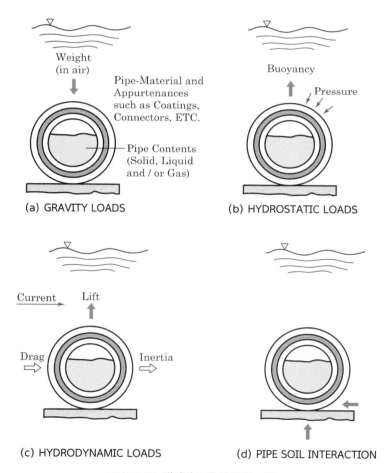

(a) GRAVITY LOADS

(b) HYDROSTATIC LOADS

(c) HYDRODYNAMIC LOADS

(d) PIPE SOIL INTERACTION

그림 13. 27 해저관로에 작용하는 힘

해저관로의 설계 시에는 환경하중을 계산하고, 관로의 설치노선을 선정하며, 관로의 구조를 설계하고, 방호, 해저면굴착 및 부설 등을 고려해야 한다. 해저관로에 작용하는 환경적인 요소에는 파랑, 해류, 지반안정, 지진, 수온, 부식, 생물부착 등이 있다. 이러한 환경요소는 설치해역에 대한 통계자료와 장기적인 관측에 의해 얻어지며, 해저관로는 통계적인 예측기법을 적용해 50년 또는 100년 주기로 발생하는 최대 하중을 견딜 수 있도록 설계되어야 한다.

(1) 해저관로의 두께 산정

해저관로에서의 압력은 관 내부 유체의 흐름에 의한 내부압력과 관의 외부에서 작용하는 외부 압력이 있으며, 이 두 압력을 고려하여 적정한 관의 두께를 선정한다. 이 외, 전파좌굴압이 관의 두께를 결정하는 데 고려되어야 하는데, 전파좌굴압이란 해저관로에 부분적인 좌굴이 발생되었을 때 축방향으로 좌굴이 전달되는 현상을 말한다. 이론적으로 전파좌굴이 일어날 확률은 국부좌굴보다 크지 않지만, 전파좌굴이 발생하게 되면 막대한 경제적인 손실이 초래된다. 그러므로 해저관로의 두께를 결정할 때에는 내압, 외압, 전파좌굴압 모두를 고려해야 하고, 세 압력을 모두 만족시키는 두께를 선택해야 한다.

(2) 파랑 및 해류에 의한 하중

해저관로에는 파랑에 의한 파랑하중이 전달되고, 이 하중은 물의 흐름방향과 같은 수평력과 수직방향의 양력으로 분류된다. 수평력은 관성력과 항력의 합력이며, 식 (13.2)와 같은 Morison 공식을 이용하여 계산할 수 있고, 계수들은 모형실험이나 발표된 자료에서부터 얻을 수 있다.

$$F_{\text{wave}} = \frac{1}{2}\rho\,C_D\,A\,u|u| + \rho\,C_M\,\nabla\frac{du}{dt} \tag{13.2}$$

여기서, F_{wave}는 해저관로에 작용하는 단위길이당 파랑하중, ρ는 해수의 밀도, A는 해저관로의 단위길이당 투영면적, u는 유체입자의 수평방향 속도, ∇는 해저관로의 단위길이당 체적, du/dt는 유체입자의 수평방향 가속도이다. C_D는 항력계수(drag coefficient)로 물체의 형상, 방향, Reynolds 수, 표면조도에 따라 달라지며, C_M은 관성계수(inertia coefficient)이다.

해저관로는 길이방향으로 연속적인 형태이므로, 전체 하중보다는 단위길이당 작용하는 하중을 사용한다. 그러므로 해저관로에 대한 Morison 공식에서는 A 대신 관로의 외경, 그리고 ∇ 대신 관로의 단면적을 적용한다.

해저관로에 대한 수평력에는 파랑과 더불어 해류에 의한 하중도 고려해야 하며, 조류, 취송류, 이상고조 등에 의한 해류의 속도는 자료의 통계적인 분석이나 수치모델에 의해 추정한다. 그리고 관로를 설치할 때에는 해면에서부터 해저면까지 관로가 위치하게 되므로, 수심에 따른 유속의 변화도 중요하다. 수심에 따른 유속의 변화는 복합적으로 발생되기 때문에 실제 해역에서 직접

측정하는 것이 바람직하며, 유속에 의한 수평력은 식 (13.3)에서 구할 수 있다.

$$F_{\mathrm{current}} = \frac{1}{2} \rho\, C_D A\, U^2$$

(13.3)

여기서, F_{current}은 해류에 의한 수평력이고, U는 해류의 속도이며, 파랑에 의한 수평력과 같이 단위길이당 작용하는 하중을 사용하기 위해 투영면적 대신 관로의 외경을 공식에 적용한다.

(3) 양력과 와동방출

관로 주위에서 일정한 속도 이상의 흐름은 와류를 발생시키고, 압력차이에 의해 수직방향으로 양력이 발생한다. 양력은 수평력에 비해 그 힘은 적으나, 관로에 와동을 발생시키므로 관로의 동적해석 시 중요하다. 와동방출(vortex shedding)에 있어 진동수가 관로의 고유진동수와 일치하거나 또는 그 배수가 될 때에는 공진현상이 발생될 수 있어 중요하다.

공진현상이란 물체의 고유진동수와 외부에서 가해지는 힘의 진동수가 같을 때, 그 진동이 급격하게 증가하여 진폭이 증폭되는 현상을 말하며, 공진현상에 의해 작은 힘으로도 관로가 파손될 수 있으므로 관로설계 시에는 와동방출 진동수와 관로의 고유진동수가 일치하지 않도록 유의해야 한다.

양력과 와동방출 진동수는 식 (13.4)에서 구할 수 있다.

$$F_L = \frac{1}{2} \rho\, C_L D\, U^2$$

(13.4)

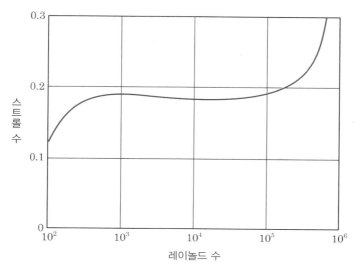

그림 13. 28 **레이놀드수에 따른 스트롤수** (Mousselli, 1981)

$$f_s = \frac{SV}{D} \tag{13.5}$$

여기서, F_L은 양력, C_L은 양력계수, D는 관로외경, U는 파랑과 해류의 수평방향 속도이며, f_s는 와동방출 진동수, S는 스트롤수(Strouhal number), V는 유동속도이다.

(4) 해저관로의 안정성

최근 해양환경오염에 대한 중요성이 인식되면서 해양 유류유출사고에 대한 관심이 증가하고 있다. 특히, 해저관로에 의한 유류유출사고는 관로가 손상되는 즉시 해양오염과 직결되므로 매우 중요하다. 해양환경하중이 충분히 고려된 설계라 하더라도 위험 수역에서는 항상 관로를 방호해야 하며, 천해에서는 선박의 닻이나 어구에 의해 해저관로의 손상이 발생할 가능성이 높으므로 유의해야 한다.

해저관로가 파력과 해류력 등의 외력에 대해 안정하기 위해서는 외력보다 큰 저항력을 가져야 한다. 수평방향으로 안정하기 위해서는 관로의 마찰력이 관로에 작용하는 수평 외력보다 커야 하고, 수직방향으로 안정하기 위해서는 관로의 무게가 부력과 양력보다 커야 한다. 관로의 무게를 증가시키기 위해서는 일반적으로 관로 외부에 고밀도 콘크리트 코팅을 한다. 그러나 콘크리트 코팅이 두꺼워질 경우에는 외력도 커지게 되므로 적절한 두께를 도출해야 한다.

PIPE TORN OPEN　　　　　　　　PIPE TORN IN TWO

그림 13.29 닻이나 어구에 의해 손상된 해저관로의 형태

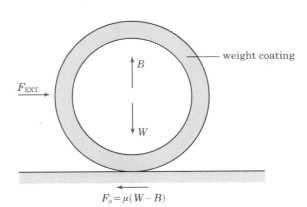

그림 13.30 해저관로에 작용하는 하중

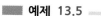

외경 2 ft의 해저관로에서 발생되는 와동방출의 진동수를 계산하시오. 여기서, 레이놀드수는 2×10^5이며, 해저관로 주변의 유속은 2 ft/sec이다.

풀이 해저관로 설계 시에는 와동방출 진동수와 해저관로 고유진동수를 비교하여 공진현상을 방지할 수 있다. 스트롤수는 다음 그림에서부터 도출되며 약 0.2 정도이다.

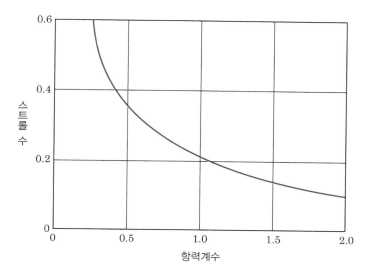

주어진 해저관로의 외경, 유속 그리고 스트롤수에서부터 와동방출 진동수를 계산하면

$$f_s = \frac{SV}{D} = \frac{0.2 \times 2 \text{ ft/sec}}{2 \text{ ft}} = 0.2 \text{ cps}$$

Chapter 14

해양구조물의 설치

조철희
인하대학교 공과대학 조선해양공학과 교수

정광효
부산대학교 공과대학 조선해양공학과 교수

14.1 해양구조물의 설치개념

대부분의 해양구조물은 생산성 향상과 운송·설치를 고려한 경제적인 건조기술을 필요로 한다. 해양구조물은 설치되는 지형적 특성에 따라 천해(수심 150 m 이내)에 설치되는 고정식 해양구조물과 심해에서 사용되는 부유식 해양구조물로 분류된다.

고정식 해양구조물은 하부구조물(jacket)과 그 위에 기기, 설비 등의 의장품 및 거주구가 설치되는 상부구조물(deck)로 이루어지며, 부유식 해양구조물은 부유체 역할을 하는 하부 선체구조(lower hull structure)의 선각공정과 기기, 설비 등의 의장품 및 거주구가 설치되는 상부구조물(upper deck structure)로 구분될 수 있다.

심해유전개발에 이용되는 해양구조물은 선박에 비해 상대적으로 건조기간이 길고 구조물이 거대해 도크(dock)작업이 용이하지 않아, 새로운 제작공법을 통해 육상에서 제작하고 진수하여 대상해역에 설치되고 있다.

14.2 해양구조물의 설치장비

해양구조물의 건조, 운송, 설치, 그리고 시운전에 필요한 육·해상용 장비는 다양하다. 여기에서는 해양구조물을 설치하는 데 있어 단계별로 요구되는 장비를 간단히 소개하고, 장비의 특징을 간략하게 설명하기로 하겠다.

1. 육상용 설치(건설)장비

(1) 유압 트럭 크레인(hydraulic truck crane)

유압을 이용하여 크레인 팔을 늘이거나 줄여 물체를 들어올리며, 트럭이 크레인을 지지하고 있어 이동이 용이하고, 기동성이 뛰어나다. 취급할 수 있는 중량물의 무게는 장비에 따라 다소 차이가 있으나 5~75톤 정도이다.

그림 14.1 **유압 트럭 크레인**

(2) 래티스 트럭 크레인(lattice truck crane)

유압 트럭 크레인과 유사한 형태이나 크레인의 팔이 고정되어 있고 길이가 일정하며, 작업 시 들어올릴 중량물의 무게에 따라 크레인의 팔을 교체해 주어야 하는 번거로움이 있다. 취급가능한 중량물의 크기는 20~450톤 정도이다.

그림 14.2 **래티스 트럭 크레인**

(3) 크롤러 크레인(crawler crane)

탱크의 궤도(track)와 같은 크롤러를 이동수단으로 장착하여, 타이어를 가진 트럭 크레인보다 기동성은 떨어지나, 트럭 크레인보다 큰 중량을 가진 구조물을 취급할 수 있다는 장점이 있다. 취급 가능한 중량물의 크기는 400~1,000톤 정도이다.

그림 14.3 **크롤러 크레인**

(4) 타워 크레인(tower crane)

대형 공사현장 등 일상에서 흔히 볼 수 있는 있는 크레인으로, 지면에 단단하게 고정되어 있으며, 지상에 놓여 있는 중량물을 그보다 높은 위치로 이동시키거나, 다른 장소로 옮기는 경우에 사용된다. 크레인의 자체중량은 중장비 중량과 별 차이가 없으나, 들어올리는 양중량의 한계에 따라 5톤에서 100톤까지 다양하며, 높은 곳에서 작업을 수행할 수 있는 장점이 있다.

그림 14.4 **타워 크레인**

(5) 천장 크레인(overhead crane)

구조물의 제작을 위해 필요한 장비로, 고가의 주행로를 주행하는 거더에 트롤리가 설치된 크레인이다. 블록 제작공법에서 소조립 및 중조립에 필요한 자재들을 원하는 위치에 신속하고 편리하게 이동시킬 수 있으며, 취급가능한 중량물의 크기는 5~20톤 정도이다.

그림 14.5 **천장 크레인**

(6) 운송차(transporter)

　해양구조물의 제작에 있어 공법에 따라 몇 개의 블록으로 나누어 구조물을 제작하는 경우가 있다. 이와 같은 경우, 여러 곳에서 나누어 제작된 블록들을 한곳에 모을 수 있는 운송차가 필요하다. 이 운송차는 일반 수송차와는 달리 바퀴가 독립적으로 움직일 수 있도록 만들어져 있으며, 회전도 가능하여 작업성이 뛰어나다. 장비의 크기에 따라 100~600톤 정도의 중량물을 취급할 수 있으며, 여러 대의 운송차를 이용하여 매우 큰 중량물을 이동시킬 수 도 있다.

그림 14.6 **운송차**

2. 해상용 설치장비

(1) 시어 레그 크레인(shear leg crane)

　해상에서 운송된 구조물을 들어올려 설치하는 데 사용되는 크레인으로, 1,500~3,000톤 정도의 중량물을 취급할 수 있다. 제작된 교량을 현장에 설치하거나, 항만공사 시 사용되기도 하며, 해상에서 사고 선박을 인양하는 작업도 가능하다.

그림 14.7 시어 레그 크레인

(2) 운송 바지(transportation barge)

　제작된 해양구조물을 설치해역까지 운반하는 데에 사용되며, 자항능력을 가진 운송선(vessel)
과 자항능력 없이 인양선에 의해 운항되는 바지(barge)로 분류할 수 있다.

　자항능력이 있는 운송선은 해양구조물의 설치를 위해 반잠수방식의 진수가 가능하며, 최대 15
노트 정도의 빠른 속도로 이동할 수 있어 현장에서 설치해역까지의 이동시간을 단축할 수 있는
장점이 있다. 바지의 규모에 따라 다소 차이는 있지만, 최대 5,000톤 정도의 구조물을 한 번에
운송·하역할 수 있다.

　자항능력이 없는 운송 바지는 운송만이 가능한 운송 바지와 진수까지도 가능한 진수바지가
있다. 자항능력이 있는 운송선보다 규모가 작은 해양구조물을 운송하고, 일반적으로 1,000톤 이
내의 구조물을 운송·하역할 수 있으며, 터그 보트에 의해 5노트 정도의 속도로 이동가능하다.

(a) 자항능력이 있는 운송선

(b) 자항능력이 없는 운송 바지

그림 14.8 운송 바지의 두 가지 형태

(3) 데릭 바지(derrick barge)

운송 바지에 의해 설치해역으로 이동된 해양구조물은 데릭 바지 또는 시어 레그 크레인에 의해 설치된다. 데릭 바지에는 구조물을 들어올릴 수 있는 데릭 크레인이 장착되어 있으며, 그 외의 설치작업에 필요한 각종 장비가 탑재되어 있다. 해저관로부설선의 기능을 동시에 갖춘 것도 있으며, 700~2,500톤 정도의 구조물을 설치할 수 있다. 해상설치작업을 최소화하기 위해 설치장비의 대형화가 최근 이루어지고 있으며, 데릭 크레인을 반잠수선박에 장착하여 최대 1,000톤 정도의 구조물을 한 번에 설치할 수 있도록 제작된 것도 있다.

그림 14.9 데릭 바지

(4) 해저관로부설선(pipelay barge)

해양구조물에 의해 생산된 원유를 육지 또는 다른 저장장비로 운송할 때 사용되는 관로를 해저에 설치할 때 필요한 장비를 탑재하고 있는 바지이다. 관로를 해저에 안전하게 설치할 수 있는 장비와 관 사이를 용접할 수 있는 다양한 장비가 갖추어져 있다.

그림 14.10 해저관로부설선

14.2
해양구조물의 설치장비

(5) 진수바지(launch barge)

육상에서 제작된 재킷과 같은 해양구조물을 설치해역에 진수시킬 때 사용되는 바지로, 운송과 진수를 동시에 수행할 수 있다. 진수바지에는 진수 시 필요한 런치 러너(launch runner), 윈치(winch), 와이어(wire) 등의 장비가 설치되어 있다.

그림 14.11 진수바지

███ **예제 14.1**

해양구조물 설치를 위한 해상용 설치장비 중 시어 레그 크레인(shear leg crane)에 대하여 간략하게 서술하시오.

풀이 해상에서 구조물 설치작업이 가능하도록 제작된 크레인으로, 1,500~3,000톤 정도의 중량물을 취급할 수 있으며, 운송된 구조물을 들어올려 설치하는 데 사용된다. 제작된 교량을 현장에 설치하거나 항만공사 시 사용되기도 하며, 해상에서 사고가 발생하였을 때, 사고선박을 인양하는 작업에도 사용가능하다.

14.3 해양구조물의 설치공법

해상에서의 가스 및 석유생산을 위한 해양구조물의 설치과정과 생산성 향상을 위한 새로운 제작공법은 다음과 같다.

1. 고정식 해양구조물의 설치

천해에서 가스나 석유개발을 위한 고정식 해양구조물에는 재킷, 잭업 리그, 중력식 플랫폼(GBS) 등이 있으며, 이 구조물 위에 시추장비 및 생산설비를 설치하여 사용한다.

그림 14.12 여러 가지 해양구조물 설치공법

일반적으로 가장 널리 사용되는 고정식 해양구조물은 재킷이며, 재킷 구조물의 설치과정은 다음과 같다.

(1) 제작

재킷은 제작현장의 조건, 운송 바지의 최대 운송능력 등에 따라 두 부분 또는 그 이상으로 분리하여 제작하나, 가능한 한 일체로 제작하는 것이 경제적이다. 재킷의 제작은 패널(panel)을 제작·조립한 후, 크레인을 이용하여 롤업(roll-up)하고, 최종 조립한다.

(2) 선적

모든 고정식 해양구조물은 육상에서 제작되므로, 설치해역까지 운송하기 위해 운송 바지에 옮겨 싣는 작업을 해야 하는데, 이를 선적(load-out)이라고 한다. 대표적인 선적방법으로는 리프팅(lifting) 및 스키딩(skidding)이 있고, 부수적으로는 구조물과 바닥면 사이에 회전체를 두는 롤링(rolling), 크레인으로 들어서 옮기는 워킹(walking) 등이 있다.

그림 14.13 재킷 구조물의 선적

① 리프팅

리프팅은 재킷 구조물의 규모가 작을 경우, 육상 또는 해상 크레인으로 구조물을 들어올려 운송할 바지에 선적하는 방법이다. 일반적으로 크레인의 리프팅 능력과 구조물의 중량에 따라 리프

그림 14.14 해양구조물의 리프팅

팅 가능 여부가 결정되며, 크레인에 의한 리프팅 선적은 스키딩에 의한 선적보다 선적기간을 단축시킬 수 있고, 시설비를 절감할 수 있으며, 1,000톤 이하의 구조물 선적 시 경제적이다.

② 스키딩

스키딩은 육상 스키드 빔(skid beam) 위에서 구조물을 제작한 후, 윈치(winch) 또는 유압식 잭으로 구조물을 당겨 바지에 선적하는 방법이다. 스키딩에 의한 선적 시에는 초기부터 스키드 웨이(skid way) 위에 스키드 빔을 설치하고 구조물을 제작한다. 일반적으로 1,000톤 이상의 대형 구조물인 경우에 적용하며, 가장 널리 사용되는 방법이다.

그림 14.15 재킷 구조물의 스키딩

███ 예제 14.2

1,000톤 이상의 대형 재킷 구조물의 운송을 위해 일반적으로 적용되는 선적방법을 제시하고, 그 특징을 간략하게 서술하시오.

풀이 리프팅은 공사기간이 짧고, 시설비가 적은 장점을 가지고 있으나, 재킷 구조물의 규모가 클 경우에는 크레인의 용량한계로 인해 사용이 부적합하다. 그러므로 대형 재킷 구조물의 운송 선적을 위해서는 스키딩이 효율적이다. 스키딩은 육상 스키드 빔 위에서 구조물을 제작한 후, 윈치나 유압식 잭으로 구조물을 당겨 바지에 선적하는 방법으로, 1,000톤 이상의 대형 구조물 선적 시 가장 널리 사용되는 방법이기도 하다.

(3) 운송

운송(transportation)은 육상에서 해상구조물을 제작하여 선적한 후, 설치해역까지 운반하는 작업이다. 자항방법과 진수용 바지(barge) 및 반잠수식 바지 사용방법이 있다.

① 자항방법(자체 부유방법)

해상구조물의 무게가 상당히 무거워 진수바지로는 운송이 불가능하다고 판단될 때 사용되는 방법으로, 구조물 자체를 해상에 띄워 설치해역까지 예인해 가는 방법이다. 이 방법은 자켓식 해양구조물, 반잠수식 구조물, SPAR 등을 운송할 때 적용이 가능하고, 구조물 자체의 부력이 부족한 경우에는 별도의 부력탱크를 사용한다. 구조물을 예인하는 데에는 터그 보트가 주로 이용된다.

② 진수용 바지 이용방법

운송할 바지 위의 스키드 빔에 해상구조물을 선적한 후, 구조물을 바지와 일체가 되게 고정하여 운송하는 방법이다. 운송할 바지 자체에는 항행능력이 없고, 예인선을 이용하여 설치해역까지 운송한다. 재킷 구조물의 운송 시 가장 널리 사용되는 방법이다.

③ 반잠수식 바지 방법

최근 새로 개발된 방법으로, 자체 항행능력을 가진 운반선을 이용해 운송하는 방법이다. 반잠수식 바지를 이용할 경우에는 운송비용이 많이 소요되기 때문에 재킷의 운송 시에는 거의 이용되지 않으며, 주로 부유식 해양구조물일 경우에 진수 시 장점이 있어 이용된다.

(4) 진수

진수는 해양구조물을 설치해역으로 운송한 후, 운송 바지에서 해상으로 구조물을 띄우는 과정으로, 리프팅, 진수 및 반잠수식 방법이 있다.

① 리프팅

재킷의 중량이 무겁지 않은 경우에 진수용 바지 위의 구조물을 해상 크레인으로 들어올려 진수시키는 방법이다.

② 진수

해상 크레인으로 진수가 어려운 대형 재킷을 진수시키는 방법으로, 진수바지의 스키드 빔 위에 놓여 있는 재킷을 잭으로 밀거나 윈치로 잡아당겨 해상으로 진수시키는 방법이다.

(5) 설치

재킷을 제작하고, 설치해역까지 운송하여, 해상에 진수시킨 후, 재킷이 본 역할을 수행할 수

14.3
해양구조물의 설치공법

있도록 설치작업하는 것이다.

재킷의 설치순서는 재킷을 해상에 띄우고, 정확한 설치위치와 설치방향을 파악하여 재킷을 세운 후, 레그에 파일을 관입하여 재킷을 단단히 고정시킨다. 그 후, 최종적으로 재킷 위에 상부구조물을 설치한다.

설치방법으로는 해상 크레인을 사용하여 설치하는 방법과 자항으로 설치하는 방법이 있다.

해상 크레인을 사용할 경우에는 해상 크레인으로 진수시킨 재킷을 설치 위치에 안착시킨 후, 레그 내부를 통과하는 파일을 해상용 해머로 타설하여 설치한다. 파일 설치 후, 재킷이 안정되면 해상 크레인으로 상부구조물을 탑재시키고, 모든 배관 및 배선공사를 수행하여 설치를 완료한다.

자항방법은 설치해역에 운송하여 진수시킨 재킷을 해상 크레인으로 붙들고, 레그 및 예비 부력탱크에 해수를 천천히 주입시키면서 설치위치에 가라앉힌다. 재킷이 가라앉은 후, 예비 부력탱크는 철거하고, 파일과 상부구조물 설치는 해상 크레인 방법과 동일하게 수행한다.

2. 부유식 해양구조물의 설치

부유식 해양구조물의 건조는 육상에서 블록 건조법으로 이루어지는데, 최근 공정의 세분화로 인해 해양구조물의 건조가 더욱 복잡해지게 되었다. 부유식 해양구조물 건조의 7대 공정은 현도 – 가공 – 조립 – 탑재 – 진수 – 운송 – 설치의 순서로 이루어지며, 각 과정을 간략하게 설명하면 다음과 같다.

(1) 현도공정

현도공정은 강재로 제작되는 해양구조물의 실제 건조작업을 위한 준비단계로, 설계과정에서 제작된 해양구조물의 선도를 축적이 적용되지 않는 현물 크기의 선도로 수정하는 공정이다. 또한, 실물 크기의 제작공정을 위한 가공용 선도를 작성하여 실제 강재의 절단, 굽힘작업 시 필요한 가공용 본이나 형틀 등의 재료를 제작한다.

(2) 가공공정

가공공정은 강재로 제작되는 해양구조물의 실제 작업에서의 첫 공정으로, 강재표면에 절단, 굽힘, 부착 등에 필요한 선을 그리고 기호 등을 기입하는 마킹(marking)작업, 강재를 필요한 부재 모양으로 잘라내는 절단작업과 부재를 필요한 형상으로 굽히는 굽힘작업으로 구성된다. 절단작업은 주로 가스 절단으로 수행되며, 굽힘작업은 프레스(press)와 롤러(roller) 등에 의해 수행된다.

(3) 조립공정

조립공정은 가공공정을 거쳐 제작된 부재들을 조립하여 선각블록을 만드는 공정으로, 소조립 공정과 대조립공정으로 분류할 수 있고, 블록의 크기에 따라 중조립 공정을 삽입하기도 한다. 소조립은 평판 부재에 보강재(stiffener)와 같은 간단한 골재를 부착하는 작업으로 이루어지며, 대조립은 부재 및 소조립블록들은 결합하여 최종 단계의 블록으로 완성하는 작업이 주를 이룬다.

(4) 탑재공정

탑재공정은 완성된 블록들을 선대 위에 탑재하여 하나의 구조물로 완성시키는 공정이다. 탑재 공정에는 선각공사뿐만 아니라 여러 가지 의장공사도 병행하여 진행되며, 공기를 단축시키기 위해 선대기간 중 많은 의장공사를 하는 것이 권장된다.

(5) 진수공정

진수공정은 선대 위에서 완성된 구조물을 해상에 띄우는 공정으로, 짧은 시간 내에 진행되지만, 진행을 원활히 하기 위해서는 여러 가지 준비작업이 선행되어야 한다.

(6) 운송공정

운송공정은 건조된 부유식 해양구조물을 설치해역으로 운반하는 공정이다. 대부분의 부유식 해양구조물은 선박과 달리 자체 동력이 없으므로, 설치해역으로의 운송은 터그 보트를 이용하고, 경우에 따라서는 반잠수식 바지(semi-submersible)를 이용하기도 한다.

예제 14.3

부유식 해양구조물 건조의 7대 공정을 단계별로 간략하게 서술하시오.

[풀이] ① 현도공정 : 강재로 제작되는 해양구조물의 실제 건조작업을 위한 준비단계로, 실제 강재를 절단하고 굽히고 부착하는 데 필요한 가공용 본이나 형틀 등의 재료를 제작하는 공정이다.
② 가공공정 : 강재로 제작되는 해양구조물 작업의 첫 공정으로 절단, 굽힘, 부착 등에 필요한 마킹작업, 절단작업 및 굽힘작업으로 구성된다.
③ 조립공정 : 가공공정을 거쳐 제작된 부재들을 조립하여 선각블록을 만드는 공정이며, 블록의 크기에 따라 대조립, 중조립 및 소조립으로 분류된다.
④ 탑재공정 : 완성된 블록들을 선대 위에 탑재하여 하나의 구조물을 완성시키는 공정이다.
⑤ 진수공정 : 선대 위에서 완성된 구조물을 물 위에 띄우는 공정이다.
⑥ 운송공정 : 건조된 부유식 해양구조물을 운용해역으로 운반하는 공정이다.
⑦ 설치공정 : 운송된 해양구조물을 생산해역에 고정시키는 공정이다.

14.3
해양구조물의 설치공법

(7) 설치공정

설치공정은 석유나 가스를 생산하기 위한 바로 전 단계 공정으로, 설치해역으로 운송된 해양구조물을 와이어 로프(wire rope)를 이용하여 고정시키고, 필요한 장비를 해저에 설치하는 공정이다.

14.4 해양구조물 설치에서의 환경적 요소

해양구조물 설치 시 여러 가지 환경적인 요소들은 구조물 설치에 있어 큰 영향을 미친다. 여기에서는 해양구조물 설치에 있어 고려해야 할 환경적인 요소들에 대해 알아보겠다.

1. 해역의 기초환경조사

설치해역의 환경조사는 해역이 가지고 있는 기능을 극대화하기 위한 기본계획수립에 있어 해양구조물 설치 전에 반드시 수행해야 하는 필수과정이다.

그림 14.16은 해역의 개발을 위한 기초환경조사 과정과 주요 조사항목을 모식적으로 보여준다. 해양환경조사는 단기적 및 장기적 조사와 협역 및 광역조사가 복합적으로 어울려져 그 규모가 결정되며, 물리, 화학, 생물 등에 대한 환경적인 조사, 지형 및 지질 조사, 파랑, 조석, 조류, 해빙 등에 대한 해상조사, 그리고 바람, 기온, 강수 등에 대한 기상조사 등이 수행된다. 특히, 구조물의 설계 및 건설 그리고 운용 및 관리를 위한 파랑, 조선, 바람 등에 대한 단·장기 현장조사와 기존자료의 해석은 필히 수반되어야 한다.

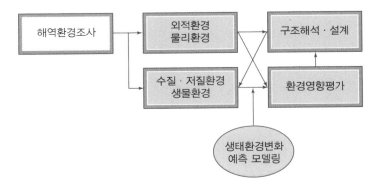

그림 14. 16 설치대상해역의 기초환경조사와 적용의 기본 흐름

2. 설치과정에서의 환경적 요소

해양구조물을 설치하는 데 있어 환경적 요소는 배재할 수 없는 사항이며, 해양구조물 설치 시 고려되어야 하는 자연적 요소는 다음과 같다.

(1) 수심과 해저지형

수심은 기본수준면(tidal datum)에서부터 해저면까지의 수직거리이다. 기본수준면은 일반적으로 최저간조위를 채택하며, 이 이하로 해면이 내려가는 경우는 극히 드물다. 수심의 정확한 측정과 그 해역에서의 해저지형에 대한 올바른 이해는 해양구조물 설계에 있어 기본이 되며, 이로부터 구조물의 높이, 구조물의 하부 형태, 선박접안시설의 수직위치, 부식방지 설계범위 등을 결정할 수 있고, 구조물의 지형적 안정성도 검증할 수 있다. 수심의 연속적인 측정에 있어서는 정밀측심기(precision depth recorder), 측면주사 음향측심기(side scan sonar) 등이 사용된다.

(2) 해저지질

해양구조물의 기초를 지탱하는 해저지질의 물리적·공학적 특성을 파악하는 것은 경제적이고 안전한 구조물을 설계하기 위한 필수적인 과정이다. 해저표면의 지질상태와 하부 기반암까지의 해저지층 분석을 위해 해저지질 조사를 수행하며, 해저지질 조사는 해저지층을 직접 보링하여 연속적인 해저지질 시료를 채취하고, 이를 실험실에서 분석하여 설계자료로 이용한다. 보링의 전단계로서 해저지층탐사기(subbottom profiler), 부머(boomer), 스피커(speaker), 에어건(air gun) 등의 지구물리학적 장비를 이용해 구조물 주변의 해저지질 정보를 수집하는데, 이는 구조물이 설치될 주변 해역의 해저지질 특성을 미리 파악하여 주요 보링 지점을 결정하고, 기타 비보링 지점의 지질상태를 점검하기 위해서이며, 이때 피스톤 시추기(piston corer), 그랩 채취기(grab sampler) 등을 이용해 얕은 해저지층의 시료채취도 병행할 수 있다. 만일, 단층 및 퇴적층 내에 특이한 구조, 해저지층의 급격한 변화, 이상침식상태, 퇴적물의 흐름 등이 구조물 주변 해역에서 발견된다면 구조물의 안정성에 중대한 문제를 발생시킬 수 있으므로 주의해야 한다.

지구물리 탐사자료로부터 대상해역 주변의 해저지층을 분석한 후, 해양구조물의 형태, 중요도 및 개수 등과 해저지층의 시추지점 및 공법 등을 결정한다. 시추 시 획득된 시료는 현장분석과 실험실 분석을 통해 토질의 특성, 파일의 응역계수 및 변위 등을 파악하며 기초설계를 위한 기본적인 자료로 이용할 수 있다. 특히, 해저표면에 가까운 지층을 집중분석해야 하는데, 이는 토질이 구조물의 침하량, 허용지지력, 수평변위 등의 계산에 큰 영향을 미치기 때문이다.

(3) 바람

바람은 해면 위의 상부구조물과 시설물에 풍압을 가하거나 진동을 일으킨다. 바람에 의한 외력은 파랑이나 해류에 의한 것보다 훨씬 작으나, 해저면 기초에서부터의 모멘트 암이 크기 때문에 무시할 수 없다. 해면에서의 바람은 일반적으로 1분 이하의 풍향과 풍속을 가지는 돌풍과 1분 이상의 풍향과 풍속을 가지는 지속풍으로 나뉜다. 해양구조물과 기초설계에서는 지속풍을 설계 풍속으로 적용하나, 각 시설물 개체와 바람에 민감한 소형 구조물의 설계에서는 돌풍을 적용한다. 고유주기가 긴 심해의 가이드 타워나 텐션 레그 플랫폼에 있어서는 풍속스펙트럼을 적용하여 고유주기에 따른 동적 효과를 반드시 고려해야 한다.

(4) 파랑

파랑은 기초나 구조물의 각 부재에 직접적으로 작용하므로 해양구조물 설계에 있어 가장 중요한 요소이다. 해양구조물을 대상해역에 설치할 때에도 파랑의 영향을 계산하여, 작업 시 파랑의 영향을 최소화할 수 있는 계획을 세우고 시공해야 한다.

(5) 해류

해류는 여러 가지 요인에 의해 해수가 수평방향으로 이동하는 흐름이다. 그러므로 해류가 구조물을 만나게 되면 수평력을 가하게 되고, 설치작업 시 선박이 구조물에 접근할 때에도 해류의 영향을 받는다. 해류의 발생요인으로는 항풍과 지구자전에 의한 것, 온도차나 염도차에 의한 것 등이 있으며, 파랑이나 해저퇴적물에 의한 국지적인 해류도 있다.

(6) 조석

달과 태양의 인력에 의해 발생하는 조석현상 역시 해양구조물의 설치에 있어 영향을 미칠 수 있는 요인이다. 그러므로 조석현상에 따른 수심의 변화를 충분히 고려하지 않으면 원활한 구조물의 설치가 수행될 수 없다. 특히, 구조물이 해안선에 가깝고 만과 같이 폐쇄된 내해에 설치될 경우에는 선박정박에 관한 이론적 해석이 수반되어야 한다.

이 외에 해양구조물 설치 시 발생할 수 있는 임시 하중조건도 설계나 설치에 있어 지배적인 요인으로 작용할 수 있으므로 반드시 검증할 필요가 있다.

■■■ 예제 14.4

해역의 기초환경조사는 해양구조물을 설치하기 위한 필수적인 과정이다. 해역의 개발을 위한 기초환경조사에 대해 간략하게 설명하시오.

풀이 해역개발을 위한 기초환경조사 과정과 주요 조사항목은 그림 3.16과 같으며, 기초환경조사는 물리, 화학, 생물 및 생태학적인 환경적 조사, 지형 및 지질조사, 그리고 파랑, 조석, 조류, 해빙 등의 해상조사, 바람, 기온, 강수 등의 기상조사를 수행한다. 이러한 조사내용과 기존의 환경조사자료를 바탕으로 해양구조물에 미치는 영향과 환경영향평가를 수행한다.

Chapter 15

해양구조물의 유지 및 관리

조철희

인하대학교 공과대학 조선해양공학과 교수

정광효

부산대학교 공과대학 조선해양공학과 교수

그림 15.1 **해양구조물의 유지와 관리**

15.1 유지 및 관리의 개념

해양구조물의 관리에는 구조물에 대한 점검, 유지관리, 기능의 회복과 교체, 그리고 특히 안전 관리가 포함된다. 해양구조물은 사람이 접근하기 어려운 해상에서 오랫동안 그 기능을 발휘해야 하며, 화재나 폭발 등의 위험 요소가 많은 물질을 다루기 때문에 관리의 중요성이 크다고 할 수 있다. 해양구조물의 재난은 인명과 재산의 막대한 손실 및 환경파괴를 야기하므로, 구조물 내의 인명과 재산 그리고 해양환경을 보호하기 위해서는 안전에 대한 높은 주의와 관리가 필요하다. 여기에서는 해양구조물의 안전관리를 중심으로 관리대상과 검사방법 등에 대해 알아보겠다.

15.2 유지 및 관리장비

구조물의 상태를 지속적으로 감지하여 사고를 미연에 방지하기 위해 여러 가지 계측장비들이 사용되며, 몇 가지 주요 장비를 소개하면 다음과 같다.

1. 퍼텐쇼미터

퍼텐쇼미터(potentiometer)는 구조 부위의 상대적인 변위를 계측하기 위해 사용되는 기기로, 움직임이 없는 구조 부위를 기준으로 퍼텐쇼미터를 부착한 후, 가는 선으로 대상 구조부재에 연결시킨다. 대상 구조물이 움직이면 가는 선이 따라 움직이므로 퍼텐쇼미터의 가변저항이 바뀌어 전류가 달라진다. 이때 전류를 계측함으로써 이에 대응하는 변위를 알 수 있다.

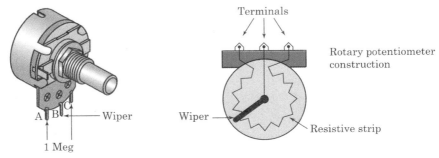

그림 15.2 퍼텐쇼미터

2. 발전출력계

해양구조물의 각종 기기들을 효율적으로 작동시키려면 충분한 전력이 안정적으로 공급되어야 하며, 제어실에는 이러한 전력공급상황을 한눈에 파악할 수 있도록 각 발전기의 출력을 표시하는 출력계가 설치되어 있다.

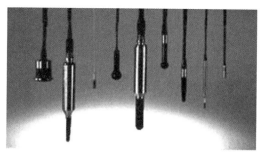

그림 15.3 **각종 하이드로 폰**

3. 위치측정기

해양구조물은 해저면의 특정한 지점을 시추하거나 또는 그곳에서 석유나 천연가스를 생산하므로, 구조물이 그 위치를 벗어나지 않아야 한다. 고정식 구조물의 경우에는 위치를 이탈하는 문제가 없으나, 부유식 구조물의 경우에는 풍랑에 밀려 흔들리기 때문에 그 위치를 유지하기 어렵다. 그러므로 대부분의 부유식 구조물은 계류계와 자동위치제어기를 이용하여 목표위치에서 구조물이 일정 범위를 벗어나지 않도록 하고 있다. 최근에는 인공위성을 이용한 지구위치계측기 (GPS)가 일반적으로 사용되고 있으나 정밀도가 떨어져, 부유식 구조물에서는 주로 수중음향장비를 이용하여 위치를 정확하게 측정하고 있다.

■■■ **예제 15.1**

해양구조물은 사람이 접근하기 어려운 해상에서 오랜 기간 동안 그 기능을 발휘해야 하므로 유지 및 관리를 철저히 해야 한다. 사람이 직접 육안으로 확인하고 관리하기 힘든 부분에서의 구조물 변형을 관찰하기 위한 장비를 제시하고 기능을 간략하게 서술하시오.

풀이 퍼텐쇼미터는 구조물의 변형량을 측정하기 위해 사용된다. 대상 부재와 연결하여 대상 부재에 변위가 발생할 경우, 퍼텐쇼미터의 전류가 변하게 되고, 이를 관찰자가 모니터링할 수 있다.

15.3 잠수기술

잠수작업(diving operation)은 수심에 따라 두 가지로 나눌 수 있다. 50 m 이하의 수심에 대해서는 공기잠수기술(air diving technique)이 적용되고, 이보다 더 깊은 수심에서는 침투잠수기술이 필요하다.

대기압력 하에서의 인체의 조직은 대기압과 평행한 상태에 있다. 주로 질소와 산소로 구성되어 있는 공기는 인체에 용해된 가스의 형태로 침투되어 있다. 이러한 평형 또는 침투상태는 잠수부가 수중에 들어가면 일종의 교란을 일으키기도 한다. 수중에서 신체에 작용하는 수압은 인체조직의 가스 흡수능력을 증가시키게 된다. 잠수부가 어떤 깊이에서 충분한 시간을 가지고 머무르게 되면, 인체의 조직은 작용하는 수압에 대해 다시 평형 또는 침투상태에 도달하게 된다. 그러나 잠수부 혈액의 흐름에서 가스가 팽창할 경우에는 용해성 가스의 자연방출을 위해 잠수하는 것을 중단해야 하고, 많은 시간이 소요된다. 공기잠수부는 안전한 잠수를 위해 인체가 침투조건에 도달하지 않도록 잠수의 깊이 및 지속시간을 제한할 필요가 있다.

1. 공기잠수(air diving)

공기잠수는 도관(umbilical)을 통해 압축공기를 공급받아 호흡하면서 잠수하는 방법으로, 장시간의 감압을 필요로 하지 않는 수심 50 m 이하에서의 단시간 잠수에 주로 채택된다. 잠수부가 수중에서 잠수할 수 있는 시간은 잠수환경에 따라 다르며, 빠른 조류가 흐르는 북해의 남부해역에서 대규모 수중검사 및 수리에 적용되었던 방법이다. 잠수 지속시간은 수심에 따라 다르며, 수심 50 m에서 약 10여 분 정도 잠수할 수 있다.

공기잠수의 주요장점은 정교한 장비를 필요로 하지 않는 것이다. 공기 잠수플랜트는 컨테이너에 넣을 수 있고, 보급선(supply boat) 또는 고정식 설비의 데크 위에 설치할 수 있어, 완전하게 장착된 잠수보조선박(diving support vessel, DSV)을 사용하게 될 때 발생되는 많은 비용을 절감할 수 있다.

2. 침투잠수(saturation diving)

침투잠수는 잠수지속시간의 제한을 없애고, 잠수가 끝난 후에 감압할 수 있어 생산성을 높일 수 있는 장점이 있으나, 비용이 많이 드는 단점도 있다. 잠수 프로그램은 잠수부가 잠수보조선박(DSV)의 데크 감압실에 들어가면서부터 시작된다. 데크 감압실은 작업현장의 수심에 따라 5~25 bar 정도의 압력을 가할 수 있고, 잠수부의 세포조직이 포화상태로 유지될 수 있도록 몇 주일간의 생활이 가능한 환경을 제공한다. 침투잠수가 준비되면 잠수부는 데크 감압실과 연결된 잠수용 벨(diving bell)로 옮겨 타서 작업수심까지 이동한다. 잠수부는 도관(umbilical)을 통해 호흡을 할 수 있는 산소와 잠수복을 가열시키는 데 필요한 따뜻한 물을 제공받는다. 작업이 종료되면 잠수부는 잠수용 벨로 돌아와 잠수보조선박의 데크 감압실로 복귀한다. 불활성기체로 포화된 잠수부의 인체조직이 대기압의 정상상태로 돌아오기까지는 몇 일 동안 데크 감압실에서의 감압과정이 필요하며, 보통 30일이 지난 후에 감압실에서 나올 수 있다.

■■■ **예제 15.2**

잠수기술을 공기잠수와 침투잠수로 나누는 데에 대해 간략하게 서술하시오.

[풀이] 공기잠수와 침투잠수는 수심에 따라 나눌 수 있다. 50 m 이하의 수심에 대해서는 공기잠수기술이 적용되고, 이보다 깊은 수심에서는 완전한 침투잠수계획이 필요하다. 공기잠수는 일반적으로 저수심에서의 단시간 잠수를 위해 채택되고, 침투잠수에 비해 정교한 장비가 필요하지 않기 때문에 비용을 절감할 수 있다. 반면, 침투잠수는 잠수시간과 수심에 대한 제한을 보완할 수는 있으나, 감압장비 등이 요구되기 때문에 비용이 많이 소요되는 단점이 있다.

3. 장비(equipment)

(1) 잠수 벨

잠수 벨은 잠수부를 수중으로 이동시키고, 수중에서 오래 머물며 작업을 할 수 있도록 하는 장비로, 수면 위 잠수보조선박의 기중기에 매달아 수중으로 내렸다 올렸다 하는 방식으로 운용된다. 도관을 통해 잠수부에게 호흡할 수 있는 산소를 공급하고, 잠수복을 가열시키며, 동력 및 통신 설비를 제공한다. 잠수 벨은 대수심의 압력에서 안전하게 유지될 수 있도록 강철 프레임 구조로 설계되며, 밸러스트 탱크와 구명 보조시스템이 장착되어 있다. 구명 보조시스템에는 96시간 동안 호흡할 수 있는 산소와 벨이 수면으로 되돌아 올 수 있도록 하기 위한 디-밸러스트(deballast) 설비가 갖추어져 있다.

그림 15.4 **잠수 벨**

(2) 데크 감압실(deck decompression chamber, DDC)

데크 감압실은 공기 및 침투잠수 작업을 위해 사용된다. 공기잠수용 DDC는 비교적 단순하며, 쌍으로 되어 있는 원통형 압력용기로 구성되어 있다. 침투잠수용 DDC는 크고, 양호한 시설이

그림 15.5 데크 감압실

갖추어져 있으며, 잠수작업을 지속하는 동안 최고 6명의 잠수부가 감압할 수 있는 설비가 갖추어져 있다. 그리고 데크 감압실에는 침대, 화장실, 샤워실, 식당 등의 기본적인 편의시설이 갖추어져 있다.

━━━ **예제 15.3** ━━

2014년 4월 16일 인천에서 제주로 향하던 여객선 세월호가 진도 인근 해상에서 침몰하는 대형 참사가 발생하였다. 세월호 승객구조와 선체인양을 위해 잠수사들이 투입되었고, 그 과정에서 잠수 벨이 사용되어 대중에게 알려진 바 있다. 잠수 벨에 대해 간략하게 서술하시오.

풀이 잠수부가 작업장을 오고가는 데 사용되는 장비로, 잠수부가 호흡할 수 있는 산소, 체온을 유지할 수 있는 온수 등이 제공된다. 구명보조 시스템에는 96시간 동안 호흡할 수 있는 산소와 디 – 벨러스트 설비가 갖추어져 있다.

(3) 잠수복(diving suit)

잠수복은 차가운 바닷물에서 잠수부의 체온을 유지하게 해 주고, 해양생물 및 수중장애물로부터 잠수부를 보호하는 것으로, 주로 2가지로 나뉜다.

① 건식 잠수복(dry suit)

건식 잠수복은 잠수부의 체온유지를 위해 열이 발생하는 재질(thermal clothing)로 되어 있으며, 방수지퍼가 있어 잠수복 안으로 물이 들어오지 않는다. 일반적으로 습식보다는 크게 만들어 입으며, 오랫동안 체온을 유지할 수 있어 추운 곳이나 장시간잠수 시 많이 사용된다. 또한 잠수복 안으로 공기를 넣었다 뺐다 할 수 있어 부력조절기가 따로 필요 없다.

② 습식 잠수복(wet suit)

침수잠수 시에는 열이 나는 습식 잠수복을 필히 착용해야 하며, 도관(umbilical)을 통해 따뜻한 물을 공급받는다.

(4) 헬리옥스(heliox)

공기는 주로 산소와 질소로 이루어져 있으며, 50 m 이상의 수심에서 흡입하게 될 경우에는 인체에 좋지 않은 영향을 미칠 수 있다. 헬륨(helium)과 산소(oxygen)를 뜻하는 헬리옥스(heliox)는 인체의 호흡조건을 만족시킬 수 있도록 산소의 양을 조절하기 때문에, 이러한 문제점을 해결하기 위해 사용된다.

4. 선박(vessel)

(1) 잠수보조선박(diving support vessel, DSV)

잠수보조선박은 잠수부가 임무를 수행하는 데 있어 안정된 플랫폼을 제공하는 기능을 하며, 선박에 설치되는 설비 등은 계획되어 있는 잠수의 형태에 따라 달라진다.

그림 15.6 잠수보조선박

(2) ROV(remotely operated vehicle)

ROV는 선박의 데크 또는 해양설비에서 도관을 통해 운전하고 제어할 수 있는 소형 잠수함(mini-submarine)이다. 1970년대 말부터 심해에서의 일상적인 검사작업을 위해 사용되기 시작하였으며, 비용 측면에서 효율적인 대안을 제공하기 위해 개발되었다.

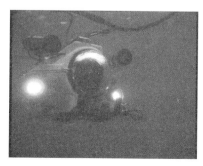 

그림 15.7 ROV

15.3
잠수기술

Supplement

부 록

1

공통부문 및 해안공학 기호

2

해양공학 기호

1 공통부문 및 해안공학 기호

기 호	내 용	기 호	내 용
A	단면적	D	실제 수심에서의 단위면적당 에너지 소산
A	해빈축척계수	D_d	감쇠거리
A_b	만내의 수면적	D_{eq}	에너지 손실률 또는 단위면적당 평형에너지 소산
A_c	만구의 단면적	d	표사의 입경 또는 저질직경
$a = H/2$	진폭	d_c	수로의 수심
a	초점을 지나는 주파향 파봉선과 이와 평행하게 평형기준점을 지나는 선과의 이격거리	d_m	평균입경
a_{in}	만내 조석의 진폭	d_{25}	누가백분율 25%에 대응하는 입경
a_{out}	외해 조석의 진폭	d_{50}	중앙입경
a_x	수평방향 물입자 가속도	d_{75}	누가백분율 75%, 25%에 대응하는 입경
a_z	수직방향 물입자 가속도	d_{90}	누가백분율 90%에 대응하는 입경
B	직교선 사이의 간격	E	파랑의 총 에너지
B_0	심해에서의 직교선 사이의 간격	E_k	파랑의 운동에너지
C	파속	E_{loss}	파랑에너지 손실량
C_D	항력계수	E_p	파랑의 위치에너지
C_g	군파속	$\overline{E}$	파랑의 에너지 밀도 또는 비에너지
C_L	양력계수	e	표면조도
C_{loss}	에너지손실률	F	취송거리
C_M	관성계수	F	힘
C_R	반사계수	F_B	부력
C_T	전달계수	F_D	항력
C_V	속도계수	F_d	동적 충격력
C_0	심해파속	F_h	정수력
$C_0,\ C_1,\ C_2$	fitting 계수	F_I	관성력
D	직경	F_L	양력

(계속)

기 호	내 용	기 호	내 용
F_t	총 충격력	h_C	이동한계수심
f_e	유입손실계수	h_T	조위
f_o	유출손실계수	h_0	평균수면과 기준수준면의 차
G	연안확산계수	h'	구조물에서 외해 쪽으로 한 파장거리에서의 수심
g	중력가속도	I_y	파력의 크기
H	파고	K	투수계수
H_b	쇄파고	K	연안표사계수
H_i	입사파고	K_D	회절계수
H_m	주태음반일주조 진폭	K_D	무차원안정계수
H_n	파고기록에서부터 파고들을 크기 순서로 배열했을 때 상위 $n\%$ 파고들의 평균치	K_d	해빈의 회복계수
H_r	반사파고	K_R	굴절계수
H_s	주태양반일주조 진폭	K_S	천수계수
H_s	유의파고	K_V	해빈의 침식취약계수
H_t	전달파고	k	파수
H_o	주태음일주조 진폭	k	절수
H_0	심해파고	k_i	지각
$H_0{}'$	환산심해파고	L	파장
H_1	일월합성일주조 진폭	L	백사장의 폭 또는 양빈 길이
H_{10}	기록된 파고들 중 상위 10% 파고들의 평균치	L_B	전 표사계 해안의 길이
H_{33}, H_s 또는 $H_{1/3}$	기록된 파고들 중 상위 33% 파고들의 평균치인 유의파고	L_c	수로의 길이
H_{100}	기록된 모든 파고들의 평균치	L_0	심해파장
h	수심	L'	구조물에서 외해 쪽으로 한 파장거리에서의 파장
h_a	평균수심	l_{DB}	이안제 길이
h_b	쇄파수심	M	양빈이 이루어진 영역에서 남겨진 면적비
h_B	해빈단 높이		

(계속)

기호	내용	기호	내용
M_d	구조물의 하단에 대한 동적 충격력에 의한 모멘트	S_p	기압 차이에 의한 수면상승량
M_h	구조물의 하단에 대한 정수력에 의한 모멘트	S_r	피복석의 비중
M_t	구조물의 하단에 대한 총 모멘트	S_w	수면상승량
M_0	해저면에 대하여 말뚝에 작용하는 모멘트	S_0	분급도
m	해저경사	s	매끄러운 불투수성 표면에서의 처오름 높이에 대한 주어진 표면에서의 처오름 높이의 비율
N	수직반력		
n	Manning의 조도계수	s	저질의 비중
P	파랑의 동력	T	주기
p	파랑의 압력	T_s	기록된 파랑의 주기들 중 상위 33% 주기들의 평균치인 유의파주기
p_d	동수압	t	시간
p_h	정수압	t_d	취송시간
p_m	최대 동수압	t_t	쓰나미의 진행시간
Q	단위시간당 표사이동량	t_t	나불로 진행하는 시간
Q_{in}	모래 유입량	U	풍속
Q_{out}	모래 유출량	U	물체를 지나는 비교란 유속
Q_y	전 연안표사이동량	U_m	질량수송속도
q	이안방향 단위폭당 표사량	u	수평 물입자의 속도
R	파랑의 처오름높이	V	유속
R	cell 반경	V_{max}	최대 유속
R	R_0에서부터 θ에 대한 O에서부터 해안선까지 거리	$\triangledown$	물체의 체적
R	포물선초점에서부터 해안선까지의 거리	W	피복석의 중량
R_0	$\theta = 0$에 대한 O에서부터 해안선까지 거리	W	관의 중량
r	구조물 끝단에서 대상수역까지의 거리	W	무차원침강속도
r_f	사질해안선을 fitting하는 원의 중심에서부터 초점까지의 거리	W	양빈폭
S_k	편왜도	w	수직 물입자의 속도

(계속)

1.
공통부문 및 해안공학 기호

기 호	내 용	기 호	내 용
w_f	침강속도	λ	내만의 길이
X_f	focus와 vertex 간의 직선거리	μ	미끄럼 마찰계수
x	해안선의 연안방향 좌표	ν	동점성계수
Y	해안선의 이안방향 좌표	ρ	유체 또는 해수의 밀도
y	해안선에서부터의 이안거리	ρ_a	공기의 밀도
Z_0	기본수준면의 높이	σ	각진동수
$\bar{Z}$	평균수면의 높이	τ_b	바닥응력
α_1	파랑의 굴절 각도	τ_s	수면응력 또는 표면응력
α	회절의 영향을 받는 해안의 특성상수	τ	지체시간
α_0	심해에서의 파랑의 진입 각도	ϕ	속도포텐셜
α_b	해안선과 쇄파 파봉선과의 사잇각	ϕ	위도
β	구조물과 대상수역 사이의 각도	ϕ	저질입경 파이 단위
β	파봉기준선과 초점으로부터 평형기준점을 지나는 선이 이루는 각도	ψ	풍향과 해안선의 수직선과 이루는 각도
γ_r	피복석의 단위중량	ω	지구자전각속도
γ	물 또는 해수의 단위중량	ΔA	전체 침식면적
ε	물입자의 수직 이동궤도	Δp	기압변동량
ζ	물입자의 수평 이동궤도	ΔS_w	수면과 바닥응력에 의한 수면상승량
η	수면높이	ΔS_c	편향력에 의한 수면상승량
η_i	만내의 조위	Δs	쓰나미 파향선을 따른 각 구간
η_o	외해의 조위	ΔV	유실되는 모래 체적 또는 모래 유입량 감소율
θ	파봉기준선과 초점으로부터 평형해안선을 연결한 선이 이루는 각도	ΔW	해빈폭의 감소 길이 또는 해안선의 침식폭
θ_p	위상각	Δz	수면상승높이
κ	쇄파대 내의 수심에 대한 파고비		

2 해양공학 기호

기 호	내 용	기 호	내 용
A	부재의 단면적	f_s	와동방출 진동수
A	해저관로의 단위길이당 투영면적	P	외력
C_D	항력계수	S	스트롤수
C_L	양력계수	U	해류의 속도
C_M	관성계수	U	파랑과 해류의 수평방향 속도
D	관로 외경	u	유체입자의 수평방향 속도
F	응력	V	유동 속도
$F_{current}$	해류에 의한 수평력	ρ	해수의 밀도
F_L	양력	∇	해저관로의 단위길이당 체적
F_{wave}	해저관로에 작용하는 단위길이당 파랑 하중		

참고문헌

1. 국내도서

[1] 국토해양부, 연안정비사업 설계 가이드 북, 국토해양부, 2010.

[2] 해양수산부, 항만 및 어항 설계기준·해설, 해양수산부, 2014.

[3] 대한조선학회, 해양공학개론, 동명사, 2005.

[4] 김태희 외 2인, 해양플랜트공학, 선학출판사, 2007.

[5] 한국과학기술원, 해저 석유개발을 위한 Offshore Platform 설계기술 개발, 과학기술처, 1985

[6] 한국직업능력개발원, 해양구조물 설계·시공, 교육인적자원부, 2002.

2. 외국도서

[1] Robert M. Sorensen, "Basic Coastal Engineering", Wiley-Interscience.

[2] Angus Mather, 2000, "Offshore Engineering-An Introduction", Witherby & Company Limited.

[3] Subarta K. Chakrabarti, 2005, "Handbook of Offshore Engineering", ELSEVIER.

[4] Coastal Engineering Research Center, 1984, "Shore Protection Manual", Department of US Army corps of engineers.

찾아보기

해안 · 항만 · 해양공학

2015년 8월 30일 1판 1쇄 펴냄 | 2019년 2월 10일 1판 2쇄 펴냄
지은이 한국해양공학회
펴낸이 류원식 | 펴낸곳 (주)교문사(청문각)

편집부장 김경수 | 본문편집 김미진 | 표지디자인 디자인블루
제작 김선형 | 홍보 김은주 | 영업 함승형 · 박현수 · 이훈섭
주소 (10881) 경기도 파주시 문발로 116(문발동 536-2)
전화 1644-0965(대표) | 팩스 070-8650-0965
등록 1968. 10. 28. 제406-2006-000035호
홈페이지 www.cheongmoon.com | E-mail genie@cheongmoon.com
ISBN 978-89-6364-237-6 (93530) | 값 20,000원